21 世纪高等院校规划教材

微型计算机原理与接口技术
学习与实验指导（第二版）

主 编 杨 立

副主编 赵丑民 杨明伟

中国水利水电出版社
www.waterpub.com.cn

内 容 提 要

本书是《微型计算机原理与接口技术》(第二版)的配套辅助教学参考书,提供与课程教学密切相关的学习指导、习题解答、实验指导、综合实训等内容。全书分上、中、下三篇,上篇为与主教材对应的 14 章内容的每章知识要点复习、典型例题解析、习题解答等;中篇为课程实验指导,设定 15 个典型实验项目,给出实验目的、实验内容及要求、实验原理、实验参考程序等;下篇为课程综合实训,设定 6 个实训题目,给出实训目的、实训内容及要求、设计思路与原理、参考程序等。附录 A 为课程考试模拟试题,给出 3 套与教学内容密切配合的试卷,用以检查和测试学习效果;附录 B 为每套试卷的参考答案。

本书内容丰富,实用性强,融入作者多年教学和实践经验,可作为计算机类和机电类应用型本科、高职高专学生学习"微型计算机原理与接口技术"课程的配套教材,也可作为成人教育、在职人员培训、高等教育自学人员和从事微机硬件和软件开发的工程技术人员学习和应用的参考书。

本书配有免费电子教案,读者可以从中国水利水电出版社网站以及万水书苑下载,网址为:http://www.waterpub.com.cn/softdown/或 http://www.wsbookshow.com。

图书在版编目(CIP)数据

微型计算机原理与接口技术学习与实验指导 / 杨立主编. -- 2版. -- 北京:中国水利水电出版社,2015.7
21世纪高等院校规划教材
ISBN 978-7-5170-3315-8

Ⅰ.①微… Ⅱ.①杨… Ⅲ.①微型计算机-理论-高等学校-教学参考资料②微型计算机-接口技术-高等学校-教学参考资料 Ⅳ.①TP36

中国版本图书馆CIP数据核字(2015)第140792号

策划编辑:雷顺加	责任编辑:李 炎	封面设计:李 佳

书　　名	21世纪高等院校规划教材 微型计算机原理与接口技术学习与实验指导(第二版)
作　　者	主　编　杨　立 副主编　赵丑民　杨明伟
出版发行	中国水利水电出版社 (北京市海淀区玉渊潭南路 1 号 D 座　100038) 网址:www.waterpub.com.cn E-mail:mchannel@263.net(万水) 　　　　sales@waterpub.com.cn 电话:(010) 68367658(发行部)、82562819(万水)
经　　售	北京科水图书销售中心(零售) 电话:(010) 88383994、63202643、68545874 全国各地新华书店和相关出版物销售网点
排　　版	北京万水电子信息有限公司
印　　刷	北京泽宇印刷有限公司
规　　格	184mm×260mm　16 开本　16.25 印张　408 千字
版　　次	2008 年 1 月第 1 版　2008 年 1 月第 1 次印刷 2015 年 7 月第 2 版　2015 年 7 月第 1 次印刷
印　　数	0001—4000 册
定　　价	30.00 元

再版前言

本书与《微型计算机原理与接口技术》（第二版）配套使用。整合了主教材中每章知识要点复习、典型例题解析、习题解答、实验指导和课程实训以及模拟测试题等内容，使课内教学与课外复习、听课与自学、实践与技能训练等环节有机联系起来。以帮助学生掌握主教材的基本内容和各章知识点；理解微型计算机的硬件组成及应用；学会运用指令系统和汇编语言进行程序设计；熟悉各种典型接口芯片及其应用；培养分析问题和解决问题的能力，并对实践操作技能和综合开发能力进行针对性训练，为后继课程的学习以及工程实际应用打好基础。对于面向应用型人才的培养，在教学活动中应加大实践教学的比重，增加设计性、综合性的实践环节，使基本操作技能与专业综合实践能力有机结合，形成完整的综合实践教学体系，本书在此方面进行了强化处理。

本书分为上、中、下三篇。上篇是主教材中对应 14 章的知识要点复习、典型例题解析、习题解答等；中篇提供课程的实验指导，给出 15 个相关实验题目，分别提出实验目的、实验内容、设计原理及思路、实验步骤及要求、参考源程序等，以供读者强化实验训练；下篇是课程综合实训，给出了 6 个典型的综合实践训练题目，分别提出实训目的和要求、设计思路与原理、参考程序等内容，以培养学生综合运用所学知识解决工程实际问题的能力。附录 A 给出了与课程教学内容密切配合的 3 套模拟试题，供学生进行自我测试和检查学习效果，附录 B 给出了模拟试题的参考答案。

本书强调与主教材的配套性和实用性，注重课程体系的完整和前后内容的有机衔接，突出应用特色。在表达上将各章知识点进行阐述分析和归纳总结，剖析典型例题，解读习题答案，提出实验和实训操作指导，做到层次分明、脉络清晰；在内容编排上由浅入深，循序渐进，举一反三，突出重点，内容精炼，通俗易懂。书中的参考程序仅供读者借鉴，可在此基础上开拓思路，举一反三，融会贯通。

本书由杨立主编，赵丑民、杨明伟任副主编。其中，杨立负责编写上篇各章的知识要点复习、典型例题解析以及中篇的实验指导和附录；赵丑民负责编写下篇的综合实训；杨明伟负责编写上篇的各章习题解答。另外，参加本书部分内容编写的还有荆淑霞、金永涛、王振夺、邹澎涛、李楠、房好帅、朱蓬华等。全书由杨立负责组织与统稿。

由于作者水平有限，书中难免出现一些错误和不妥之处，敬请广大读者批评指正。

编 者
2015 年 5 月

目　　录

上篇　学习指导及习题解答

中篇 实验指导

下篇　综合实训

上篇　学习指导及习题解答

本篇导读

本篇根据"微型计算机原理与接口技术"课程教学要求和主教材中各章的内容，提炼出各章学习要点，概述相关重点知识，对典型例题进行解析，对教材中各章习题进行解答，讨论解题方法和思路等，达到举一反三、融会贯通的目的。需要注意的是，教材中某些习题的答案并不是唯一的，尤其是程序设计类题目，书中给出的源程序仅供参考。

通过本篇的学习，读者应达到以下要求：

- 掌握教材中每章主要内容和知识点，理解其在课程中的地位和作用。
- 通过对典型例题的解析，熟练掌握各章的基础知识和重点内容。
- 掌握解题的基本方法和思路，熟悉解题的基本步骤。
- 注意开拓思路，着重培养分析问题和解决问题的能力。

第1章　微型计算机基础知识

本章学习要点

- 微处理器的产生和发展
- 微型计算机的特点及性能指标
- 微型计算机系统的软硬件组成
- 计算机中的数制及其转换
- 无符号数和带符号数的表示
- ASCII 码及 BCD 码的概念及其应用

1.1　知识要点复习

1.1.1　微型计算机概述

1. 微处理器的发展经历了 6 代演变

（1）第一代（1971 年－1973 年）：4 位和 8 位低档微处理器。

（2）第二代（1974 年－1977 年）：8 位中高档微处理器。

（3）第三代（1978 年－1984 年）：16 位微处理器。

（4）第四代（1985 年－1992 年）：32 位微处理器。

（5）第五代（1993 年－1999 年）：超级 32 位微处理器。

（6）第六代（2000 年以后）：新一代 64 位微处理器。

2. 微型计算机的特点

微型计算机除具有一般计算机的运算速度快、计算精度高、具有记忆和逻辑判断能力、可自动连续工作等基本特点外，还体现出以下几方面的明显特点。

（1）功能强，可靠性高。高档次硬件和各类软件密切配合，使微型计算机功能大大增强，适合不同领域的实际应用。采用超大规模集成电路技术，减少了系统内部器件数量以及各种不可靠因素，大大提高了系统的可靠性。

（2）价格低廉，结构灵活，适应性强。微处理器及其配套芯片集成度高，适合批量生产，造价低廉。系统中硬件扩展方便，也很容易根据需求改变系统软件。各种配套的支持芯片和相关软件为计算机应用系统的实际需求创造了十分有利的条件。

（3）体积小，重量轻，使用维护方便。微处理器芯片采用超大规模集成电路技术，体积大大缩小，重量减轻，功耗也随之降低，方便携带和使用。

3. 微型计算机中采用的术语和性能指标

（1）位（Bit）。计算机中最基本、最小的数据单元。由"0"和"1"两种状态构成。

（2）字节（Byte）。计算机中通用基本存储单元。由 8 个二进制位组成。

（3）字（Word）。计算机内部进行数据处理的基本单位。

（4）字长。计算机交换、加工和存放信息时最基本的长度，决定了系统一次传送的二进制数位数。

（5）主频。计算机时钟脉冲发生器所产生的时钟信号频率，单位 MHz（兆赫）。

（6）访存空间。是微型计算机系统所能访问的存储单元数，由地址总线条数决定。

（7）指令数。计算机完成某种操作的命令被称为指令，一台微型计算机可有上百条指令，计算机完成的操作种类越多，即指令数越多，表示该类微型计算机系统的功能越强。

（8）基本指令执行时间。通常选用 CPU 中加法指令作为基本指令，其执行时间作为基本指令执行时间。

（9）可靠性。在规定时间和工作条件下，计算机正常工作不发生故障的概率。

（10）兼容性。计算机硬件设备和软件程序可用于其他多种系统的性能。

（11）性能价格比。计算机硬件和软件性能与售价的关系，是衡量计算机产品优劣的综合性指标。

1.1.2　微型计算机硬件结构及其功能

1. 通用微型计算机硬件结构

通用微型计算机一般由微处理器、主存储器、辅助存储器、系统总线、I/O 接口电路、输入/输出设备等部件组成，如图 1-1 所示。

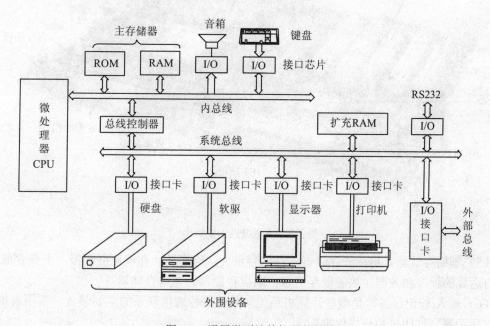

图 1-1　通用微型计算机硬件结构

2. 微型计算机内部信息交换的通路

总线是计算机各部件共享的信息通道，微型计算机中的各种操作就是内部信息流和数据流在总线中流动的结果。

根据传送信息内容的不同，可分为以下 3 种总线：

（1）数据总线（Data Bus，DB）。传送数据，实现 CPU 与存储器或 I/O 设备之间的数据传送，其宽度等于计算机字长。

（2）地址总线（Address Bus，AB）。传送地址，实现从 CPU 送地址至存储器和 I/O 设备，其宽度决定 CPU 的寻址能力。

（3）控制总线（Control Bus，CB）。传送控制信号，控制计算机各类设备完成指定操作。

3. 微型计算机硬件模块功能分析

（1）微处理器。也称中央处理器（Central Processing Unit，CPU），是微型计算机核心部件，由运算器、控制器、寄存器组及总线接口部件等组成。

（2）主存储器。也称内存储器，存放计算机工作中所需的数据和程序。按照主存储器功能和性能，分随机存储器（Random Access Memory，RAM）和只读存储器（Read Only Memory，ROM）。

（3）I/O 接口电路。完成微机与外部设备之间的信息交换，一般由寄存器组、专用存储器和控制电路等组成。

（4）主机板。微型计算机的主要电路部件和接口电路，CPU、内存条、鼠标、键盘、硬盘和各种扩充卡等都直接或通过扩充槽安装接插在主板上。典型主板结构如图 1-2 所示。

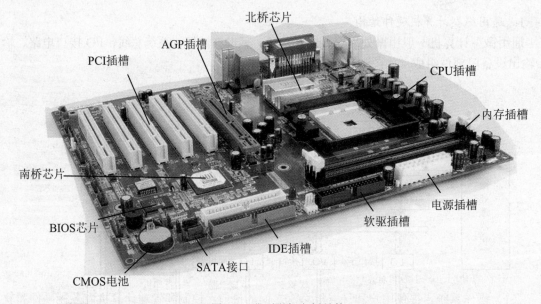

图 1-2   典型微机主板结构

（5）辅助存储器。也称外存储器，存储容量大，价格低，存取速度较慢，主要存放暂时不参与运算的程序和数据。如磁带存储器、磁盘存储器、光盘存储器等。

（6）输入/输出设备。是微型计算机系统与外部进行通信联系的主要装置。常用有键盘、鼠标、显示器、打印机和扫描仪等。

1.1.3   微型计算机系统组成

1. 微型计算机系统组成示意

完整的计算机系统由硬件和软件两大部分组成，如图 1-3 所示。

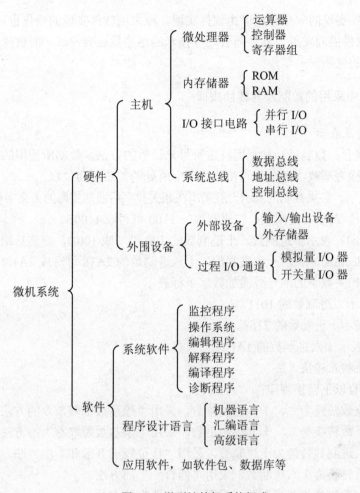

图 1-3 微型计算机系统组成

2. 微型计算机常用软件

计算机软件包括系统运行所需的各种程序、数据、文件、手册和有关资料，可分为系统软件、程序设计语言和应用软件。

常用软件的主要功能简述如下：

（1）操作系统。提供用户和计算机系统之间的接口，控制和管理计算机内各种硬件和软件资源。具有进程与处理机调度、作业管理、存储管理、设备管理、文件管理等五大管理功能。目前常用的操作系统有Windows NT、Windows 7、Linux和UNIX操作系统等。

（2）程序设计语言。用于编写计算机中的软件程序。如汇编语言、高级语言、Web开发语言和数据库开发工具等。

（3）应用软件。为解决某些特定问题而设计的程序，如文字处理、图像处理、财务处理、办公自动化、人事档案管理软件等。

3. 软硬件之间的相互关系

（1）硬件和软件相互依存。硬件是软件赖以工作的物质基础，软件的正常工作是硬件发挥作用的唯一途径。

（2）硬件和软件无严格界线。硬件和软件在相互渗透、相互融合，两者之间的界限越来越模糊。原来由硬件实现的一些操作可由软件实现，原来由软件实现的操作也可由硬件完成。

（3）硬件和软件协同发展。软件随着硬件技术的迅速发展而发展，而软件的不断发展与完善又促进了硬件的更新。

1.1.4　计算机中采用的数制及其转换规律

1.　数制的概念及表示

（1）数制的概念。数制是一种利用特定符号来计数的方法，数制所使用的相应符号称为数码，数码的个数称为基数，每个数码在计数制中所处的位置称为位权。

（2）数制的表示。各类数制的表示一般采用在相关数字后面加相应的英文字母作为标识。

如：B（Binary）表示二进制数，二进制数的1100可写成1100B。

D（Decimal）表示十进制数，十进制数的100可写成100D，通常后缀D可省略。

H（Hexadecimal）表示十六进制数，十六进制数的2A18可写成2A18H。

此外，也可在相关数字的括号外面加数字下标表示。

如：$(1011)_2$表示二进制数的1011。

$(2168)_{10}$表示十进制数的2168。

$(1AF5)_{16}$表示十六进制数的1AF5。

2.　数制之间的相互转换方法

概括起来主要有以下转换规律：

（1）十进制整数转换为二、十六进制整数，采用"除基数倒取余"的方法。

（2）十进制小数转换为二、十六进制小数，采用"乘基数顺取整"的方法。

（3）二、十六进制数转换为十进制数，采用"按位权展开求和"的方法。

（4）二进制数转换为十六进制数，采用"四合一"的方法。

（5）十六进制数转换为二进制数，采用"一分四"的方法。

1.1.5　机器数的表示方法

1.　机器数的概念

在计算机内部，将一个数及其符号进行数值化表示的方法称为机器数。要完整地表示一个机器数应考虑以下三个方面的因素：

（1）机器数的范围。与计算机的字长有关。

（2）机器数的符号。采用二进制数的最高位表示，"0"代表正数，"1"代表负数。

（3）机器数中小数点的位置。有定点数与浮点数之分。

2.　数的定点与浮点表示

机器数中的小数点位置固定不变时称为"定点数"；小数点位置可以浮动时称为"浮点数"。浮点数可表示的数值范围要比定点数大。

（1）定点数及其表示

对任一个二进制数 $N=\pm 2^{\pm P}\times S$，若阶码P固定不变，则小数点位置是固定的，该数为定点数。如果取阶码P=0，把小数点固定在尾数的最高位之前，称为定点小数；如果取阶码P=n（n为二进制尾数的位数），把小数点约定在尾数最末位之后，称为定点整数。

（2）浮点数及其表示

当二进制数的阶码 P 不固定时，数的小数点实际位置将根据 P 相对浮动，该数为浮点数。此时，要把机器数分为数的阶码和数的尾数两部分，阶码和尾数均有各自的符号位。

浮点数在机器中的编码排列如下：

阶符	阶码 P	尾符	尾数 S

1.1.6　带符号数的表示及运算

1. 带符号数的原码、反码、补码表示

带符号数在计算机中可以有原码、反码和补码三种表示方法。

（1）原码。正数的符号采用"0"表示，负数的符号采用"1"表示的二进制数称为原码。N 位字长原码表示的整数范围是 $-(2^{n-1}-1) \sim +(2^{n-1}-1)$。

（2）反码。对一个二进制数除符号位以外的各位逐位求反得到的数称为该数的反码。反码通常用作求补码过程中的中间形式。

（3）补码。正数的补码与其原码相同，负数的补码为其反码在最低位加 1。引入补码的目的是使符号位作为数参加运算，解决将减法转换为加法运算的问题，简化计算机控制线路，提高运算速度。N 位字长补码表示的整数范围是 $-2^{n-1} \sim +(2^{n-1}-1)$。

2. 补码加减运算与数据溢出判断

（1）补码加减运算。一般计算机中只设置加法器，减法运算是通过适当求补处理后再进行相加来实现。

补码加法运算公式：$[X+Y]_{补码}=[X]_{补码}+[Y]_{补码}$

补码减法运算公式：$[X-Y]_{补码}=[X]_{补码}-[Y]_{补码}=[X]_{补码}+[-Y]_{补码}$

（2）数据溢出判断。运算后得到的结果若超过计算机所能表示的数值范围称为数据溢出。如 8 位带符号数取值范围是 $-128 \sim +127$，当 $X \pm Y < -128$ 或 $X \pm Y > 127$ 时产生溢出，将导致错误结果。

可采用运算结果的符号位判断是否产生溢出，如两个正数相加得到的结果为负数或两个负数相加得到的结果为正数，则产生溢出。当两数异号时，相加的结果只会变小，所以不会产生溢出。

计算机会自动判断运算结果溢出，在 CPU 标志寄存器中设置了溢出标志 OF。当 OF="1"时表示运算结果产生溢出，OF="0"时表示运算结果未溢出。

1.1.7　字符编码

计算机对各种字符和信息进行处理时，也需要采用二进制编码，目前通用的是美国信息交换标准代码（ASCII 码）和二一十进制编码（BCD 码）。

1. 美国信息交换标准代码（ASCII 码）

ASCII 编码由 7 位二进制数组合而成，可以表示 128（2^7）种字符。其中 34 个起控制作用的符号称为"功能码"，其余 94 个符号（包括 10 个十进制数码、52 个英文大小写字母和 32 个专用符号）供书写程序和描述命令之用，称为"信息码"。

在计算机内部，ASCII 码按照一个字节 8 位二进制数进行存储。数据通信时，最高位作为奇偶校验位，用来检验代码在存储和传送过程中是否发生错误。

为扩大计算机处理信息的范围，ASCII 码由原来 7 位变为 8 位表示，共有 256 个符号。扩展后的 ASCII 码除原有的 128 个字符外，又增加了一些常用科学符号和表格线条等。

2. "二—十进制编码"（BCD 码）

BCD（Binary-Coded Decimal）码专门解决二进制数表示十进制数的问题。可直观地表达十进制数，也容易实现与 ASCII 码的相互转换，便于数据的输入/输出。

BCD 码有以下两种表示形式：

（1）压缩 BCD 码。将每一位十进制数对应 4 位二进制数来表示。

（2）非压缩 BCD 码。将每一位十进制数对应 8 位二进制数来表示。

1.2　典型例题解析

【例 1.1】简述微处理器的主要作用和组成部件的主要功能。

【解析】要求理解微处理器的基本功能和典型组成部件。

微处理器是微型计算机的核心部件，由运算器、控制器、寄存器组及总线接口部件等组成，其功能是负责统一协调、管理和控制微机系统各部件有序地工作。

各基本单元的功能分析如下：

（1）运算器。也称算术逻辑单元，可实现加、减、乘、除等算术运算以及与、或、非、比较等逻辑运算，是计算机中负责数据加工和信息处理的主要部件。

（2）控制器。是硬件系统的控制部件，能自动、逐条地从内存储器中取出指令，翻译成控制信号，按时间顺序和节拍发往其他部件，指挥各部件有条不紊地协同工作。

（3）寄存器组。用于数据准备、调度和缓冲，包括通用寄存器和专用寄存器，可存放数据或地址，访问主存储器时形成各种寻址方式或特定的操作。

【例 1.2】简述微型计算机系统的组成，各部分主要功能和特点是什么？

【解析】要求明确一台完整的微型计算机由硬件系统和软件系统两大部分组成。

（1）硬件系统。由电子部件和机电装置组成计算机实体，包括微处理器、主存储器、系统总线、输入/输出接口电路、外部存储器、输入输出设备等。

硬件的基本功能是接受计算机程序，并在程序控制下完成数据输入、数据处理和输出结果等任务。

（2）软件系统。为计算机运行工作服务的全部技术资料和各种程序，包括系统软件（如操作系统、语言处理系统、服务型程序等）和应用软件（如用户编写的特定程序、商品化的应用软件、套装软件等）。

软件系统保证计算机硬件的功能得以充分发挥，并为用户提供一个宽松的工作环境。

【例 1.3】将十进制数 134.625 分别转化为二进制数和十六进制数。

【解析】要求理解计算机内部数制之间进行相互转换的基本规律，熟悉其操作原理，并按照转换方法将给定的十进制数的整数和小数部分分别进行转换。

（1）十进制数 134.625 转化为二进制数

十进制整数转换为二进制整数。采用基数 2 连续去除该十进制整数，直至商等于 "0" 为止，然后逆序排列余数。

十进制小数转换为二进制小数。连续用基数 2 去乘该十进制小数，直至乘积的小数部分等于"0"，然后顺序排列每次乘积的整数部分。

本题给定的十进制数 134.625 整数部分采用"除 2 倒取余"方法进行转换，过程如下：

$$2 \underline{|\ 134} \qquad\qquad 余数为 0$$
$$2 \underline{|\ 67} \qquad\qquad 余数为 1$$
$$2 \underline{|\ 33} \qquad\qquad 余数为 1$$
$$2 \underline{|\ 16} \qquad\qquad 余数为 0$$
$$2 \underline{|\ 8} \qquad\qquad 余数为 0$$
$$2 \underline{|\ 4} \qquad\qquad 余数为 0$$
$$2 \underline{|\ 2} \qquad\qquad 余数为 0$$
$$2 \underline{|\ 1} \qquad\qquad 余数为 1$$
$$0$$

十进制数 134.625 的小数部分采用"乘 2 顺取整"方法进行转换，过程如下：

$$0.625 \times 2 = 1.25 \qquad 取整数位 1$$
$$0.25 \times 2 = 0.5 \qquad 取整数位 0$$
$$0.5 \times 2 = 1.0 \qquad 取整数位 1$$

两者组合后得最终结果：$134.625 = (10000110.101)_2$

（2）十进制数 134.625 转化为十六进制数

十进制数 134.625 的整数部分转换为十六进制整数。采用"除 16 倒取余"方法进行转换，过程如下：

$$16 \underline{|\ 134} \qquad\qquad 余数为 6$$
$$16 \underline{|\ 8} \qquad\qquad 余数为 8$$
$$0$$

十进制数 158.625 的小数部分转换为十六进制小数。采用"乘 16 顺取整"方法进行转换，过程如下：

$$0.625 \times 16 = 10.000 \qquad 取整数位 10（十六进制数为 A）$$

两者组合后得最终结果：$134.625 = (86.A)_{16}$

【例 1.4】将二进制数 $(110010.1101)_2$ 分别转换为十进制数和十六进制数。

【解析】要明确二进制数是计算机内部进行数值处理的基本数制，它可以按照转换规律分别转换为其他计数制，主要方法是"按位权展开求和"。

（1）二进制数转换为十进制数。用其各位所对应的系数 1（系数为 0 时可不必计算）乘以基数为 2 的相应位权再依次求和。

本题中给定的二进制数转换为十进制数的过程如下：

$$(110010.1101)_2 = 1 \times 2^5 + 1 \times 2^4 + 1 \times 2^1 + 1 \times 2^{-1} + 1 \times 2^{-2} + 1 \times 2^{-4}$$
$$= 32 + 16 + 2 + 0.5 + 0.25 + 0.0625$$
$$= 50.812$$

（2）二进制数转化为十六进制数。采用"四合一"的方法，从小数点开始向左或向右每四位一组，不够位时补 0，每组对应一个十六进制数码。

本题中给定的二进制数转换为十六进制数的过程如下：

$$0011 \quad 0010 . \quad 1101$$
$$\downarrow \qquad \downarrow \qquad \downarrow$$
$$3 \qquad 2 . \qquad D$$

所以，$(110010.1101)_2=(32.D)_{16}$

【例 1.5】将十六进制数$(7B.21)_{16}$分别转化为二进制数和十进制数。

【解析】十六进制数是在计算机内部编程和表示中最常用的，根据数制的转换规律可得相关答案。

（1）十六进制数转化为二进制数。采用"一分四"的方法，从小数点开始向左或向右每一位由四位二进制数对应。

本题中给定的十六进制数转换为二进制数的过程如下：

$$7 \qquad B . \quad 2 \qquad 1$$
$$\downarrow \qquad \downarrow \qquad \downarrow \qquad \downarrow$$
$$0111 \quad 1011 . 0010 \quad 0001$$

所以，$(7B.21)_{16}=(1111011.00100001)_2$

（2）十六进制数转化为十进制数。采用"按位权展开求和"的方法。

本题中给定的十六进制数转换为十进制数的过程如下：

$$(7B.21)_{16}=7\times16^1+11\times16^0+2\times16^{-1}+1\times16^{-2}$$
$$=112+11+0.125+0.00390625$$
$$=123.12890625$$

【例 1.6】写出十进制数-42 的原码、反码、补码表示（采用八位二进制）。

【解析】计算机中带符号数通常采用补码来处理，这样可简化数的运算。本题要求熟悉数的原码、反码和补码表示，并在此基础上进行解答。

（1）原码表示。规定正数的符号位为 0，负数的符号位为 1，其他位按照一般的方法来表示数的绝对值，得到的就是数的原码。

（2）求反码规则。对于带符号数，正数的反码与其原码相同，负数的反码为其原码除符号位以外的各位按位取反。

（3）求补码规则。正数的补码与其原码相同，负数的补码为其反码在最低位加 1。

根据以上规则，可得十进制数-42 的八位二进制原码、反码、补码表示如下：

由于：　2 ⌊ 42　　　　　　　　　　余数为 0
　　　　2 ⌊ 21　　　　　　　　　　余数为 1
　　　　2 ⌊ 10　　　　　　　　　　余数为 0
　　　　　2 ⌊ 5　　　　　　　　　　余数为 1
　　　　　2 ⌊ 2　　　　　　　　　　余数为 0
　　　　　2 ⌊ 1　　　　　　　　　　余数为 1
　　　　　　　0

所以：-42 的原码=$(10101010)_2$
　　　-42 的反码=$(11010101)_2$
　　　-42 的补码=$(11010110)_2$

【例 1.7】已知 $[X]_{补码}=(9A)_{16}$，求其真值 X（用十进制数表示）。

【解析】本题讨论补码与其真值之间的转换。已知某数补码求其真值的计算方法是：先将给定补码换算成二进制数，然后根据符号位判断该数的正负，如果是正数，补码的真值就等于补码的本身；如果是负数，将补码按位求反末位加 1，即可得到该负数补码对应的真值。

本题计算过程如下：

由于[X]$_{补码}$=(9A)$_{16}$=(10011010)$_2$，符号位为"1"，故[X]$_{补码}$代表的数是负数，则其真值：

X =-([0011010]$_{求反}$+1)$_2$

　　=-(1100101+1)$_2$

　　=-(1100110)$_2$

　　=-(1×2^6+1×2^5+1×2^2+1×2^1)$_{10}$

　　=-(64+32+4+2)$_{10}$

　　=-102

【例 1.8】说明 ASCII 码的特点，查表写出下列字符的 ASCII 码。

B、r、Y、+、<、DEL、CR、$

【解析】ASCII 码是美国信息交换标准代码的简称，该编码由 7 位二进制数组合而成，可表示 128 种字符，包括 52 个英文大小写字母、10 个阿拉伯数字、32 个专用符号、34 个控制字符等。

由于 ASCII 码是 7 位二进制编码，而计算机基本存储单位是字节（byte），一个字节包含 8 个二进制位（bit）。为此，ASCII 码的机内码最高位用作奇偶校验位，用来检验代码在存储和传送过程中是否发生错误。奇校验时，每个代码的二进制形式中应有奇数个 1；偶校验时，每个代码的二进制形式中应有偶数个 1。

按照字符与 ASCII 码的对应关系，本题给定的 8 个字符所对应的 ASCII 码值见表 1-1。

表 1-1　给定字符的 ASCII 码

字符	B	r	Y	+	<	DEL	CR	$
ASCII 码	42H	72H	59H	2BH	3CH	7FH	0DH	24H

【例 1.9】将十进制数 265.139 转换为压缩 BCD 码。

【解析】BCD 码又称"二－十进制编码"，是专门解决用二进制数表示十进制数问题的。十进制数转换为压缩 BCD 码时，将每一位十进制数用 4 位二进制数表示即可。

本题给定的十进制数 265.139 转换为压缩 BCD 码过程如下：

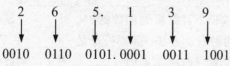

所以：265.139=(0010 0110 0101. 0001 0011 1001)$_{压缩BCD}$

1.3　习题解答

一、单项选择题

1. 冯·诺依曼计算机体系结构的基本特点是（　　　）。

　　A．运算速度快　　　　　　　　　　B．存储程序控制

  C．节约元器件   D．采用堆栈操作

2．一台完整的微型计算机系统应包括（ ）。

  A．硬件和软件   B．运算器、控制器和存储器

  C．主机和外部设备   D．主机和实用程序

3．微型计算机硬件中最核心的部件是（ ）。

  A．运算器   B．主存储器

  C．CPU   D．输入输出设备

4．微型计算机的性能主要取决于（ ）。

  A．CPU   B．主存储器   C．硬盘   D．显示器

5．当机器数采用（ ）方式时，零的表示形式是唯一的。

  A．原码   B．补码   C．反码   D．真值

6．带符号数在计算机中通常采用（ ）来表示。

  A．原码   B．反码   C．补码   D．BCD 码

7．在 8 位二进制数中，采用补码表示时其数的真值范围是（ ）。

  A．-127～+127   B．-127～+128

  C．-128～+127   D．-128～+128

8．已知某数为-128，其机器数为 10000000B，则其机内采用的是（ ）表示。

  A．原码   B．反码   C．补码   D．真值

9．大写字母 B 的 ASCII 码是（ ）。

  A．41H   B．42H   C．61H   D．62H

10．某数在计算机中用压缩 BCD 码表示为 1001 0011，其真值为（ ）。

  A．10010011B   B．93H

  C．93   D．147

【答案】1．B 2．A 3．C 4．A 5．B 6．C 7．C 8．A 9．B 10．C

二、填空题

1．冯·诺依曼计算机体系结构的核心思想是_____，其特点表现在_____。

2．微型计算机的硬件主要包括_____、_____、_____、_____和_____。

3．微型计算机的软件主要包括_____、_____和_____。

4．字长是指_____；字长越长，计算机处理数据的_____就越高。

5．计算机中的数有_____两种表示方法；前者特点是_____；后者特点是_____。

6．计算机中带符号的数在运算处理时通常采用_____表示，其好处在于_____。

7．计算机中参加运算的数及运算结果都应在_____范围内，如参加运算的数及运算结果_____，称为数据溢出。

8．已知某数为 61H，若为无符号数其真值为_____；若为带符号数其真值为_____；若为 ASCII 码其值代表_____；若为 BCD 码其值代表_____。

9．ASCII 码可以表示_____种字符，其中起控制作用的称为_____；供书写程序和描述命令使用的称为_____。

10．BCD 码是一种_____的表示方法，按照表示形式可分为_____和_____两种表现形式。

【答案】

1．①"存储程序"和"程序控制"；②采用二进制数的形式表示数据和计算机指令；把指令和数据存储在计算机内部的存储器中，且能自动依次执行指令；由运算器、控制器、存储器、输入设备、输出设备等组成计算机硬件。

2．①微处理器；②主存储器；③辅助存储器；④I/O接口电路；⑤输入/输出设备等。

3．①系统软件；②程序设计语言；③应用软件等。

4．①计算机在交换、加工和存放信息时，其信息位的最基本的长度，即系统一次传送二进制数的位数；②精度和速度。

5．①数值型数据和字符型数据；②表示数量的大小，可参与各类运算处理，通常采用二进制、十进制、十六进制数等；③用于描述特定的字符和信息，可采用 ASCII 码和 BCD 码表示。

6．①补码；②使符号位作为数参加运算，将减法转换为加法运算，并简化计算机控制线路，提高运算速度。

7．①计算机字长规定的；②超出字长规定的数据范围。

8．①十进制数 97；②十进制数+97；③小写字母 a；④十进制数 97。

9．①128；②功能码；③信息码。

10．①利用二进制编码来表示十进制数；②压缩 BCD 码；③非压缩 BCD 码。

三、判断题

1．由于物理器件的性能，决定了计算机中的所有信息仍以二进制方式表示。 （ ）
2．计算机内部的信息处理可分为数据信息流和控制信息流两类。 （ ）
3．微型计算机的硬件和软件之间无严格界线，可相互渗透、相互融合。 （ ）
4．在计算机中，数据的表示范围不受计算机字长的限制。 （ ）
5．计算机中带符号数采用补码表示的目的是为了提高运算速度。 （ ）
6．数据溢出的原因是运算过程中最高位产生了进位。 （ ）
7．计算机键盘输入的各类符号在计算机内部均表示为 ASCII 码。 （ ）

【答案】1．√ 2．√ 3．√ 4．× 5．× 6．× 7．√

四、简答题

1．冯·诺依曼型计算机的设计方案有哪些特点？

【解答】冯·诺依曼（John Von Neumann）型计算机是按照"存储程序"和"程序控制"的模式来设计的，该设计方案体现出以下 5 个方面的特点：

（1）采用二进制数的形式来表示数据和指令。

（2）把指令和数据存储在计算机内部存储器中，按照存放顺序自动依次执行指令。

（3）由运算器、控制器、存储器、输入设备和输出设备等五大部件组成计算机基本硬件系统。

（4）由控制器来控制程序和数据的存取以及程序的执行。

（5）以运算器为核心，所有的执行都经过运算器。

2．微型计算机的特点和主要性能指标有哪些？

【解答】微型计算机除具有运算速度快、计算精度高、有记忆能力和逻辑判断能力、可自动连续工作等计算机的基本特点以外，还具有功能强、可靠性高、价格低廉、结构灵活、适应性强、体积小、重量轻、功耗低、使用和维护方便等明显特点。

微型计算机的性能指标与系统结构、指令系统、硬件组成、外部设备以及软件配备等有关。通常可以采用字长、主频、内存容量、指令数、基本指令执行时间、系统的可靠性和兼容性、性能价格比等指标来衡量微型计算机的总体性能。

3. 常见微型计算机硬件由哪些部分组成？各部分主要功能和特点是什么？

【解答】微型计算机硬件一般由微处理器、内存储器、系统总线、输入/输出接口电路、主机板、外存储器、输入/输出设备等部件组成。

各组成部件功能和特点分析如下：

（1）微处理器。是微型计算机的核心部件，由运算器、控制器、寄存器组以及总线接口部件等组成，其功能是负责统一协调、管理和控制系统中的各个部件有机协调地工作。

（2）内存储器。存放计算机工作过程中需要的数据和程序。分随机存储器（RAM）和只读存储器（ROM）。

（3）系统总线。是 CPU 与其他部件之间传送数据、地址和控制信息的公共通道。按功能分为数据总线、地址总线和控制总线。

（4）输入/输出接口电路。完成微型计算机与外部设备之间的信息交换。一般由寄存器组、专用存储器和控制电路等组成。微型计算机的外部设备都通过各自的接口电路连接到系统总线上。

（5）主机板。主要由 CPU 插座、芯片组、内存插槽、系统 BIOS、CMOS、总线扩展槽、串行/并行接口、各种跳线和一些辅助电路等硬件组成。

（6）外存储器。包括磁盘存储器（软盘、硬盘）和光盘存储器等。外存储器的容量大，保存的信息不会丢失。但外存储器要通过接口电路才能将信息送到内存储器中。

（7）输入/输出设备。是微型计算机系统与外部进行通信联系的主要装置。常用的有键盘、鼠标、显示器、打印机和扫描仪等。

4. 什么是微型计算机总线？说明数据总线、地址总线、控制总线各自的作用。

【解答】微型计算机总线是 CPU 与其他部件之间传送数据、地址和控制信息的公共通道。按传送的信息类别分为以下三种：

（1）数据总线（Data Bus，DB）。用于数据传送，实现 CPU 与内存储器或 CPU 与 I/O 设备之间、内存储器与 I/O 设备或内存储器与外存储器之间的数据传送。

（2）地址总线（Address Bus，AB）。用于地址传送。实现从 CPU 送地址至内存储器和 I/O 设备，或从外存储器传送地址至内存储器等。

（3）控制总线（Control Bus，CB）。用于控制信号、时序信号和状态信息等传送。

5. 什么是系统的主机板？由哪些部件组成？

【解答】微型计算机"主机"是指由 CPU、RAM、ROM、I/O 接口电路以及系统总线组成的装置。主机板是主机的主体，也称为系统主板，或简称主板。主机板上主要有 CPU 插座、芯片组、内存插槽、BIOS、CMOS、总线扩展槽、串行/并行接口、各种跳线和一些辅助电路等。

6. 微型计算机系统软件的主要特点是什么？它包括哪些内容？

【解答】系统软件是保证计算机正常、高效工作所配备的各种管理、监控和维护系统的程序及其有关资料。其任务就是更好地发挥计算机的效率，方便用户使用计算机。

系统软件主要包括以下几个方面：

（1）操作系统软件，控制和管理计算机内各种硬件和软件资源，合理有效地组织计算机系统工作，提供用户和计算机系统之间的接口。

（2）各种语言的解释程序和编译程序。

（3）各种服务性程序，如机器调试、故障检查和诊断程序。

（4）各种数据库管理系统等。

7. 计算机中有哪些常用数制和码制？如何进行数制之间的转换？

【解答】计算机中表示数值型数据经常会用到二进制、十进制和十六进制；表示字符型数据采用 ASCII 码；表示二－十进制数字采用 BCD 码。

计算机能直接识别二进制数，采用十进制是为了符合人们的使用习惯。十进制数与二进制数（或十六进制数）之间的转换方法是：

（1）十进制数转换为二进制数（或十六进制数）。将整数部分连续除以 2（或除以 16）然后"倒取余数"，小数部分连续乘以 2（或乘以 16）然后"顺取整数"。

（2）二进制数（或十六进制数）转换为十进制数。将二进制数（或十六进制数）的各位数值"按位权展开求和"即可得到相应的十进制数。

计算机中采用十六进制数的目的是为了方便书写和阅读程序。十六进制数与二进制数之间的转换方法是：

（1）二进制数转换为十六进制数。从小数点开始分别从左右方向按"四合一"对应 1 位十六进制数，不足位数的要补 0。

（2）十六进制数转换为二进制数。从小数点开始分别从左右方向按"一分四"的方法对应二进制数，不足位数的要补 0。

五、数制转换题

1. 将下列十进制数分别转化为二进制数、十六进制数和压缩 BCD 码。

（1）15.32　　　　　（2）325.16　　　　　（3）68.31　　　　（4）214.126

【解答】本题按照数制之间的转换规律即可得转换结果。答案如表 1-2 所示。

表 1-2　十进制数分别转化为二进制数、十六进制数和压缩 BCD 码

十进制数	二进制数	十六进制数	压缩 BCD 码
15.32	1111.0101	F.5	00010101.00110010
325.16	10000101.0001	85.1	001100100101.00010110
68.31	1000100.0100	64.4	01101000.00110001
214.126	11010110.0010	D6.2	001000010100.000100100110

2. 将下列二进制数分别转化为十进制数和十六进制数。

（1）10010101　　　（2）11001010　　　（3）10111.1101　　　（4）111001.0101

【解答】将二进制数"按位权展开求和"的结果就是十进制数；再将小数点左右各 4 位二进制数合为一组即可得对应十六进制数。答案如表 1-3 所示。

表 1-3   二进制数分别转化为十进制数和十六进制数

二进制数	十进制数	十六进制数
10010101	149	95
11001010	202	CA
10111.1101	23.8125	17.D
111001.0101	57.625	39.5

3．将下列十六进制数分别转化为二进制数、十进制数。

（1）FAH   （2）12B8H   （3）5A8.62H   （4）2DF.2H

【解答】十六进制数转化为二进制数时，按照 1 位十六进制数对应 4 位二进制数的关系即可得到结果；将十六进制数"按位权展开求和"的结果就是十进制数。答案如表 1-4 所示。

表 1-4   十六进制数分别转化为二进制数、十进制数

十六进制数	二进制数	十进制数
FA	11111010	250
12B8	1001010111000	4792
5A8.62	10110101000.01100010	1448.3828125
2DF.2	1011011111.0010	735.0078125

4．写出下列带符号十进制数的原码、反码、补码表示（采用 8 位二进制数）。

（1）+38   （2）+82   （3）-57   （4）-115

【解答】正数的原码等于其符号位置"0"，再加上数值位即可，正数的反码及补码与其原码形式相同；而负数的原码等于其符号位置"1"，再加上数值位即可，其反码是除去符号位不变，将原码数值位逐位取反即可，其补码为在反码的末位加 1 后形成。

本题采用 8 位二进制数表示，转换结果如表 1-5 所示。

表 1-5   带符号十进制数的原码、反码、补码表示

十进制数	原码	反码	补码
+38	00100110	00100110	00100110
+82	01010010	01010010	01010010
-57	10111001	11000110	11000111
-115	11110011	10001100	10001101

5．写出下列二进制数的补码表示。

（1）+1010100   （2）+1101101   （3）-0110010   （4）-1001110

【解答】根据正数的补码与原码形式相同，负数的补码是将原码的数值位逐位取反后末位加 1 的转换规律，本题按照 8 位二进制数处理如下：

（1）X = +1010100B，则[X]$_{补码}$= 01010100B=54H

（2）X = +1101101B，则[X]$_{补码}$= 01101101B=6DH

（3）X =-0110010B，则[X]$_{补码}$= 11001110B=CEH

（4）X =-1001110B，则[X]$_{补码}$= 10110010B=B2H

6．已知下列补码求出其真值。

　　（1）87H　　　　（2）3DH　　　　（3）0B62H　　　（4）3CF2H

　　【解答】由于正数的补码与原码形式相同，可按照给定的补码分离出符号位后求出真值；若给出的是负数的补码，则保持其符号位不变，其他各位逐位取反后末位加 1，即可得其原码。

　　本题解答如下：

　　（1）[X]$_{补码}$= 87H

　　将其转换为二进制数为[X]$_{补码}$=10000111B，该数的符号位为"1"，说明 X 是负数，则[X]$_{原码}$=[-0000111]$_{补码}$=-1111001B。

　　所以，补码 87H 的真值为 X =-121

　　（2）[X]$_{补码}$= 3DH

　　将其转换为二进制数为[X]$_{补码}$=00111101B，该数的符号位为"0"，说明 X 是正数，则[X]$_{原码}$= [X]$_{补码}$ =+0111101B。

　　所以，补码 3DH 的真值为 X = +61

　　（3）[X]$_{补码}$= 0B62H

　　将其转换为二进制数为[X]$_{补码}$=0000101101100010B，该数的符号位为"0"，说明 X 是正数，则[X]$_{原码}$= [X]$_{补码}$ =+000101101100010B。

　　所以，补码 0B62H 的真值为 X = +2914

　　（4）[X]$_{补码}$= 3CF2H

　　将其转换为二进制数为[X]$_{补码}$=0011110011110010B，该数的符号位为"0"，说明 X 是正数，则[X]$_{原码}$= [X]$_{补码}$ =+011110011110010B。

　　所以，补码 3CF2H 的真值为 X = +15602

7. 按照字符所对应的 ASCII 码表示，查表写出下列字符的 ASCII 码。

　　　　A、g、W、*、ESC、LF、CR、%

　　【解答】根据 ASCII 码表，可以查出题目中给定的 8 个字符所对应的 ASCII 码值。本题的转换结果如表 1-6 所示。

表 1-6　给定字符的 ASCII 码

字符	A	g	W	*	ESC	LF	CR	%
ASCII 码	41H	67H	57H	2AH	1BH	0AH	0DH	25H

8. 把下列英文单词转换成 ASCII 编码的字符串。

　　（1）How　　　　（2）Great　　　　（3）Water　　　　（4）Good

　　【解答】在计算机内部，英文单词的表示是按照字符串来处理的，我们依次将给定英文单词的各个字母与其 ASCII 编码对应起来，并顺序表示即可。

　　本题的转换结果如表 1-7 所示。

表 1-7　英文单词所对应的 ASCII 编码

英文单词	How	Great	Water	Good
ASCII 码	486F77H	4772656174H	5761746572H	476F6F64H

第 2 章　典型微处理器

本章学习要点

- 8086 微处理器内部组成、寄存器结构
- 8086 微处理器的外部引脚特性和作用
- 8086 微处理器的存储器和 I/O 组织
- 8086 工作方式及总线操作
- 高档微处理器的组成结构及特点

2.1　知识要点复习

2.1.1　Intel 8086 微处理器

1. 8086 微处理器的特点

Intel 8086 微处理器采用高速运算性能的 HMOS 工艺制造，芯片上集成了 2.9 万只晶体管，使用单一的+5V 电源，40 条引脚双列直插式封装，有 16 根数据线和 20 根地址线，可寻址的地址空间为 1MB（2^{20}B），时钟频率为 5MHz～10MHz，基本指令的执行时间为 0.3μs～0.6μs。

2. 8086 微处理器的内部组成结构

8086CPU 从功能上可划分为执行部件 EU 和总线接口部件 BIU。其组成结构如图 2-1 所示。

（1）执行部件 EU

执行部件 EU 负责从总线接口部件 BIU 的指令队列中取出指令代码，经指令译码器译码后执行规定的全部功能，利用内部寄存器和算术逻辑运算单元通过数据总线产生访问内存的 16 位有效地址。

（2）总线接口部件 BIU

总线接口部件 BIU 根据执行部件 EU 的请求，负责管理和完成 CPU 与存储器或 I/O 设备之间的数据传送。

3. 8086 微处理器的寄存器结构

8086CPU 中可供编程使用的 16 位寄存器有 14 个，按用途可分为 4 类：

（1）通用寄存器 4 个：AX、BX、CX、DX。这 4 个寄存器还可根据需求分为 8 个 8 位通用寄存器，即 AH、AL、BH、BL、CH、CL、DH、DL。

（2）专用寄存器 4 个：SP、BP、SI、DI。

（3）段寄存器 4 个：CS、DS、ES、SS。

（4）指令指针寄存器 IP 和标志寄存器 FLAG 各 1 个。

指令指针寄存器 IP 存放 EU 要执行的下一条指令的偏移地址，用以控制程序中指令的执行顺序，实现对代码段指令的跟踪。正常运行时，BIU 可修改 IP 中的内容，使它始终指向 BIU

要取的下一条指令的偏移地址。标志寄存器 FLAG 共有 9 个标志，其中 6 个作状态标志用，3 个作控制标志用。状态标志反映 EU 执行算术和逻辑运算后的结果特征，这些标志常作为条件转移类指令的测试条件，控制程序的运行方向；控制标志用来控制 CPU 的工作方式或工作状态，一般由程序设置或由程序清除。

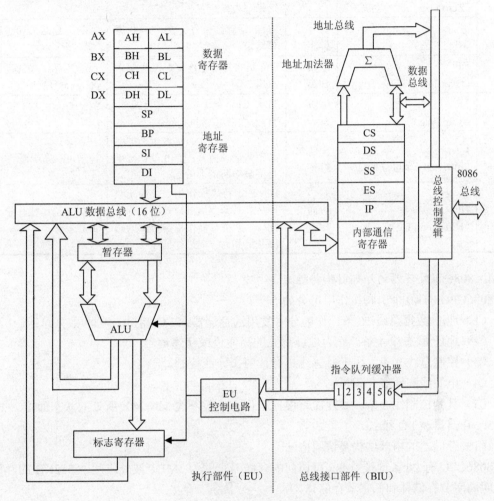

图 2-1　8086 微处理器内部结构

这 9 个标志位的名称和特点概括于表 2-1 中。

表 2-1　标志寄存器 FLAG 中标志位的含义和特点

标志类别	标志位	含义	特点	应用场合
状态标志	CF（Carry Flag）	进位标志	CF=1 结果在最高位产生一个进位或借位；CF=0 无进位或借位	加、减运算，移位和循环指令
	PF（Parity Flag）	奇偶标志	PF=1 结果低 8 位中有偶数个 1；PF=0 结果低 8 位中有奇数个 1	检查数据传送过程中是否有错误发生
	AF（Auxiliary Carry Flag）	辅助进位标志	AF=1 结果低 4 位产生一个进位或借位；AF=0 无进位或借位	BCD 码算术运算结果的调整

续表

标志类别	标志位	含义	特点	应用场合
状态标志	ZF（Zero Flag）	零标志	ZF=1 运算结果为零；ZF=0 运算结果不为零	判断运算结果和进行控制转移
	SF（Sign Flag）	符号标志	SF=1 运算结果为负数；SF=0 运算结果为正数	判断运算结果和进行控制转移
	OF（Overflow Flag）	溢出标志	OF=1 带符号数运算时产生算术溢出；OF=0 无溢出	判断运算结果的溢出情况
控制标志	TF（Trap Flag）	陷阱标志	TF=1 CPU 处于单步工作方式 TF=0 CPU 正常执行程序	程序调试
	IF（Interrupt-Enable Flag）	中断允许标志	IF=1 允许接受 INTR 发来的可屏蔽中断请求信号；IF=0 禁止接受可屏蔽中断请求信号	控制可屏蔽中断
	DF（Direction Flag）	方向标志	DF=1 字符串操作指令按递减顺序从高到低方向进行处理；DF=0 字符串操作指令按递增顺序从低到高方向进行处理	控制字符串操作指令的步进方向

4. 8086 微处理器的外部引脚特性

8086CPU 的 40 个引脚按作用可分为 5 类：

（1）地址/数据总线 16 条。作为分时复用的存储器或 I/O 端口的地址/数据总线。

（2）地址/状态线 4 条。作为地址总线的高 4 位或状态信号。

（3）控制总线 9 条。用于对总线进行读写操作或控制。

（4）电源线和地线 3 条。

（5）其他控制线 8 条。其性能将根据工作方式控制线 MN/$\overline{\text{MX}}$ 所处的状态而定。

5. 存储器和 I/O 组织

（1）存储器的内部结构及访问方法

8086CPU 有 20 条地址总线，可访问的存储器空间为 1MB，被分成两个 512KB 的存储体，分别叫高字节存储体和低字节存储体。

两个存储体之间采用字节交叉编址方式，对于任何一个存储体，只需要 19 位地址码 A_{19}～A_1 就够了，最低位地址码 A_0 和总线高位有效控制信号 $\overline{\text{BHE}}$ 相互配合以区分当前访问哪一个存储体。

当 A_0=0、$\overline{\text{BHE}}$=1 时，访问偶地址存储体；当 A_0=1、$\overline{\text{BHE}}$=0 时，访问奇地址存储体。

（2）存储器分段

8086CPU 可寻址的存储空间为 1MB，而 8086CPU 所有的寄存器都只有 16 位，只能寻址 64KB。为解决这个问题，可把整个存储空间分成若干逻辑段，每个逻辑段的最大容量为 64KB，将段起始地址的高 16 位地址码称作"段基址"，存放在 4 个段寄存器（CS、DS、ES、SS）中。段内偏移地址可用 16 位通用寄存器（如 BX、IP、BP、SP、SI、DI）来存放，称作"偏移量"。

工作时，允许段首地址在整个存储空间浮动，这样，只要通过段首地址和段内偏移地址就可访问 1MB 内的任何一个存储单元。

（3）存储器中的物理地址和逻辑地址

采用分段结构的 8086 存储器中，任何一个逻辑地址都由段基址和段内偏移地址构成，它们都是无符号的 16 位二进制数，在书写时常用 4 位十六进制数来表示。

任一个存储单元都对应一个 20 位物理地址，可通过逻辑地址变换得到，计算公式为：

$$物理地址＝段基址×10H+偏移地址$$

注意： 汇编程序中采用逻辑地址来进行编址，而不是采用物理地址。

（4）I/O 端口组织

8086CPU 用地址总线的低 16 位作为对 8 位 I/O 端口的寻址线，所以 8086CPU 可访问的 8 位 I/O 端口有 65536 个。两个编号相邻的 8 位端口可以组成一个 16 位的端口。

8086 的 I/O 端口有以下两种编址方式：

①统一编址。将 I/O 端口地址置于 1MB 的存储器空间中，每个端口占用一个存储单元的地址。CPU 访问存储器的指令和各种寻址方式都可用于寻址 I/O 端口。

优点：对 I/O 端口操作的指令类型多，数据存取灵活，方便进行 I/O 程序的设计，不仅可以对端口进行数据传送，还可以对端口内容进行运算和移位等操作。

缺点：I/O 端口要占用部分存储器的地址空间，不容易区分哪些指令在访问存储器，哪些指令在访问外部设备。

②独立编址。端口单独编址构成一个 I/O 空间，不占用存储器地址。CPU 设置了专门的输入/输出指令（IN 和 OUT）和接口控制信号来访问 I/O 端口。

优点：端口地址空间独立，控制电路和地址译码电路较简单，采用专用的 I/O 指令，使得端口操作指令与存储器操作指令有明显区别，程序编制清晰，容易阅读。

缺点：输入/输出指令类别少，一般只能进行传送操作。

采用独立编址方式时，CPU 必须提供控制信号以区别是寻址内存还是寻址 I/O 端口。8086CPU 引脚的 M/$\overline{\text{IO}}$ 信号为高电平时访问存储器；M/$\overline{\text{IO}}$ 信号为低电平时访问 I/O 端口。

6. 总线操作及时序

（1）8086 的总线周期

8086CPU 经外部总线对存储器或 I/O 端口进行一次信息的输入或输出过程称为总线操作，执行该操作所需要的时间称为总线周期。一个总线周期通常包括 T_1、T_2、T_3、T_4 共 4 个状态，即 4 个时钟周期。不同的总线操作需要不同的总线信号，这些信号的变化进行时间顺序的描述称为"总线时序"。时钟周期是 CPU 的基本时间计量单位，由主频决定。对于 8086 来讲，其主频为 5MHz，故一个时钟周期为 200ns。

8086CPU 用外部 8284A 时钟信号发生器提供 5MHz 的主频时钟信号，在时钟信号作用下，CPU 按顺序执行指令。CPU 在执行指令时，凡需要执行访问存储器或 I/O 端口的操作都统一交给 BIU 的外部总线完成，执行数据输出操作称为"写总线周期"；执行数据输入操作称为"读总线周期"。

（2）8086CPU 的最小/最大工作模式

8086CPU 通过第 33 条引脚 MN/$\overline{\text{MX}}$ 来构成不同规模的微型计算机系统，即最小工作模式和最大工作模式。

①最小工作模式（MN/$\overline{\text{MX}}$ =1）。8086CPU 的引脚 MN/$\overline{\text{MX}}$ 接+5V 时，系统处于最小工作模式。系统中只有一个微处理器，所有的总线控制信号都直接由 8086CPU 产生，系统中的总线控制逻辑电路被减到最少。

②最大工作模式（MN/$\overline{\text{MX}}$ =0）。8086CPU 的引脚 MN/$\overline{\text{MX}}$ 接地时，系统处于最大工作模式。系统中存在两个或两个以上的微处理器，其中一个是主处理器 8086，其他处理器称为协处理器。与 8086 匹配的协处理器主要有两个：专门用于数值运算的协处理器 8087，采用硬件来完成多种类型的数值操作；专门用于输入/输出处理的协处理器 8089，它有输入/输出操作的特定指令系统，直接为输入/输出设备使用。

（3）8086CPU 系统的操作功能和时序

8086 系统为了完成自身功能需要执行以下主要操作：

①系统的复位和启动操作。

②总线操作（包括存储器读/写操作和 I/O 端口读/写操作）。

③暂停操作。

④中断响应总线周期操作。

⑤总线保持或总线请求/允许操作。

上述操作均在时钟信号的同步下按规定时序一步步地执行，这些执行过程构成了系统的操作时序。

2.1.2 Intel 80X86 微处理器的功能结构

1. Intel 80386 微处理器

（1）80386 的主要特点

①拥有 32 位数据总线和地址总线，直接寻址 4GB 存储空间，虚拟存储空间达 64TB。

②采用流水线和指令重叠技术、虚拟存储技术、片内存储器管理技术、存储器管理分段分页保护技术等，实现了多用户多任务操作，功能得到大大加强。

③提供 32 位指令，可支持 8 位、16 位、32 位的数据类型。

④提供 32 位外部总线接口，最大数据传输速率为 32Mbps。

⑤具有片内集成存储器管理部件 MMU，可支持虚拟存储和特权保护。

⑥配置浮点协处理器 80387 可实现数据高速处理，加快了浮点运算速度。

⑦系统能在时钟频率为 12.5MHz 或 16MHz 下可靠工作，指令的执行速度可达 3～4MIPS 以上。

（2）80386 的工作方式

80386 CPU 有以下 3 种工作方式：

①实地址方式。此模式下 80386 处理器就相当于一个快速的 8086 处理器。

②保护方式。此模式是 80386 处理器的主要工作模式。80386 可寻址 4GB 地址空间，同时提供 80386 多任务、内存分页管理和优先级保护等机制。

③虚拟 8086 方式。可以在保护模式的多任务条件下运行 32 位程序或运行 MS-DOS 程序，内存的寻址方式和 8086 相同。

（3）80386 的内部结构

80386CPU 由总线接口部件、指令预取部件、指令译码部件、执行部件、分段和分页部件等 6 个独立的处理部件组成。

2. Intel 80486 微处理器

（1）80486 的主要特点

①采用精简指令集计算机（RISC）技术，有效地减少了指令的时钟周期个数。

②把浮点运算部件和 Cache 集成在芯片内，运算速度和数据存取速度得到大大提高。

③增加了多处理器指令，增强了多重处理系统，支持多级超高速缓存结构。

④具有机内自测试功能和调试功能。

（2）80486 的基本结构

80486CPU 的内部结构包括总线接口部件、片内高速缓冲存储器、指令预取、指令译码、控制/保护、整数、分段、分页和浮点处理等功能部件。

2.1.3 Pentium 系列微处理器基本结构及新技术

1. Pentium 系列微处理器

（1）Pentium 系列微型计算机的主要特点

①采用超标量双流水线结构，微处理器可在一个时钟周期内同时执行多条指令。

②指令高速缓存与数据高速缓存分离，各自拥有独立的 8KB 高速缓存。

③采用全新的增强型浮点运算器（FPU），采用分支预测技术，流水线执行效率高。

④可工作在实地址方式、保护方式、虚拟 8086 方式以及 SMM 系统管理方式。

⑤固化了常用指令及改进了微代码，使指令执行速度进一步提高。

（2）Pentium 微处理器的内部结构

Pentium 微处理器的主要部件包括总线接口部件、指令高速缓存器、数据高速缓存器、指令预取部件与转移目标缓冲器、寄存器组、指令译码部件、具有两条流水线的整数处理部件（U 流水线和 V 流水线），以及浮点处理部件 FPU 等。

（3）Pentium 4 微处理器

Pentium 4 微处理器采用了 NetBurst 的新式处理器结构，可以更好地处理互联网用户的需求，在数据加密、视频压缩和对等网络等方面的性能都有较大幅度的提高。

Pentium 4 微处理器具备以下的处理能力：

①超级流水线由 14 级提高到 20 级，使 CPU 指令的运算速度成倍增长。

②采用高级动态执行引擎，使处理器的算术逻辑单元达到了双倍内核频率。

③采用更快的高速缓存技术，可执行追踪缓存。

④总线频率 400MHz，提供了 3.2GB 的传输速度。

⑤增加了多条双精度浮点运送指令和更强的多媒体处理指令。

2. Pentium 系列微处理器采用的新技术

①超标量结构和超级流水线技术。

②超高速缓存 Cache 和虚拟存储技术。

③指令预取技术。

④微程序控制技术。

⑤精简指令集计算机（RISC）技术。

⑥多媒体技术。

⑦多处理器系统。

⑧实地址、保护、虚拟 8086、系统管理等不同的工作方式。

2.2　典型例题解析

【例 2.1】简述 8086CPU 内部 EU 和 BIU 中各组成部件的主要功能。

【解析】8086CPU 由执行部件（EU）和总线接口部件（BIU）两大模块组成。EU 的功能是负责从指令队列中取出指令代码，然后执行指令所规定的操作；BIU 的功能是根据 EU 的请求，负责完成 CPU 与存储器或 I/O 设备之间的数据传送。

（1）EU 中各组成部件及功能

①算术逻辑单元 ALU。用于算术逻辑运算，可计算出寻址单元的 16 位偏移地址，并将其送到 BIU 中形成 20 位的物理地址，实现对 1M 字节的存储空间寻址。

②标志寄存器 FLAG。用来反映 CPU 最近一次运算结果的状态特征或存放控制标志。

③数据暂存寄存器。协助 ALU 完成运算，暂存参加运算的数据。

④通用寄存器组。包括 4 个 16 位数据寄存器和 4 个 16 位地址指针与变址寄存器，可用来寄存 16 位或 8 位数据及地址。

⑤EU 控制电路。接收从 BIU 指令队列中取来的指令，经过指令译码形成各种定时控制信号，对 EU 的各个部件实现特定的定时操作。

（2）BIU 中各组成部件及功能

①指令队列缓冲器。存放 6 个字节的指令代码，按"先进先出"的原则进行存取操作。

②地址加法器和段寄存器。用于形成存储器的物理地址，完成从 16 位存储器逻辑地址到 20 位的物理存储器地址的转换运算。

③指令指针寄存器 IP。用于存放 BIU 要取的下一条指令的段内偏移地址。

④总线控制电路与内部通信寄存器。前者用于产生外部总线操作时的相关控制信号，后者用于暂存 BIU 与 EU 之间交换的信息。

【例 2.2】简述 8086CPU 执行指令的操作过程。

【解析】8086CPU 执行指令时是按照指令的排列顺序进行操作的，通过 CPU 内部的 EU 和 BIU 来实现。

操作过程如下：

（1）BIU 从 CS 中取出 16 位段地址，再从 IP 中取出 16 位偏移地址，经地址加法器形成 20 位地址，送往地址总线并找到该地址所在的内存单元，取出相关指令依次放入指令队列缓冲器中。

（2）EU 从 BIU 的指令队列取出指令代码，经过若干时钟周期执行指令。执行过程中，如必须访问存储器或 I/O 设备，EU 就会请求 BIU 进入总线周期去完成访问内存或 I/O 端口的操作。

（3）BIU 往指令队列中装入指令时，是按程序中指令排列的先后顺序进行的，如果要执行转移、调用和返回指令，指令队列中原有的内容被清除，BIU 会接着向指令队列中装入另一个程序段中的指令。

【例 2.3】分析 8086 存储器的内部结构特点及访问方法。

【解析】理解 8086 存储器的分体结构。8086CPU 有 20 根地址线，可寻址存储器空间为 1MB，地址范围是 00000H～FFFFFH。

1MB 存储空间被分成两个 512KB 存储体，低字节存储体与 CPU 低位字节数据线 $D_7 \sim D_0$

相连，均为偶地址；高字节存储体与 CPU 高位字节数据线 $D_{15}\sim D_8$ 相连，均为奇地址。两个存储体之间采用字节交叉编址方式，如图 2-2 所示。

00001H			00000H
00003H			00002H
00005H			00004H
	512K×8（位） 低字节存储体 （奇地址 $A_0=1$）	512K×8（位） 高字节存储体 （偶地址 $A_0=0$）	
FFFFDH			FFFFCH
FFFFFH			FFFFEH

图 2-2　8086 存储器的分体结构

最低位地址码 A_0 用以区分当前访问哪一个存储体。$A_0=0$ 访问偶地址存储器；$A_0=1$ 访问奇地址存储器。

8086 总线高位有效控制信号 $\overline{BHE}$ 与 A_0 相配合可确定访问内容，组合控制作用如表 2-2 所示。

表 2-2　$\overline{BHE}$ 和 A_0 的组合控制作用

$\overline{BHE}$	A_0	操作功能
0	0	同时访问两个存储器，读/写一个规则字信息
0	1	只访问奇地址存储体，读/写高字节信息
1	0	只访问偶地址存储体，读/写低字节信息
1	1	无操作

两个存储体与 CPU 总线之间的连接如图 2-3 所示。奇地址存储体的片选端 $\overline{SEL}$ 受控于 $\overline{BHE}$ 信号，偶地址存储体的片选端受控于地址线 A_0。

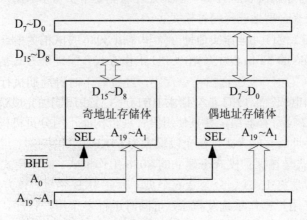

图 2-3　存储体与 CPU 总线之间的连接

【例 2.4】已知两个 16 位的字数据分别为 125AH 和 2B89H，它们在 8086 存储器中的存储地址分别为 01020H 和 01024H，试画出该数据的存储示意图。

【解析】要求理解数据在内存中的存储规则。

内存的基本存储单元是保存一个字节数据，一个字数据要占两个存储单元，并且按指定的存储位置，字数据的低字节在前，高字节在后，相邻的两个单元存放 1 个字数据。该题的存储示意参见图 2-4 所示。

内存单元	物理地址
5AH	01020H
12H	01021H
	01022H
	01023H
89H	01024H
2BH	01025H
	01026H

图 2-4　两个字数据的存储示意图

【例 2.5】如何理解 8086 的最大工作模式和最小工作模式？

【解析】针对 8086CPU 两种工作模式，说明其基本组成特点和应用场合。

最小模式是指系统中只有 8086 一个微处理器。在这种系统中，所有的总线控制信号都直接由 8086 产生，因此，系统中的总线控制逻辑电路被减到最小。

最大模式是指系统中包含两个或两个以上的微处理器，其中一个主处理器是 8086，其他处理器称为协处理器。常见的是用于数值运算的协处理器 8087，用于输入/输出处理大量数据的协处理器 8089。

最小模式一般用于简单的单处理器系统，是一种最小构成，该系统功能比较简单，成本也较低；最大模式用在中等规模的多处理器系统中，系统配置要比最小模式复杂，如要增加总线控制器 8288 和中断控制器 8259A 等，但其处理功能要丰富得多。用户可以根据不同的应用对象和系统功能要求来合理地选择两种模式之一。

【例 2.6】简述 32 位微处理器实地址方式和虚拟 8086 方式的区别。

【解析】从 80X86 的 32 位芯片开始，CPU 工作方式在实地址方式基础上增加了保护方式和虚拟 8086 方式。

通常给计算机加电或复位后就进入实地址方式下，该方式下的 80X86 相当于一个高速的 8086CPU，可访问 32 位寄存器组，并且使用段管理机构而不用分页机构，即内存空间最大为 1MB，采用段地址寻址的存储方式，每个段最大为 64KB。

而虚拟 8086 模式是在保护模式下建立的 8086 工作模式。保护模式下存储器寻址空间为 1MB，可使用分页管理将 1MB 划分为 256 个页，每页 4KB 容量。该方式可在 80X86CPU 的虚拟保护机构运行多用户操作系统及程序，可同时运行多个用户程序，使计算机的资源得到共享。

2.3　习题解答

一、单项选择题

1. 执行部件 EU 中起数据加工与处理作用的功能部件是（　　）。

　　A. ALU　　　　　　B. 数据暂存器　　C. 数据寄存器　　　D. EU 控制电路

2. 总线接口部件 BIU 中不包含以下（　　）功能部件。

　　A. 地址加法器　　B. 地址寄存器　　C. 段寄存器　　　　D. 指令队列缓冲器

3. 指令指针寄存器 IP 中存放的内容是（　　）。

　　A. 指令　　　　　　B. 指令地址　　　C. 操作数　　　　　D. 操作数地址

4. 以下寄存器中，可用作数据寄存器的是（　　）。

　　A. SI　　　　　　　B. DI　　　　　　C. SP　　　　　　　D. DX

5. 下面 4 个标志中属于符号标志的是（　　）。

　　A. DF　　　　　　　B. TF　　　　　　C. ZF　　　　　　　D. SF

6. 堆栈操作中用于指示栈基址的寄存器是（　　）。

　　A. SS　　　　　　　B. SP　　　　　　C. BP　　　　　　　D. CS

7. 8086 系统可访问的内存空间范围是（　　）。

　　A. 0000H～FFFFH　　　　　　　　　B. 00000H～FFFFFH

　　C. 0～2^{16}　　　　　　　　　　　　　D. 0～2^{20}

8. 8086 最大和最小工作模式的主要差别是（　　）。

　　A. 数据总线的位数不同　　　　　　　B. 地址总线的位数不同

　　C. I/O 端口数的不同　　　　　　　　D. 单处理器与多处理器的不同

【答案】1. A　　2. B　　3. B　　4. D　　5. D　　6. C　　7. B　　8. D

二、填空题

1. 8086 微处理器内部结构由_____和_____组成，前者功能是_____，后者功能是_____。

2. 8086 有_____条地址线，可直接寻址_____容量的内存空间，其物理地址范围是_____。

3. 8086 取指令时，会选取_____作为段基值，再加上由_____提供的偏移地址形成 20 位物理地址。

4. 8086CPU 中的指令队列的作用是_____，其长度是_____字节。

5. 8086 标志寄存器共有_____个标志位，分为_____个_____标志位和_____个_____标志位。

6. 8086CPU 为访问 1MB 内存空间，将存储器进行_____管理；其_____地址是唯一的；偏移地址是指_____；逻辑地址常用于_____。

7. 逻辑地址为 2000H:0480H 时，其物理地址是_____，段地址是_____，偏移量是_____。

8. 8086 的存储器采用_____结构，数据在内存中的存放规定是_____，规则字是指

_____，非规则字是指_____。

9. 时钟周期是指_____，总线周期是指_____，总线操作是指_____。

10. 8086 工作在最大方式时 CPU 引脚 MN/$\overline{\text{MX}}$ 应接_____；最大和最小工作方式的应用场合分别是_____。

【答案】

1. ①执行部件 EU；②总线接口部件 BIU；③负责指令的译码和执行；④完成 CPU 与存储器或 I/O 设备之间的数据传送。

2. ①20；②1MB；③00000H～FFFFFH。

3. ①代码段寄存器 CS；②指令指针寄存器 IP。

4. ①暂存指令，按"先进先出"的原则进行指令的存取操作；②6 个。

5. ①9；②6；③状态；④3；⑤控制。

6. ①分段；②物理；③相对于段基址的偏移量；④程序设计与调试，以及计算存储器物理地址。

7. ①20480H；②2000H；③0480H。

8. ①分段；②按每单元存储一个字节数据；若存储字数据，则低字节存放在低地址中，高字节存放在高地址中，访问时以低地址作为该字首地址；③一个字数据从偶地址开始存放；④一个字数据从奇地址开始存放。

9. ①CPU 的基本时间计量单位，由主频决定，每个时钟周期也称 T 状态；②执行总线操作所需时间；③CPU 经外部总线对存储器或 I/O 端口进行一次信息的输入或输出过程。

10. ①低电平；②最大工作方式主要用在中等规模 8086 系统中，包含有两个或多个微处理器，其中一个主处理器 8086，其他处理器为协处理器；最小工作方式适合较小规模的应用，系统中只有 8086 一个微处理器，是一个单处理器系统。

三、判断题

1. 8086 访问内存的 20 位地址总线是在 BIU 中由地址加法器实现的。　　　（　　）

2. IP 中存放的是正在执行的指令的偏移地址。　　　（　　）

3. EU 执行算术和逻辑运算后的结果特征由状态标志位反映。　　　（　　）

4. 指令执行中插入 T_I 和 T_W 是为了解决 CPU 与外设之间的速度差异。　　　（　　）

5. 8086 系统复位后重新启动时从内存的 FFFF0H 处开始执行。　　　（　　）

【答案】1.√　2. ×　3. √　4. √　5. √

四、简答题

1. 8086CPU 内部寄存器有哪几种？各自的特点和作用是什么？

【解答】8086CPU 内部有 14 个寄存器，可分为通用寄存器、控制寄存器和段寄存器三大类。

（1）通用寄存器是一种面向寄存器的体系结构，操作数可直接存放在这些寄存器中，既可减少访问存储器次数，又可缩短程序长度，提高了数据处理速度，占用内存空间少。

（2）控制寄存器包括指令指针寄存器 IP 和标志寄存器 FLAG。IP 用来指示当前指令在代码段的偏移位置；FLAG 用于反映指令执行结果或控制指令执行的形式。

（3）为实现寻址 1MB 存储器空间，8086CPU 将 1MB 的存储空间分成若干个逻辑段进行管理，由 4 个 16 位的段寄存器来存放每一个逻辑段的段起始地址。

2．8086 系统中的存储器分为几个逻辑段？各段之间的关系如何？每个段寄存器的作用是什么？

【解答】8086CPU 将 1MB 存储空间分成若干逻辑段来进行管理，每个逻辑段最大为 64KB，最少可分成 16 个逻辑段。各段起始位置由程序员指出，可彼此分离，也可首尾相连、重叠或部分重叠。

4 个 16 位段寄存器用来存放每一个逻辑段的段起始地址：

（1）CS 中保存代码段的起始地址。

（2）DS 中保存数据段的起始地址。

（3）SS 中保存堆栈段的起始地址。

（4）ES 中保存附加段的起始地址。

3．解释逻辑地址、偏移地址、有效地址、物理地址的含义，8086 存储器的物理地址是如何形成的？

【解答】计算机内存中访问数据或信息都通过存储地址来实现。各类地址含义如下：

（1）逻辑地址。是书写程序时用到的地址，表示形式为"段地址：偏移地址"，一个存储单元可对应多个逻辑地址。

（2）偏移地址。是某一存储单元距离所在逻辑段的开始地址的字节数。

（3）有效地址。是指令中通过寻址方式计算出的要访问存储单元的偏移地址。

（4）物理地址。是 CPU 访问存储器时用到的 20 位实际地址，也是存储单元唯一的地址编号。

物理地址计算公式为：物理地址 = 段地址×10H+有效地址（或偏移地址）。

逻辑地址到物理地址的转换是由 BIU 中 20 位地址加法器自动完成的。先将段寄存器提供的 16 位段地址左移 4 位，成为 20 位地址，然后与各种寻址方式提供的 16 位有效地址相加，最终得到 20 位物理地址。

4．I/O 端口有哪两种编址方式，各自的优缺点是什么？

【解答】8086CPU 的 I/O 端口有统一编址和独立编址两种方式。

（1）统一编址。将 I/O 端口与内存单元统一起来进行编号，即包括在 1MB 存储器空间中，每个端口占用一个存储单元地址。该方式不需专门 I/O 指令，对 I/O 端口操作的指令类型多；但端口要占用部分存储器地址空间，不容易区分是访问存储器还是外部设备。

（2）独立编址。I/O 端口单独构成地址空间，不占用存储器地址，控制电路和地址译码电路简单，采用专用 I/O 指令，端口操作指令在形式上与存储器操作指令有明显区别，程序容易阅读；但指令类别少，一般只能进行传送操作。

5．8086 的最大工作模式和最小工作模式的主要区别是什么？如何进行控制？

【解答】两种工作模式的主要区别是：

8086 工作在最小模式时，系统只有一个微处理器，且系统所有的控制信号全部由 8086CPU 提供；工作在最大模式时，系统由多个微处理器/协处理器构成多机系统，控制信号通过总线控制器产生，且系统资源由各处理器共享。

8086CPU 工作在哪种模式下是通过 CPU 第 33 条引脚 MN/$\overline{\text{MX}}$ 来控制：当 MN/$\overline{\text{MX}}$ =1 时系统处于最小工作模式；当 MN/$\overline{\text{MX}}$ =0 时系统处于最大工作模式。

6．什么是总线周期？8086CPU 的读/写总线周期各包含多少个时钟周期？什么情况下需

要插入等待周期 T_W，什么情况下会出现空闲状态 T_I？

【解答】8086CPU 经外部总线对存储器或 I/O 端口进行一次信息的输入或输出过程所需要的时间称为总线周期。8086CPU 的读/写总线周期通常包括 T_1、T_2、T_3、T_4 状态的 4 个时钟周期。

在高速 CPU 与慢速存储器或 I/O 接口交换信息时，为了防止丢失数据，会由存储器或外设通过 READY 信号线，在总线周期的 T_3 和 T_4 之间插入 1 个或多个等待状态 T_W，用来进行必要的时间补偿。

在 BIU 不执行任何操作的两个总线周期之间会出现空闲状态 T_I。

7. 简述 Pentium 微处理器内部组成结构和主要部件的功能，有哪些主要特点。

【解答】Pentium 微处理器主要部件包括总线接口部件、指令高速缓存器、数据高速缓存器、指令预取部件与转移目标缓冲器、寄存器组、指令译码部件、两条流水线的整数处理部件、浮点处理部件 FPU 等。

各主要部件的功能简述如下：

（1）整数处理部件。Pentium 微处理器 U 流水线和 V 流水线都可以执行整数指令，U 流水线还可执行浮点指令，能够在每个时钟周期内同时执行两条整数指令。

（2）浮点处理部件 FPU。高度流水线化的浮点操作与整数流水线集成在一起。微处理器内部流水线进一步分割成若干个小而快的级段。

（3）独立的数据和指令高速缓存 Cache。两个独立的 8KB 指令 Cache 和 8KB 数据 Cache 可扩展到 12KB，允许同时存取，内部数据传输效率更高。两个 Cache 采用双路相关联的结构，每路 128 个高速缓存行，每行可存放 32B。数据高速缓存两端口对应 U、V 流水线。

（4）指令集与指令预取。指令预取缓冲器顺序地处理指令地址，直到取到一条分支指令，此时存放有关分支历史信息的分支目标缓冲器 BTB 将对预取到的分支指令是否导致分支进行预测。

（5）分支预测。提供分支目标缓冲器来预测程序的转移。

Pentium 微处理器的主要特点如下：

（1）采用超标量双流水线结构。

（2）采用两个彼此独立的高速缓冲存储器。

（3）采用全新设计的增强型浮点运算器（FPU）。

（4）可工作在实地址方式、保护方式、虚拟 8086 方式以及 SMM 系统管理方式。

（5）将常用指令进行固化及微代码的改进，一些常用的指令用硬件实现。

五、分析题

1. 在内存有一个由 20 个字节组成的数据区，其起始地址为 1100H:0020H。计算出该数据区在内存的首末单元的实际地址。

【解答】内存数据区给定逻辑地址为 1100H:0020H，可知该数据段地址(DS)=1100H，偏移地址 0020H，所对应的物理地址为：

$$PA=(DS)\times 10H+0020H$$
$$=1100H\times 10H+0020H$$
$$= 11020H$$

即该数据区在内存中首单元实际地址（即物理地址）为 11020H。

因为存储空间中每个字节单元对应一个地址，所以 20 个字节对应 20 个地址，应该占用偏移地址 0～19 号单元的位置，转换为十六进制数即 0000H 到 0013H，则该数据区在内存中的末单元的实际地址为：

PA = 11020H+0013H

    = 11033H

故，本题中 20 个字节组成的数据区，在内存首单元的实际地址是 11020H，内存末单元的实际地址是 11033H。

2．已知两个 16 位的字数据 268AH 和 357EH，它们在 8086 存储器中的地址分别为 00120H 和 00124H，试画出它们的存储示意图。

【解答】给定数据的存储示意如图 2-5 所示。

3．找出字符串"Pentium"的 ASCII 码，将它们依次存入从 00510H 开始的字节单元中，画出它们存放的内存单元示意图。

【解答】可查找出字符串所对应的 ASCII 码，在内存单元中的存储示意如图 2-6 所示。

存储内容	存储地址
8AH	00120H
26H	00121H
…	00122H
…	00123H
7EH	00124H
35H	00125H
…	…

图 2-5　数据的存储示意

存储内容	存储地址
50H	00510H
65H	00511H
6EH	00512H
74H	00513H
69H	00514H
75H	00515H
6DH	00516H

图 2-6　字符串的存储示意

4．在内存中保存有一个程序段，其位置为(CS)=33A0H，(IP)=0130H，当计算机执行该程序段指令时，分析实际启动的物理地址是多少。

【解答】本题给出了要执行指令的逻辑地址：

CS:IP= 33A0H:0130H

计算机执行该程序段指令时，要找到该逻辑地址的起始位，然后从第 1 条指令开始执行。按照物理地址计算公式可得实际启动的物理地址为：

PA=(CS)×10H+(IP)

    = 33A0H×10H+0130H

    = 33B30H

5．已知堆栈段寄存器(SS)=2400H，堆栈指针(SP)=1200H，计算该堆栈栈顶的实际地址，并画出堆栈示意图。

【解答】由于堆栈段寄存器(SS)=2400H，堆栈指针(SP)=1200H。

故，堆栈栈顶的实际地址即物理地址为：

PA=(SS)×10H+(SP)

    = 2400H×10H+1200H

    = 25200H

保存在堆栈区域内的数据将从 25200H 地址开始存储，每个单元存放一个字节数据。堆栈示意如图 2-7 所示。

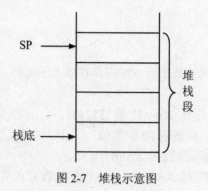

图 2-7　堆栈示意图

第3章 指令系统

- 指令格式及寻址的有关概念
- 8086 指令系统的寻址方式及其应用
- 8086 各类指令的表示、具体功能、特点及其应用
- Pentium 微处理器新增指令和寻址方式介绍

3.1 知识要点复习

3.1.1 指令格式及寻址

1. 指令系统与指令格式

计算机中要执行的各种操作命令称为指令。计算机所能执行的全部命令的集合即为该计算机的指令系统。

计算机的指令由操作码字段和操作数字段两部分组成。

（1）操作码字段。规定指令的操作类型，说明计算机要执行的具体操作。

（2）操作数字段。表示计算机在操作中所需要的数据或存放地址。

2. 8086CPU 的指令格式

8086 系统的指令格式如图 3-1 所示。指令长度 1～6 个字节，其中，操作码字段 1～2 个字节（B_1、B_2），操作数字段 0～4 个字节（B_3～B_6）。每条具体指令长度将根据指令操作功能和操作数的形式而定。

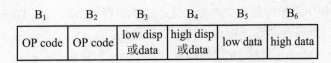

B_1	B_2	B_3	B_4	B_5	B_6
OP code	OP code	low disp 或data	high disp 或data	low data	high data

图 3-1 8086CPU 的指令格式

3. 操作数类别与寻址

寻找操作数的过程称为寻址，寻找操作数或操作数地址的方式称为寻址方式。

8086 指令中的操作数有以下三种类别：

（1）立即操作数。操作数在指令中，即跟随在指令操作码之后，指令的操作数部分就是操作数本身。

（2）寄存器操作数。操作数存放在 CPU 某个内部寄存器中，指令的操作数部分是 CPU 内部寄存器的一个编码。

（3）存储器操作数。操作数存放在内存储器数据区中，指令的操作数部分包含此操作数所在的内存地址。

3.1.2　8086CPU 的寻址方式

8086 指令系统的寻址方式按其处理数据的类别可分为以下两大类：

1. 与数据有关的寻址方式

（1）立即数寻址。操作数直接存放在给定的指令中，紧跟在操作码之后。立即数和操作码一起被取入 CPU 指令队列，在指令执行时不需要访问存储器，不执行总线周期，所以该寻址方式的显著特点是执行速度快。

（2）寄存器寻址。在指令中直接给出寄存器名，寄存器中的内容即为所需操作数。寄存器可存放源操作数，也可存放目的操作数。此方式属于 CPU 内部操作，不需访问总线周期，因此指令的执行速度比较快。

（3）存储器寻址。操作数一般位于数据段、堆栈段或附加段的存储器中，指令中给出的是存储器单元的地址或产生存储器单元地址的信息。

注意： 采用存储器寻址的指令中只能有一个存储器操作数；且指令书写时将存储器操作数地址放在方括号 [ ] 之中。

存储器寻址可分为以下 5 种寻址方式：

①直接寻址方式。指令中给出的地址码即为操作数有效地址 EA，是一个 8 位或 16 位位移量。默认方式下，操作数存放在数据段 DS 中。

直接寻址方式操作数物理地址为：$PA=(DS)\times 10H+EA$。

②寄存器间接寻址方式。操作数的有效地址 EA 在指定寄存器中。16 位操作数寻址时，EA 放在基址寄存器 BX、BP 或变址寄存器 SI、DI 中。

该方式下操作数的物理地址计算公式有以下几个：

$PA=(DS)\times 10H+(BX)$

$PA=(DS)\times 10H+(DI)$

$PA=(DS)\times 10H+(SI)$

$PA=(SS)\times 10H+(BP)$

③寄存器相对寻址方式。指令中给定一个基址寄存器或变址寄存器和一个 8 位或 16 位相对偏移量，两者之和作为操作数有效地址。选择间址寄存器 BX、SI、DI 时，指示数据段中的数据，选择 BP 作间址寄存器时，指示堆栈段中的数据。

有效地址：$EA=(reg)+8$ 位或 16 位偏移量；其中 reg 为给定寄存器。

物理地址：$PA=(DS)\times 10H+EA$　　（使用 BX、SI、DI 间址寄存器）

　　　　　$PA=(SS)\times 10H+EA$　　（使用 BP 作为间址寄存器）

④基址变址寻址方式。操作数有效地址 EA 是基址寄存器的内容与变址寄存器的内容之和。该方式中，一般由基址寄存器来决定默认用哪一个段寄存器作为段基址指针。

物理地址计算公式为：

$PA=(DS)\times 10H+(BX)+(SI)$

$PA=(SS)\times 10H+(BP)+(DI)$

⑤相对基址变址寻址方式。指令中给出一个基址寄存器、一个变址寄存器和 8 位或 16 位偏移量，三者之和作为操作数的有效地址。

基址寄存器可取 BX 或 BP，变址寄存器可取 SI 或 DI。

物理地址为：PA=(DS)×10H+(BX)+(SI)或(DI)+偏移量

PA=(SS)×10H+(BP)+(SI)或(DI)+偏移量

2. 与 I/O 端口有关的寻址方式

（1）直接端口寻址。指令中直接给出要访问的端口地址，一般采用 2 位十六进制数表示，可访问的端口数为 0～255 个。

（2）间接端口寻址。当访问的端口地址数≥256 时，采用 I/O 端口的间接寻址方式。把 I/O 端口地址先送到寄存器 DX 中，用 16 位的 DX 作为间接寻址寄存器，可访问的端口范围为 0～65535。

3.1.3 8086CPU 指令系统

按功能可以分为以下 6 大类指令：

（1）数据传送类指令。把数据或地址传送到指定的寄存器或存储单元中。根据传送内容分为通用数据传送指令、累加器专用传送指令、地址传送指令和标志寄存器传送指令等 4 类。

（2）算术运算类指令。完成基本算术运算处理和十进制数调整等功能。包括加、减、乘、除 4 种基本运算指令，以及为进行 BCD 码十进制数运算而设置的各种校正指令。算术运算指令中，除加 1 和减 1 指令外，其余均为双操作数指令，且须有一个操作数在寄存器中。

（3）逻辑运算与移位类指令。逻辑运算指令包括与、或、异或、非、测试指令，可对 8 位或 16 位数进行按位操作；移位指令包括逻辑左移、逻辑右移、算术左移、算术右移指令；循环移位指令包括循环左移、循环右移、带进位的循环左移和带进位的循环右移等指令。

（4）串操作类指令。操作对象是内存中地址连续的字节串或字串。主要包括串传送、串存储、取串、串比较、串搜索、清除和设置方向标志以及重复操作前缀等指令。

（5）控制转移类指令。用来改变程序执行的方向，即修改指令指针寄存器 IP 和代码段寄存器 CS 的值。有段内转移和段间转移两种。根据转移指令的功能可分为无条件转移、条件转移、循环控制、子程序调用和返回指令等。

（6）处理器控制类指令。主要用于修改状态标志位，如设置进位标志 CF、设置方向标志 DF、设置中断允许控制标志 IF 指令等；对 CPU 的控制指令，如使 CPU 暂停、等待、空操作等。

3.1.4 Pentium 微处理器新增指令和寻址方式

1. Pentium 微处理器寻址方式

Pentium 微处理器新增加 3 种寻址方式：

（1）比例变址寻址方式。操作数有效地址是变址寄存器的内容乘以指令中指定的比例因子再加上位移量之和。

（2）基址加比例变址寻址方式。操作数有效地址是变址寄存器的内容乘以比例因子再加上基址寄存器的内容之和。

（3）带位移量的基址加比例变址寻址方式。操作数的有效地址是变址寄存器的内容乘以比例因子加上基址寄存器的内容，再加上位移量之和。

2. Pentium 系列微处理器专用指令

Pentium 处理器指令集中新增加以下 3 条专用指令：

（1）比较和交换 8 字节数据指令 CMPXCHG8B。

（2）CPU 标识指令 CPUID。

（3）读时间标记计数器指令 RDTSC。

3．Pentium 系列微处理器控制指令

Pentium 处理器指令集中新增加 3 条系统控制指令：

（1）读专用模式寄存器指令 RDMSR。

（2）写专用模式寄存器指令 WRMSR。

（3）恢复系统管理模式指令 RSM。

3.2　典型例题解析

【例 3.1】分析 8086CPU 指令格式由哪些部分组成，什么是操作码？什么是操作数？寻址和寻址方式的含义是什么？8086 指令系统有哪些寻址方式？

【解析】8086CPU 的指令格式由操作码字段和操作数字段两部分组成。

（1）操作码用于表示在指令中要完成的规定操作。

（2）操作数是指参与操作的具体对象。

（3）寻找操作数或操作数地址的过程称为寻址。

（4）寻找操作数或操作数地址所采用的方式称为寻址方式。

（5）8086 指令系统的寻址方式主要有立即数寻址、寄存器寻址、存储器寻址、I/O 端口寻址。其中，存储器寻址可分为直接寻址、寄存器间接寻址、寄存器相对寻址、基址变址寻址、相对基址变址寻址；而 I/O 端口寻址方式可分为直接寻址和间接寻址两种。

【例 3.2】分析下列指令的正误，说明正确或错误的原因。

（1）MOV　　DS,AX　　　　　　　　（2）MOV　　[2100],12H

（3）MOV　　[2200H],[2210H]　　　　（4）MOV　　1200H,BX

（5）MOV　　AX,[BX+BP+0110H]　　（6）MOV　　CS,AX

（7）POP　　BL　　　　　　　　　　（8）PUSH　　WORD PTR[SI]

（9）OUT　　CX,AL　　　　　　　　（10）IN　　　AL,[50H]

【解析】按照相应指令的书写格式及语法要求，检查是否满足指令使用的约束条件。

（1）MOV　DS,AX

本条指令正确，可通过累加器 AX 给数据段寄存器 DS 赋初值。

（2）MOV　[2100],12H

本条指令正确，可对指定的内存单元送立即数，为字节数据传送。

（3）MOV　[2200H],[2210H]

本条指令错误，两个存储器单元之间不能直接进行数据传输，可通过寄存器作为中间转换来实现存储单元之间的数据传输。

（4）MOV　1200H,BX

本条指令错误，立即数不能作为目标操作数。

（5）MOV　AX,[BX+BP+0110H]

本条指令错误，源操作数中只能采用一个基址寄存器，可将 BP 改为变址寄存器 SI。

（6）MOV CS,AX

本条指令错误，段寄存器 CS 不能做目标操作数，由于 CS 在汇编时已经确定了其段地址，故不能用传送指令改变其值。

（7）POP BL

本条指令错误。堆栈操作时规定只能为字数据处理，本指令要弹出堆栈的源操作数 BL 是字节操作数，不符合要求。

（8）PUSH WORD PTR[SI]

本条指令正确，可用类型定义符指定源操作数为字数据进行压栈操作。

（9）OUT CX,AL

本条指令错误，在采用间接寻址方式的 I/O 输出指令中，只能用 DX 做目标操作数，不能采用寄存器 CX。

（10）IN AL,[50H]

本条指令错误，在 I/O 输入指令中，源操作数不能采用存储单元，应该是指定的 I/O 端口地址。

【例 3.3】给定寄存器和存储单元保存的内容如下，试说明下列指令中源操作数采用的寻址方式，分析每条指令执行后 AX 寄存器所保存的结果。

(DS)=1000H, (BX)=0200H, (SI)=0010H；(10200H)=35H, (10201H)=2AH, (10210H)=3CH, (10211H)=21H, (10300H)=1BH, (10301H)=63H, (12100H)=52H, (12101H)=3BH。

（1）MOV AX,3020H   （2）MOV AX,BX

（3）MOV AX,[2100H]   （4）MOV AX,[BX]

（5）MOV AX,0100H+[BX]   （6）MOV AX,[BX]+[SI]

【解析】根据给定的指令格式，可指出指令的源操作数寻址方式；内存单元寻址时要计算出存储器操作数存放的物理地址，最后得出指令执行完毕后 AX 寄存器中的结果。

（1）MOV AX,3020H

本条指令的源操作数为立即数寻址方式，将字数据 3020H 送累加器 AX。

指令执行后：(AX)=3020H。

（2）MOV AX,BX

本条指令的源操作数为寄存器寻址方式，将寄存器 BX 的内容送累加器 AX。

指令执行后：(AX)=0200H。

（3）MOV AX,[2100H]

本条指令的源操作数为访问存储器的直接寻址方式，操作数在内存单元的物理地址为：

PA=(DS)×10H+2100H=12100H

由于给定指令是字数据传输，在 12100H 单元保存的是低字节数据 52H，还需从 12101H 单元取出高字节数据 3BH，组合后形成一个字数据。

指令执行后：(AX)=3B52H。

（4）MOV AX,[BX]

本条指令的源操作数为访问存储器的寄存器间接寻址方式，操作数在内存单元的物理地址为：

PA=(DS)×10H+0200H=10200H

指令规定字数据传输，在 10200H 单元保存的是低字节数据 35H，需从 10201H 单元取出高字节数据 2AH，组合后形成一个字数据。

　　指令执行后：(AX)=2A35H。

　　（5）MOV　AX,0100H+[BX]

　　本条指令的源操作数为访问存储器的寄存器相对寻址方式，操作数在内存单元的物理地址为：

　　PA=(DS)×10H+0200H+0100H=10300H

　　指令规定字数据传输，在 10300H 单元保存的是低字节数据 1BH，需从 10301H 单元取出高字节数据 63H，组合后形成一个字数据。

　　指令执行后：(AX)=631BH。

　　（6）MOV　AX,[BX]+[SI]

　　本条指令的源操作数为访问存储器的基址变址寻址方式，操作数在内存单元的物理地址为：

　　PA=(DS)×10H+0200H+0010H=10210H

　　指令规定字数据传输，在 10210H 单元保存的是低字节数据 3CH，需从 10211H 单元取出高字节数据 21H，组合后形成一个字数据。

　　指令执行后：(AX)=213CH。

　　【例 3.4】已知寄存器保存内容(DS)=3200H，(BX)=1234H，(SI)=3456H，(3668AH)=7FH，执行指令 MOV AL,[BX] [SI]，分别计算操作数的有效地址 EA 和物理地址 PA，说明该指令执行后的操作结果。

　　【解析】对于给定指令 MOV AL,[BX] [SI]，源操作数采用访问存储器的基址变址寻址方式，操作数有效地址 EA 和物理地址 PA 计算如下：

　　有效地址：EA=(BX)+(SI)

　　　　　　　　=1234H+3456H

　　　　　　　　=468AH

　　物理地址：PA=(DS)×10H+EA

　　　　　　　　=32000H+468AH

　　　　　　　　=3668AH

　　传送指令将 3668AH 单元的内容送入寄存器 AL 中，为字节数据传送。

　　指令执行后的操作结果为：(AL)=7FH。

　　【例 3.5】给定寄存器和存储单元内容如下，写出下列每条指令的操作功能，分析每条指令执行后的结果。

　　(DS)=3000H，(AX)=2248H，(BX)=1120H，(SI)=1040H；(31040H)=E9H，(32120H)=FFH，(32121H)=00H。

　　（1）SHR　AX,1

　　（2）ADD　BL,[SI]

　　（3）AND　AL,[BX+1000H]

　　【解析】按照题目给定的指令格式分别进行讨论，若源操作数为存储器寻址时要计算出操作数的物理地址 PA。

　　（1）SHR　AX,1

　　本条指令为逻辑右移指令，将累加器 AX 中的内容逻辑右移一次。

由于(AX)=2248H=0010001001001000B，执行指令后，最低位右移出去，最高位补 0，结果为：(AX)=0001000100100100B=1124H。

逻辑右移一位相当于对给定数据除以 2，即 2248H÷2=1124H。

（2）ADD　BL,[SI]

本条指令为加法指令，将寄存器 BL 与指定内存单元的字节数据相加，结果送 BL 寄存器。

指令采用访问存储器的寄存器间接寻址，源操作数的物理地址为：

PA=(DS)×10H+(SI)

　=30000H+1040H

　=31040H

由于寄存器(BL)=20H，对应的存储单元保存的数据为(31040H)=E9H，两者相加后得：E9H+20H=19H，CF=1；即：(BL)=19H，CF=1。

（3）AND　AX,[BX+1000H]

本条指令为逻辑与指令，将累加器 AX 与指定内存单元的字数据逻辑与，结果送 AX 寄存器。

指令采用访问存储器的寄存器相对寻址，源操作数的物理地址为：

PA=(DS)×10H+(BX)+1000H

　=30000H+1120H+1000H

　=32120H

由于是字数据操作，从内存单元取出(32120H)=FFH、(32121H)=00H，组合为 00FFH，与累加器(AX)=2248H 进行逻辑与运算，结果 0048H 保存在 AX 中。

即：(AX)=0048H，相当于对 AX 的高 8 位进行了置 0。

【例 3.6】已知 X=+125，Y=-5，采用补码完成 X-Y 的减法运算，讨论运算结果对标志位的影响。

【解析】对于带符号数的运算，利用溢出标志 OF 和符号标志 SF 可判断数值的大小。本题是完成计算 125-(-5)=+135。

计算机中带符号数运算可采用补码运算完成，即$[X-Y]_{补码}=[X]_{补码}-[Y]_{补码}$。

本题计算过程如下：

+125 的原码：01111101B

-5 的补码：11111011B

```
     01111101B
-)   11111011B
-------------
     10000010B
```

根据计算结果可知：

（1）符号标志 SF=1，因为最高位为 1，运算结果为负数；

（2）溢出标志 OF=1，因为 D_6 位向 D_7 位无借位，但 D_7 位向更高位有借位。

对于带符号数，一个字节数据运算范围为-128～+127，本题 X-Y 的结果为+135，超出了数的有效范围，所以有溢出标志 OF=1，会得出正数减负数得到负数的错误结果。

本题可以这样理解：当 OF=0 时，无溢出，计算的数据正确。所以若 SF=0，运算结果为正数，那么被减数大于减数；若 SF=1，运算结果为负数，那么被减数小于减数。而当 OF=1

时，产生溢出，计算结果不正确了。所以 SF=0 时，得到错误的正数结果，那么被减数小于减数；当 SF=1 时，得到错误的负数结果，那么被减数大于减数。

3.3　习题解答

一、单项选择题

1. 寄存器间接寻址方式中，要寻找的操作数位于（　　）中。
   A. 通用寄存器　　B. 段寄存器　　　　C. 内存单元　　　　　D. 堆栈区
2. 下列传送指令中正确的是（　　）。
   A. MOV　AL,BX　　　　　　　　B. MOV　CS,AX
   C. MOV　AL,CL　　　　　　　　D. MOV　[BX],[SI]
3. 下列 4 个寄存器中，不允许用传送指令赋值的寄存器是（　　）。
   A. CS　　　　B. DS　　　　C. ES　　　　D. SS
4. 将 AX 清零并使 CF 位清零，下面指令错误的是（　　）。
   A. SUB　AX,AX　　　　　　　　B. XOR　AX,AX
   C. MOV　AX,0　　　　　　　　　D. AND　AX,0000H
5. 指令 MOV　[SI+BP],AX；其目的操作数的隐含段为（　　）。
   A. 数据段　　　　B. 堆栈段　　　　C. 代码段　　　　D. 附加段
6. 设(SP)=1010H，执行 PUSH　AX 后，SP 中的内容为（　　）。
   A. 1011H　　　　B. 1012H　　　　C. 100EH　　　　D. 100FH
7. 对两个带符号整数 A 和 B 进行比较，要判断 A 是否大于 B，应采用指令（　　）。
   A. JA　　　　B. JG　　　　C. JNB　　　　D. JNA
8. 已知(AL)=80H，(CL)=02H，执行指令 SHR　AL,CL 后的结果是（　　）。
   A. (AL)=40H　　B. (AL)=20H　　C. (AL)=C0H　　D. (AL)=E0H
9. 当执行完下列指令序列后，标志位 CF 和 OF 的值是（　　）。
   ```
   MOV  AH,85H
   SUB  AH,32H
   ```
   A. 0,0　　　　B. 0,1　　　　C. 1,0　　　　D. 1,1
10. JMP SI 的目标地址偏移量是（　　）。
    A. SI 的内容　　　　　　　　　B. SI 指向内存字单元之内容
    C. IP+SI 的内容　　　　　　　D. IP+[SI]

【答案】1. C　2. C　3. A　4. C　5. B　6. C　7. B　8. B　9. A　10. D

二、填空题

1. 计算机指令通常由_____和_____两部分组成；指令对数据操作时，按照数据的存放位置可分为_____。
2. 寻址的含义是_____；8086 指令系统的寻址方式按照操作数的存放位置可分为_____；其中寻址速度最快的是_____。
3. 若指令操作数保存在存储器中，操作数的段地址隐含放在_____中；可以采用的寻址方式有_____。

4．指令 MOV　AX,ES:[BX+0200H] 中，源操作数位于_____；读取的是_____的
存储单元内容。

5．堆栈是一个特殊的_____，其操作是以_____为单位按照_____原则来处理；
采用_____来指向栈顶地址，入栈时地址变化为_____。

6．I/O 端口的寻址有_____两种方式；采用 8 位数时，可访问的端口地址为_____；
采用 16 位数时，可访问的端口地址为_____。

【答案】

1．①操作码字段；②操作数字段；③立即操作数、寄存器操作数、存储器操作数。

2．①寻找操作数的存放位置的过程；②立即数寻址、寄存器寻址、存储器寻址、I/O 端
口寻址；③立即数寻址。

3．①数据段寄存器 DS；②直接寻址、寄存器间接寻址、寄存器相对寻址、基址变址寻
址、相对基址变址寻址。

4．①内存单元；②附加数据段 ES。

5．①内存数据存储区域；②字数据；③"先进后出"；④堆栈指针 SP；⑤(SP)←(SP)-2。

6．①直接端口寻址、间接端口寻址；②0～255；③0～65535。

三、判断题

1．各种 CPU 的指令系统是相同的。　　　　　　　　　　　　　　（　　）

2．在指令中，寻址的目的是找到操作数。　　　　　　　　　　　（　　）

3．指令 MOV　AX,CX 采用的是寄存器间接寻址方式。　　　　　（　　）

4．条件转移指令可以实现段间转移。　　　　　　　　　　　　　（　　）

5．串操作指令只处理一系列字符组成的字符串数据。　　　　　　（　　）

6．LOOP 指令执行时，先判断 CX 是否为 0，如果为 0 则不再循环。　（　　）

【答案】1．×　　2．√　　3．×　　4．√　　5．√　　6．√

四、分析题

1．设(DS)=2000H, (ES)=2100H, (SS)=1500H, (SI)=00A0H, (BX)=0100H, (BP)=0010H,
数据变量 VAL 的偏移地址为 0050H，请指出下列指令的源操作数字段是什么寻址方式？它的
物理地址是多少？

（1）MOV　AX,21H	（2）MOV　AX,BX	（3）MOV　AX,[1000H]
（4）MOV　AX,VAL	（5）MOV　AX,[BX]	（6）MOV　AX,ES:[BX]
（7）MOV　AX,[BP]	（8）MOV　AX,[SI]	（9）MOV　AX,[BX+10]
（10）MOV　AX,VAL[BX]	（11）MOV　AX,[BX][SI]	（12）MOV　AX,VAL[BX][SI]

【解答】根据题目给定的各寄存器内容和指令形式，可以得到每条指令的源操作数字段
的寻址方式和物理地址如下：

（1）MOV　AX,21H

立即数寻址，源操作数直接放在指令中，不访问存储器。

（2）MOV　AX,BX

寄存器寻址，源操作数放在寄存器 BX 中，不访问存储器。

（3）MOV   AX,[1000H]

直接寻址，有效地址 EA = 1000H；

物理地址为：PA = (DS)×10H+EA = 2000H×10H+1000H = 21000H。

（4）MOV   AX,VAL

直接寻址，有效地址为 EA = [VAL] = 0050H；

物理地址为：PA = (DS)×10H+EA = 2000H×10H+0050H = 20050H。

（5）MOV   AX,[BX]

寄存器间接寻址，有效地址 EA = (BX) = 0100H；

物理地址为：PA = (DS)×10H+EA = 2000H×10H+0100H = 20100H。

（6）MOV   AX,ES:[BX]

寄存器间接寻址，有效地址 EA = (BX) = 0100H；

物理地址为：PA = (ES)×10H+EA = 2100H×10H+0100H = 21100H。

（7）MOV   AX,[BP]

寄存器间接寻址，有效地址 EA = (BP) = 0010H；

物理地址为：PA = (SS)×10H+EA = 1500H×10H+0010H = 15010H。

（8）MOV   AX,[SI]

寄存器间接寻址，有效地址 EA = (SI) = 00A0H；

物理地址为：PA = (DS)×10H+EA = 2000H×10H+00A0H = 200A0H。

（9）MOV   AX,[BX+10]

相对寄存器寻址，有效地址 EA = (BX)+10D = 0100H+000AH= 010AH；

物理地址为：PA = (DS)×10H+EA = 2000H×10H+010AH = 2010AH。

（10）MOV   AX,VAL[BX]

相对寄存器寻址，有效地址 EA = (BX)+[VAL] = 0100H+0050H= 0150H；

物理地址为：PA = (DS)×10H+EA = 2000H×10H+0150H = 20150H。

（11）MOV   AX,[BX][SI]

基址变址寻址，有效地址 EA = (BX)+(SI) = 0100H+00A0H = 01A0H；

物理地址为：PA = (DS)×10H+EA = 2000H×10H+01A0H = 201A0H。

（12）MOV   AX,VAL[BX][SI]

相对基址变址寻址，有效地址 EA = (BX)+(SI)+[VAL] = 0100H+00A0H+0050H = 01F0H；

物理地址为：PA = (DS)×10H+EA = 2000H×10H+01F0H = 201F0H。

2. 给定寄存器及存储单元内容为：(DS) =2000H，(BX)=0100H，(SI)=0002H，(20100) =32H，(20101)=51H，(20102)=26H，(20103)=83H，(21200)=1AH，(21201)=B6H，(21202) =D1H，(21203) =29H。试说明下列各条指令执行完后，AX 寄存器中保存的内容是什么。

（1）MOV   AX,1200H   （2）MOV   AX,BX   （3）MOV   AX,[1200H]

（4）MOV   AX,[BX]   （5）MOV   AX,1100H[BX]   （6）MOV   AX,[BX][SI]

【解答】根据题目给定寄存器及存储单元的内容以及指令形式，可得到每条指令执行完后 AX 寄存器中保存的内容如下：

（1）MOV   AX,1200H

立即数传送，指令执行后，(AX) = 1200H。

（2）MOV AX,BX

寄存器传送，指令执行后，(AX) = (BX) = 0100H。

（3）MOV AX,[1200H]

要访问的存储单元操作数的 EA =1200H，PA = (DS)×10H+EA = 2000H×10H+1200H = 21200H；

内存单元的字数据传送，指令执行后，(AX) = B61AH。

（4）MOV AX,[BX]

要访问的存储单元操作数的 EA = (BX) = 0100H，PA = (DS)×10H+EA = 2000H×10H+0100H = 20100H；

内存单元的字数据传送，指令执行后，(AX) = 5132H。

（5）MOV AX,1100H[BX]

要访问的存储单元操作数的 EA = (BX)+1100H = 0100H+1100H = 1200H，PA = (DS)×10H+EA = 2000H×10H+1200H = 21200H；

内存单元的字数据传送，指令执行后，(AX)= B61AH。

（6）MOV AX,[BX][SI]

要访问的存储单元操作数的 EA = (BX)+(SI) = 0100H+0002H = 0102H，PA = (DS)×10H+EA = 2000H×10H+0102H = 20102H；

内存单元的字数据传送，指令执行后，(AX)= 29D1H。

3．分析下列指令的正误，对于错误的指令要说明原因并加以改正。

（1）MOV AH,BX   （2）MOV [BX],[SI]

（3）MOV AX,[SI][DI]   （4）MOV MYDAT[BX][SI],ES:AX

（5）MOV BYTE PTR[BX],1000   （6）MOV BX,OFFSET MAYDAT[SI]

（7）MOV CS,AX   （8）MOV DS,BP

【解答】根据 MOV 指令的传送功能和约束条件，各条指令的正误分析如下：

（1）MOV AH,BX

错误，寄存器类型不匹配，若按照字数据传送，可改为 MOV AX,BX。

（2）MOV [BX],[SI]

错误，两个操作数不能同时为存储单元，可改为 MOV BX,[SI]或 MOV [BX],SI。

（3）MOV AX,[SI][DI]

错误，寻址方式中只能出现一个变址寄存器，可改为 MOV AX,[BX][DI]。

（4）MOV MYDAT[BX][SI],ES:AX

错误，AX 前不能有段跨越前缀，应去掉 ES:，改为 MOV MYDAT[BX][SI],AX。

（5）MOV BYTE PTR[BX],1000

错误，目的操作数规定为字节类型，而源操作数 1000 超出字节存储空间的范围。可改为 MOV BYTE PTR[BX],100。

（6）MOV BX,OFFSET MAYDAT[SI]

本条指令正确。

（7）MOV CS,AX

错误，MOV 指令中 CS 不能用做目的操作数，可改为 MOV DS,AX。

（8）MOV　DS,BP

本条指令正确。

注意：本题中错误指令的改正部分答案并不是唯一的，也可根据题意做其他的改正。

4．设 VAR1、VAR2 为字变量，LAB 为标号，分析下列指令的错误之处并加以改正。

（1）ADD　　VAR1,VAR2　　　　　　（2）MOV　　AL,VAR2

（3）SUB　　AL,VAR1　　　　　　　（4）JMP　　LAB[SI]

（5）JNZ　　VAR1　　　　　　　　　（6）JMP　　NEAR LAB

【解答】根据每条指令的功能和约束条件，题目中给定指令的错误分析如下：

（1）ADD　　VAR1,VAR2

本条指令错误在于两个操作数都是存储器操作数，不能直接进行加法处理，应通过累加器 AX 来转换，可改为：

```
MOV  AX,VAR1
ADD  AX,VAR2
```

（2）MOV　　AL,VAR2

本条指令错误在于数据类型不匹配，可改为：

```
MOV  AX,VAR2
```

（3）SUB　　AL,VAR1

本条指令错误在于数据类型不匹配，可改为：

```
SUB  AX,VAR1
```

（4）JMP　　LAB[SI]

本条指令错误在于寄存器相对寻址中不能用标号做位移量，可采用变量 VAR1，改为：

```
JMP  VAR1[SI]
```

（5）JNZ　　VAR1

本条指令错误在于条件跳转指令只能进行段内短跳转，其后只能跟短标号。可改为：

```
JNZ  LAB
```

（6）JMP　　NEAR　LAB

本条指令错误在于缺少运算符 PTR，可改为：

```
JMP  NEAR PTR LAB
```

注意：本题指令的错误改正部分答案并不是唯一的，也可按题意改成其他合法形式。

5．写出能够完成下列操作的 8086CPU 指令。

（1）把 4629H 传送给 AX 寄存器；

（2）从 AX 寄存器中减去 3218H；

（3）把 BUF 的偏移地址送入 BX 中。

【解答】根据题目要求，可采用下面指令实现要求的功能。

（1）MOV　AX,4629H

（2）SUB　AX,3218H

（3）LEA　BX,BUF

6．根据以下要求写出相应的汇编语言指令。

（1）把 BX 和 DX 寄存器的内容相加，结果存入 DX 寄存器中。

（2）用 BX 和 SI 的基址变址寻址方式，把存储器中的一个字节与 AL 内容相加，并保存在 AL 寄存器中。

（3）用寄存器 BX 和位移量 21B5H 的变址寻址方式把存储器中的一个字和 CX 相加，并把结果送回存储器单元中。

（4）用位移量 2158H 的直接寻址方式把存储器中的一个字与数 3160H 相加，并把结果送回该寄存器中。

（5）把数 25H 与 AL 相加，结果送回寄存器 AL 中。

【解答】根据题目要求，可采用下面指令实现要求的功能。

（1）ADD   DX,BX

（2）ADD   AL,[BX][SI]

（3）ADD   21B5H+[BX],CX

（4）ADD   WORD PTR [2158H],3160H

（5）把数 25H 与 AL 相加，结果送回寄存器 AL 中；指令为：ADD   AL,25H

7．写出将首地址为 BLOCK 的字数组的第 6 个字送到 CX 寄存器的指令序列，要求分别使用以下几种寻址方式：

（1）以 BX 的寄存器间接寻址。

（2）以 BX 的寄存器相对寻址。

（3）以 BX、SI 的基址变址寻址。

【解答】根据题目要求，可采用下面指令实现要求的功能。

（1）以 BX 的寄存器间接寻址；指令为：

```
LEA  BX,BLOCK+10
MOV  CX,[BX]
```

（2）以 BX 的寄存器相对寻址；指令为：

```
LEA  BX,BLOCK
MOV  CX,10[BX]
```

（3）以 BX、SI 的基址变址寻址；指令为：

```
LEA   BX,BLOCK
MOV   SI,10
MOV   CX,[BX][SI]
```

第4章　汇编语言程序设计

本章学习要点

- 汇编语言基本表达、伪指令语句功能及应用
- 汇编语言源程序的建立、汇编、连接、调试及运行
- 顺序、分支、循环、子程序的基本结构和设计
- DOS 功能调用和 BIOS 中断调用及其应用
- 宏汇编、重复汇编、条件汇编的基本特点及其应用

4.1　知识要点复习

4.1.1　汇编语言基本表达

1. 汇编语言、汇编程序、汇编语言语句格式

（1）汇编语言。是一种面向 CPU 指令系统的程序设计语言，采用指令助记符表示操作码和操作数，用符号地址表示操作数地址。

（2）汇编程序。是将采用汇编语言编制的源程序翻译成机器能够识别和执行的目标程序的一种系统软件。

（3）汇编语言的语句格式。一条完整的语句由以下 4 项内容组成：

[名字项]　　操作码　　[操作数]　　[；注释]

方括号内容可任选。名字项表示本条语句的变量或符号地址；操作码为指令助记符；操作数为操作码提供数据及操作信息；注释项为语句注释，以"；"开头，是语句的非执行部分。

2. 标号和变量的 3 种属性

（1）段属性。定义标号和变量的段起始地址。标号段对应代码段，由 CS 指示；变量段由 DS 或 ES 指示。

（2）偏移属性。表示标号和变量相距段起始地址的字节数，是一个 16 位无符号数。

（3）类型属性。对于标号，指出该标号引用位置，类型有 NEAR（段内引用）和 FAR（段间引用）；对于变量，说明变量有几个字节长度，由伪指令确定。

3. 表达式和运算符

汇编语言的表达式由常数、寄存器、标号、变量与一些运算符有机结合而成，一般有数字表达式和地址表达式两种。

表达式中运算符充当重要角色。8086 宏汇编 5 种运算符的作用如下：

（1）算术运算符用于完成加、减、乘、除等算术运算和求余运算。

（2）逻辑运算符是对操作数进行按位操作。

（3）关系运算符是双操作数运算，其结果有关系成立或关系不成立两种情况。

（4）分析运算符是对存储器地址进行操作，可将存储器地址的段、偏移量和类型分离出来，又称为数值返回运算符。

（5）综合运算符可用来建立和临时改变变量或标号的类型以及存储器操作数的存储单元类型，又称为属性修改运算符。

4．汇编语言的源程序结构

（1）汇编源程序一般由数据段、附加段、堆栈段和代码段 4 种逻辑段组成。

①数据段。在内存中建立适当容量的工作区，存放常数、变量等数据。

②附加段。同数据段类似，也用来在内存中建立适当容量的工作区，存放数据，如串操作指令要求目的串必须在附加段内。

③堆栈段。在内存中建立一个适当的堆栈区，以便在中断、子程序调用时使用。

④代码段。包括许多以符号表示的指令，其内容就是程序要执行的指令。

（2）每个逻辑段以 SEGMENT 开始，以 ENDS 结束，整个源程序以 END 结束。

（3）汇编源程序的主模块要用 ASSUME 伪指令说明各个段地址与段寄存器之间的对应关系，以便对源程序模块进行汇编时确定段中各项的偏移量。

（4）汇编语言源程序存放在存储器中，无论是取指令还是存取操作数都要访问内存。所以，程序的编写必须分段进行，以满足存储器分段管理的要求。

4.1.2　伪指令简述

1．伪指令的含义

指令系统中每条指令对应 CPU 的一种特定操作，经汇编以后，产生一一对应的目标代码。而伪指令是用来对相关语句进行定义和说明，它不产生目标代码，又称伪操作。

2．伪指令的分类

宏汇编程序 MASM 提供了约几十种伪指令，主要有数据定义、符号定义、段定义、过程定义、模块定义、结构等。

4.1.3　汇编语言程序上机过程

1．汇编语言的工作环境

建立源程序和支持程序运行的软件包括以下几个方面：

（1）DOS 操作系统。源程序的建立和运行是在 DOS 命令状态下完成的。

（2）编辑程序。用来输入、建立或编辑汇编语言源程序。

（3）汇编程序。可用宏汇编 MASM.EXE 将源程序汇编成目标程序。

（4）连接程序。使用 LINK.EXE 进行程序的连接。

（5）调试程序。采用动态调试程序 DEBUG.COM 帮助编程者进行程序的调试。

2．汇编语言上机步骤

（1）用编辑程序（如 EDIT.COM）建立扩展名为.ASM 的汇编语言源程序文件。

（2）用汇编程序（如 MASM.EXE）将源程序文件汇编成用机器码表示的目标程序文件，扩展名为.OBJ。

（3）用连接程序（如 LINK.EXE）把目标文件转化成可执行文件，扩展名为.EXE。

（4）如在汇编过程中出现语法错误，根据错误的信息提示（如错误位置、错误类型、错误说明），可用编辑软件重新调入源程序进行修改。

（5）生成可执行文件后，在 DOS 命令状态下直接键入文件名就可执行该文件。

4.1.4 基本程序设计

1. 程序设计的基本步骤

用汇编语言设计源程序一般按下述步骤进行：

（1）分析问题，抽象出数学模型。

（2）确定算法或解题思想。

（3）绘制流程图。

（4）分配存储空间和工作单元。

（5）程序编制。

（6）程序静态检查。

（7）上机调试。

2. 程序的基本结构

（1）顺序结构。按照语句排列的先后次序执行规定的一系列顺序操作。

（2）分支结构。可根据不同的情况做出判断和选择，以便执行不同的程序段。

（3）循环结构。由循环初始化部分、循环体、参数修改部分、循环控制部分等组成。按照条件判断所处的位置，可把循环分为"当型循环"和"直到型循环"。

3. 典型程序设计思路

（1）顺序结构程序设计。是一种最简单的程序设计结构形式。从开始执行到最后一条指令为止，指令指针 IP 中的内容呈线性增加。进行顺序结构程序设计时，主要考虑的是如何选择简单有效的算法，如何选择存储单元和工作单元，并且用相应的指令来实现。

（2）分支结构程序设计。在解决某些实际问题时往往要在不同条件下处理，这时可采用分支结构程序设计，该结构清晰并易于阅读及调试。分支是由条件转移指令来完成的，按照判断条件的不同可有单分支程序设计和多分支程序设计。

（3）循环结构程序设计。针对的是一些需要重复处理的操作，可以缩短程序长度，节省内存，也使得程序的可读性大大提高。

构成循环程序通常有 4 个部分：

①初始化部分。包括循环计数器初值、地址指针初始化、存放运算结果的寄存器或内存单元的初始化等。

②循环体。是完成循环工作的主要部分，要重复执行这段操作。

③参数修改部分。为保证每次循环的正常执行，计数器值、操作数地址指针等相关信息要发生有规律的变化，为下一次循环作准备。

④循环控制部分。必须选择一个恰当的循环控制条件来控制循环的运行和结束。如果循环次数已知可使用计数器来控制，如果循环次数未知应根据具体情况设置控制循环结束的条件。

按照循环体的复杂程度可以分为单重循环程序设计和多重循环程序设计。

使用多重循环时要注意以下几个问题：

①内循环要完整地包含在外循环中，可以嵌套和并列，但内外循环不能相互交叉。

②可从内循环直接跳到外循环，但不能从外循环直接跳到内循环。

③无论是内循环还是外循环，都不要使循环回到初始化部分，否则将出现死循环。

④每次完成外循环再次进入内循环时，必须重新设置初始条件。

（4）子程序设计。是模块化程序设计的重要手段。设计时要注意主-子程序说明、现场保护及恢复、子程序体、子程序返回以及子程序的参数传递。

4.1.5　系统功能调用

1．DOS 功能调用

DOS 功能调用可完成对文件、设备、内存的管理操作。这些功能模块是相对独立的中断服务子程序，入口地址已由系统置入中断向量表中，在程序中可采用中断指令直接调用。

完成 DOS 系统功能调用的基本操作步骤如下：

（1）将入口参数送到指定寄存器中。

（2）子程序功能号送入 AH 寄存器中。

（3）使用 INT 21H 指令转入子程序入口执行相应操作。

2．BIOS 中断调用

BIOS 为用户程序和系统程序提供主要外设的控制功能，如系统加电自检、引导装入及对键盘、磁盘、磁带、显示器、打印机、异步串行通信口等的控制。

BIOS 每个功能模块的入口地址都在中断向量表中，通过中断指令 INT n 可以直接调用。n 是中断类型号，每个类型号 n 对应一种 I/O 设备的中断调用，每个中断调用又以功能号来区分其控制功能。

4.1.6　宏指令与高级汇编技术

1．宏汇编及处理过程

"宏"是指源程序中一段具有独立功能的代码，宏指令代表一段源程序，必须先定义后调用。

宏定义用伪指令 MACRO 和 ENDM 来实现，宏汇编时，宏指令被自动地展开成为相应的机器码而插入源程序中的宏调用处，宏调用指令在汇编过程中对宏定义体作宏展开操作，用宏定义体取代源程序中的宏指令名，并用实参取代宏定义中的形参。

2．重复汇编

重复汇编可以出现在宏定义中，也可以出现在源程序的任何位置上。

有以下 3 种形式：

（1）定重复伪指令 REPT/ENDM。重复汇编的次数用表达式的值来表示。

（2）不定重复伪指令 IRP/ENDM。重复汇编的次数由参数表中的参数个数决定。

（3）不定重复字符伪指令 IRPC/ENDM。重复汇编的次数等于字符串中字符的个数。

3．条件汇编

条件汇编也是汇编语言提供的一组伪操作。指令中指出汇编程序所进行测试的条件，汇编程序将根据测试结果有选择地对源程序中语句进行汇编处理。条件汇编语句通常在宏定义中使用。

条件汇编指令操作的一般格式为：

```
IF 〈表达式〉
    [语句序列 1]
[ELSE]
```

　　　　　　[语句序列 2]
　　　　ENDIF
　　上述格式中的表达式是条件，满足条件则汇编语句序列 1，否则不汇编；ELSE 命令可对另一语句序列 2 进行汇编。

　　有以下 5 组条件汇编语句：
　　（1）IF 和 IFE：是否为 0 条件语句。
　　（2）IF1 和 IF2：是否为 1 条件语句。
　　（3）IFDEF 和 IFNDEF：是否有定义条件语句。
　　（4）IFB 和 IFNB：是否为空条件语句。
　　（5）IFIDN 和 IFDEF：字符串比较条件语句。

4.2　典型例题解析

　　【例 4.1】简述汇编程序和汇编语言源程序两者的区别和主要功能。

　　【解析】本题要求明确汇编程序和汇编语言源程序的含义及功能是完全不同的，主要体现在：

　　（1）汇编程序是一种系统软件，它可将汇编语言源程序自动翻译成目标程序；而汇编语言源程序则是采用汇编语言编写的应用程序。

　　（2）汇编程序的主要功能是将汇编语言编写的源程序翻译成用机器语言表示的目标程序；而汇编语言源程序是用户进行程序设计所得到的结果。

　　【例 4.2】简述汇编语言源程序的语句类型和各自的作用。

　　【解析】本题要明确汇编语言源程序的语句类型通常有 3 种，它们分别是指令语句、伪指令语句和宏指令语句。

　　各自作用如下：

　　（1）指令语句是 CPU 可以执行的能完成特定操作功能的语句，能够产生目标代码，主要由 CPU 指令系统提供。

　　（2）伪指令语句是在汇编过程中告诉汇编程序应如何汇编，并提供相关管理及控制功能的语句，不会产生目标代码。

　　（3）宏指令语句是一个指令序列，汇编时凡有宏指令语句的地方都将用相应的指令序列的目标代码插入。

　　【例 4.3】简述基本汇编和宏汇编的含义和功能。

　　【解析】在计算机中，由于汇编语言的使用环境不同，有基本汇编和宏汇编两种情况。

　　（1）基本汇编。是指能够将汇编语言源程序翻译成机器语言程序，根据用户要求自动分配存储区域，自动对源程序进行检查并给出错误信息等功能的汇编程序。

　　（2）宏汇编。在基本汇编的基础上，增加了用于控制和管理功能的伪指令、宏指令、结构、记录等高级汇编语言功能，并进一步允许在源程序中实现条件汇编功能。

　　【例 4.4】已知某程序数据段定义了下列语句，分析指定变量在内存单元的类型及数据分配的存储空间。

```
DATA  SEGMENT
   B1  DB  21H,43H,65H,87H
```

```
        B2  DB  2 DUP(1,2 DUP(0,?),0,1)
        B3  DB  'BYTE!'
        B4  DW  1234H,5678H
    DATA  ENDS
```

【解析】本题要注意变量的定义类型和操作符 DUP 的使用，以及内存中数据的存放规则。

按照数据定义伪指令的具体形式分析如下：

（1）B1 定义为字节型变量，其后每个操作数各占 1 个字节，共占用 4 个字节的存储空间。

（2）B2 定义为字节型变量，并采用重复操作符，DUP 前的数字为重复次数，圆括号中为重复内容，一共占用 14 个字节的存储空间。

（3）B3 定义为字符变量，在内存中占用 5 个字节空间，依次保存每个字符的 ASCII 码。

（4）B4 定义为字变量，其后每个操作数占 2 个字节，共占用 4 个字节空间。

【例 4.5】编程实现求 $S=(X^2+Y^2)/2$ 的值，并将计算结果存入内存的 RESULT 单元。

【解答】本题是计算一个数学表达式，在数据段开辟 X、Y 和 RESULT 三个变量的存储单元并给 X、Y 赋初始值。可采用顺序结构程序来实现指定的计算。

源程序编制如下：

```
    DATA    SEGMENT                 ;定义数据段
            X DB 20
            Y DB 40
            RESULT  DW  ?
    DATA    ENDS
    CODE    SEGMENT                 ;定义代码段
            ASSUME  CS:CODE,DS:DATA
    START:  MOV  AX,DATA            ;初始化 DS
            MOV  DS,AX
            MOV  AL,X               ;X 中的内容送 AL
            MUL  X                  ;计算 X*X
            MOV  BX,AX              ;X*X 的乘积送 BX
            MOV  AX,Y               ;Y 中的内容送 AL
            MUL  Y                  ;计算 Y*Y
            ADD  AX,BX              ;计算 X²+Y²
            SHR  AX,1              ;计算 (X²+Y²)/2
            MOV  RESULT,AX          ;结果送 RESULT 单元
            MOV  AH,4CH
            INT  21H               ;返回 DOS
    CODE    ENDS
            END  START             ;汇编结束
```

【例 4.6】在数据段 BUF 开始的内存单元存放两个带符号字数据，当两数符号相同时求其差，符号相异时求其和，结果放在 RESULT 单元，试编程实现该功能。

【解析】本题要求判断数的符号并分别处理，可采用分支程序设计。在数据段定义 BUF 变量存储两个带符号字数据，定义一个保存结果的 RESULT 单元，采用两数符号的判断指令来实现要求的功能。

源程序编制如下：

```
      DATA  SEGMENT
         BUF      DW  1100H,8203H
         RESULT   DW  ?
      DATA ENDS
      CODE  SEGMENT
             ASSUME  CS:CODE,DS:DATA
      START: MOV  AX,DATA
             MOV  DS,AX              ;初始化 DS
             MOV  DS,AX
             MOV  AX,BUF             ;取第一个数
             MOV  BX,AX              ;暂存第一个数
             XOR  AX,BUF+2           ;判断两个数的符号
             JNS  L1                 ;若两个数同符号(SF=0)则转移到 L1
             ADD  BX,BUF+2           ;两个数符号不同时进行求和计算
             JMP  L2                 ;无条件转至 L2
         L1: SUB  BX,BUF+2           ;两个数同符号进行求差计算
         L2: MOV  RESULT,BX          ;保存结果
             RET                     ;返回 DOS
      CODE ENDS
             END  START              ;汇编结束
```

程序中使用了 XOR 指令来判断两个数的符号是否相同。当符号标志位 SF=0 时说明两个数同符号，进行求和计算；当 SF=1 时说明两个数符号不同，进行求差计算。最后将结果保存到指定的 RESULT 单元。

【例 4.7】求 $S=1^2+2^2+3^2+\cdots$ 的前 N 项和，和 S 的值大于 1000 即结束计算。编程实现该功能。

【解析】由于 N^2 可写成 N 个 N 相加的形式，所以本题可采用双重循环来实现，在内循环中循环 N 次实现 N 个 N 相加；在外循环中计算平方和，并判断结果是否大于 1000。由于 N 值从 1 到 N 逐级递增，所以 N 值可采用计数器递增进行变更。

设两个寄存器 BX 和 DX 分别保存 N 值及前 N 项和。

源程序编制如下：

```
      CODE  SEGMENT
          ASSUME  CS:CODE
      START: MOV  BX,0             ;保存 N 值的 BX 初值为 0
             MOV  DX,0             ;保存前 N 项和的 DX 初值为 0
      LOP1: INC  BX                ;N 值递增
             MOV  CX,BX            ;设置内循环次数
             MOV  AX,0             ;AX 清 0
      LOP2: ADD  AX,BX             ;计算 N²
             LOOP  LOP2            ;(CX)-1≠0 转 LOP2
             ADD  DX,AX            ;计算前 N 项和
             CMP  DX,1000          ;判断结果是否大于 1000
             JBE  LOP1             ;不大于 1000,转向 LOP1
             MOV  AH,4CH           ;大于 1000,返回 DOS 结束
             INT  21H
      CODE  ENDS
             END  START            ;汇编结束
```

【例 4.8】采用子程序实现用 DOS 功能调用完成屏幕光标回车和换行的处理功能。

【解析】本题用到 DOS 功能调用，要注意调用的基本步骤和方法：首先在 AH 寄存器中设置系统功能调用号；其次在指定寄存器中设置入口参数；第三采用中断调用指令来实现功能调用。

本题采用子程序设计如下：

```
STAR PROC  FAR              ;定义过程名为 STAR
     PUSH  AX               ;保护现场
     PUSH  DX
     MOV   DL,0DH           ;入口参数,回车 CR 的 ASCII 码
     MOV   AH,02H           ;设置系统功能号
     INT   21H             ;DOS 调用,显示字符
     MOV   DL,0AH           ;入口参数,换行 LR 的 ASCII 码
     MOV   AH,02H           ;设置系统功能号
     INT   21H             ;DOS 调用,显示字符
     POP   DX               ;恢复现场
     POP   AX
     RET                   ;子程序返回
STAR ENDP                  ;过程结束
```

4.3　习题解答

一、填空题

1. 汇编语言是面向_____的程序设计语言；它使用_____、_____及_____来编制程序。

2. 完整的汇编语句由_____、_____、_____和_____4 个字段组成。

3. 汇编语言基本程序结构有_____、_____、_____。

4. 循环程序组成部分包括_____、_____、_____、_____。

5. 子程序的参数传递方式主要有_____、_____、_____。

6. DOS 功能调用与 BIOS 中断调用都通过_____实现。在中断调用前需要把_____装入 AH 寄存器。

7. 宏指令是_____，其使用过程分为_____、_____、_____三个阶段。

8. 重复汇编伪指令的作用是_____；常用的重复伪指令有_____、_____、_____3 种。

9. 条件汇编是指_____；通常在_____的场合使用。

10. 为减少编程工作量可以将多次重复使用的程序段定义成_____或_____。

【答案】

1. ①微处理器指令系统；②指令助记符；③符号地址；④标号。

2. ①名字；②操作符；③操作数；④注释。

3. ①顺序结构；②分支结构；③循环结构。

4. ①初始化；②循环体；③参数修改；④循环控制。

5. ①寄存器传递；②堆栈传递；③存储器传递。

6．①中断指令；②中断子程序功能号。

7．①一段定义了特定功能的源程序；②宏定义；③宏调用；④宏展开。

8．①将满足条件的内容进行重复汇编；②REPT/ENDM；③IRP/ENDM；④IRPC/ENDM。

9．①汇编程序根据条件把一段源程序包括在汇编语言程序内或者排除在外的操作；②有选择地对源程序中的语句进行汇编处理。

10．①子程序；②宏指令。

二、判断题

1．一个汇编源程序必须定义一个数据段。　　　　　　　　　　　　　（　　　）

2．伪指令是在汇编中用于管理和控制计算机相关功能的指令。　　　（　　　）

3．程序中的"$"可指向下一个所能分配存储单元的偏移地址。　　　（　　　）

4．在 MASM 过程中能够发现汇编源程序所有的错误。　　　　　　　（　　　）

5．连接后生成的可执行文件需要在 DEBUG 下通过命令执行。　　　（　　　）

6．LOOP 指令可实现循环参数不固定的循环程序结构。　　　　　　（　　　）

7．子程序设计不能缩短程序的目标代码。　　　　　　　　　　　　（　　　）

8．现场的保护和恢复只能在子程序内进行。　　　　　　　　　　　（　　　）

【答案】1．×　2．√　3．×　4．√　5．×　6．×　7．×　8．×

三、简答题

1．完整的汇编语言源程序应该由哪些逻辑段组成？各逻辑段的主要作用是什么？

【解答】一个完整的汇编语言源程序一般由 4 个逻辑段组成，即数据段、附加段、堆栈段和代码段。

各逻辑段的作用如下：

（1）数据段及附加段用来在内存中建立一个适当容量的工作区，以存放程序中需要对其进行操作的常数、变量等数据。

（2）堆栈段用来在内存中建立一个适当的堆栈区，以便在中断、子程序调用时使用。

（3）代码段包括了若干 8086 指令系统提供的指令，其内容是程序要执行的具体操作。

2．简述在机器上建立、汇编、连接、运行、调试汇编语言源程序的过程和步骤。

【解答】一般情况下，在计算机上处理汇编语言程序的过程和步骤如下：

先进入 DOS 操作系统，在命令提示符下进行各类命令的输入操作。

（1）用编辑程序（EDIT.COM）建立扩展名为.ASM 的汇编语言源程序文件。

（2）用汇编程序（MASM.EXE）将汇编语言源程序文件汇编成用机器码表示的目标程序文件，其扩展名为.OBJ。

（3）如果在汇编过程中出现语法错误，可根据错误的信息提示（如错误位置、错误类型、错误说明），用编辑软件重新调入源程序进行修改。当所有错误都修改完毕后，汇编生成目标文件（.OBJ 文件）。

（4）汇编没有错误时采用连接程序（LINK.EXE）把目标文件转化成可执行文件，其扩展名为.EXE。

（5）生成可执行文件后，在 DOS 命令状态下直接键入文件名执行该文件，也可采用调试程序 DEBUG.COM 对文件进行相应处理。DEBUG 中提供许多操作命令，可根据实际情况加以调用。

3．汇编语言的语句标号和变量应具备哪 3 种属性？

【解答】语句标号和变量都具备段属性、偏移属性和类型属性。

（1）对于标号

①段属性定义标号所在程序段的段基址。

②偏移属性表示标号所在段的起始地址到该标号地址之间的字节数。

③类型属性有 NEAR 和 FAR 两种，前者可在段内引用，后者可在其他段引用。

（2）对于变量

①段属性定义变量所代表的数据区所在段的段基址。

②偏移属性是变量所在段的起始地址与变量地址之间的字节数。

③类型属性表示数据区中存取操作数的大小。

4．什么是伪指令？程序中经常使用的伪指令有哪些？简述其主要功能。

【解答】

（1）伪指令是给汇编程序的命令，在汇编过程中由汇编程序进行处理。如定义数据、分配存储区、定义段及定义过程等。伪指令不产生与之相应的目标代码。

（2）宏汇编程序 MASM 提供了约几十种伪指令，程序中经常使用的伪指令按功能可分为数据定义、符号定义、段定义、过程定义、结构定义与模块定义等不同类别。

（3）经常使用的伪指令功能简述如下：

①数据定义伪指令用来定义变量的类型，并将所需要的数据放入指定的存储单元中。

②符号定义伪指令可给一个符号重新命名，或定义新的类型属性等。

③段定义伪指令是在汇编语言程序中定义逻辑段，用它来指定段的名称和范围，并指明段的定位类型、组合类型及类别。

④过程定义伪指令是在程序设计中，将一些重复出现的语句组定义为过程（也称子程序），可采用 CALL 指令来调用。

⑤结构定义伪指令是指相互关联的一组数据的某种组合形式。

⑥模块定义与连接伪指令是将规模较大的汇编语言源程序划分为几个独立的模块，各模块分别进行汇编，生成各自目标程序，最后将其连接成为一个完整的可执行程序，各模块间可相互进行访问。

5．什么是宏指令？宏指令在程序中如何被调用？

【解答】宏指令是指在源程序中把一个指令序列定义为一条组合的宏大指令。在使用时由宏汇编 MASM 进行调用，其过程包括了宏定义、宏调用、宏展开等过程。

6．重复汇编和条件汇编有哪些应用特点？

【解答】汇编语言程序设计过程中，有时需重复编写相同的一组代码，为避免重复编写的麻烦，可使用重复汇编。重复汇编伪指令可出现在宏定义中，也可出现在源程序的任何位置上。

条件汇编是按照伪操作指令中所指出的测试条件，由汇编程序根据测试结果有选择地对源程序中语句进行汇编处理。条件汇编语句通常在宏定义中使用。

7．比较宏指令与子程序，它们有何异同？它们的本质区别是什么？

【解答】宏指令与子程序的相同之处是都用来处理在编程过程中多次使用的程序功能段，两者均能简化源程序。对于那些需重复使用的程序模块，既可用子程序，也可用宏指令来实现。

宏指令与子程序的本质区别在于：

（1）宏调用要通过宏定义和宏展开，不会简化目标程序；子程序调用是在程序执行期间执行 CALL 指令，代码只在目标程序中出现一次，简化了目标程序。

（2）宏调用时的参数由汇编程序通过实参转换成形参的方式传递，具有很大的灵活性。而子程序的参数传递要麻烦一些。

（3）宏调用在汇编时完成，不需要额外的时间开销；子程序调用和子程序返回都需要时间，还涉及堆栈操作。

所以，若优先考虑运算速度，可采用宏指令；若优先考虑存储空间，可采用子程序。

四、分析题

1. 已知数据区定义了下列语句，分析变量在内存单元的分配情况以及数据的预置情况。

```
DATA  SEGMENT
     A1  DB  20H,52H,2 DUP(0,?)
     A2  DB  2 DUP(2,3 DUP(1,2),0,8)
     A3  DB  'GOOD!'
     A4  DW  1020H,3050H
     A5  DD  1,3
DATA  ENDS
```

【解答】分析本题时，要注意数据段变量的定义类型（DB、DW、DD）以及操作符 DUP 的使用。

DB 定义为字节数据（BYTE），其后的每个操作数占一个字节。

● DW 定义为字数据（WORD），其后的每个操作数占两个字节。

● DD 定义为双字数据（DWORD），其后的每个操作数占 4 个字节。

操作符 DUP 的使用形式为：n DUP （初值 [, 初值]）；圆括号中为重复内容，n 为重复次数。

由上可得：

● A1 变量占用 6 个字节空间；预置数据为 20H、52H；其后重复 2 次内容为 0 及置空。

● A2 变量占用 18 个字节空间；内部重复 3 次预置 01H、02H，外部重复 2 次预置 02H、01H、02H、00H、08H。

● A3 变量占用 5 个字节空间；分别预置为 ASCII 码 47H、4FH、4FH、44H、21H。

● A4 变量占用 4 个字节空间；预置数据为 20H、10H、50H、30H。

● A5 变量占用 8 个字节空间；预置数据为 01H、00H、00H、00H、03H、00H、00H、01H。

2. 执行下列指令后，AX 寄存器中的内容是什么？

```
TABLE  DB  10,20,30,40,50
ENTRY  DW  3
    ……
MOV   BX,OFFSET  TABLE
ADD   BX,ENTRY
MOV   AX,[BX]
AX=_____
```

【解答】本题中，将 TABLE 的偏移地址送 BX 寄存器，再加上变量 ENTRY 的值，以 BX

寄存器寻址方式，从内存偏移地址为 0003H 单元中取出一个字数据送到寄存器 AX 中，即取出 40、50 两个数，依次放在 AX 中的低字节和高字节位置，最后结果用十六进制表示为(AX)=3228H。

3．下面是将内存中一字节数据高 4 位和低 4 位互换并放回原位置的程序，找出程序中的错误并加以改正。

```
        DATA  SEGMENT
            DD1  DB  23H
        DATA  ENDS
        CODE  SEGMENT
            ASSUME  CS:CODE,DS:DATA
        START:  MOV  AX,DATA
                MOV  DS,AX
                LEA  SI,OFFSET DD1
                MOV  AL,[SI]
                MOV  CL,4
                RCR  AL,CL
                MOV  [SI],AL
                MOV  AH,4CH
                INT  21H
        CODE  ENDS
            END  START
```

【解答】本段程序利用 8 位寄存器 AL，通过循环移位的方式来实现字节数据高 4 位和低 4 位的互换。

（1）程序中的第 8 行指令有错误：

LEA SI,OFFSET DD1

使用了 LEA 指令，就不需要 OFFSET；

可改为：LEA SI,DD1

也可用：MOV SI,OFFSET DD1

（2）程序中的第 11 行指令有错误：

RCR AL,CL

不应该用带进位的循环移位指令，应使用 ROR 或 ROL 指令；

可改为：ROR AL,CL

　　或：ROL AL,CL

4．执行完下列程序后，回答指定的问题。

```
        MOV  AX,0
        MOV  BX,2
        MOV  CX,50
    LP: ADD  AX,BX
        ADD  BX,2
        LOOP  LP
```

问：（1）该程序的功能是_____。

（2）程序运行后：(AX)=（　　　　）；(BX)=（　　　　）；(CX)=（　　　　）。

【解答】根据给定程序段的指令功能，有如下结果：

（1）完成 0 到 100 之间自然数中 50 个偶数的求和运算。

（2）AX 寄存器最终结果用十进制数表示为 2550；BX 寄存器中保存的十进制数据是 102；CX 寄存器中的数据为 0。

五、设计题

1. 已知用寄存器 BX 作地址指针，自 BUF 所指的内存单元开始连续存放着 3 个无符号数字数据，编写程序求它们的和，并将结果存放在这 3 个数之后。

【解答】根据题目要求，可编制程序段如下：

```
DATA SEGMENT
    BUF  DW  10,20,30,?          ;开辟数据区并预置数据
DATA ENDS
CODE SEGMENT
    ASSUME  CS:CODE,DS:DATA
START: MOV  AX,DATA              ;初始化 DS
       MOV  DS,AX
       LEA  BX,BUF               ;取数据区首地址
       MOV  AX,[BX]              ;取第一个数字数据
       ADD  AX,[BX+2]            ;与第二个数字数据相加
       ADD  AX,[BX+4]            ;与第三个数字数据相加
       MOV  [BX+6],AX            ;结果送内存单元
       MOV  AH,4CH               ;返回 DOS
       INT  21H
CODE ENDS
       END  START
```

2. 已知内存数据区 BLOCK 单元起存放有 20 个带符号字节数据，分别找出其中正数、负数放入指定单元保存，并统计正数、负数的个数。

【解答】本题要在内存中开辟原始数据区 BLOCK 并预置 20 个带符号字节数据；再开辟保存正数的存储区 PLUS 和保存负数的存储区 MINUS。设两个寄存器 DL、DH 分别统计和保存正数、负数的个数。

参考程序如下：

```
DATA  SEGMENT
BLOCK DB  12,-15,0,9,-7,-25,-65,34,2,11  ;设定 20 个带符号字节数据
      DB  -1,-2,4,8,-3,-37,-45,67,89,15
      CN   EQU  $-BUF                     ;统计 BUF 数据区的数据个数
      PLUS   DB  CN DUP(?)                ;开辟正数存储区
      MINUS  DB  CN DUP(?)                ;开辟负数存储区
DATA  ENDS
CODE  SEGMENT
      ASSUME  DS:DATA,CS:CODE
START: MOV  AX,DATA
       MOV  DS,AX
       MOV  SI,OFFSET BLOCK               ;取原始数据区首地址
       MOV  DI,OFFSET PLUS                ;取正数存储区首地址
       MOV  BX,OFFSET MINUS               ;取负数存储区首地址
       MOV  CX,CN                         ;取计数器初始值
```

```
        MOV DX,0                      ;寄存器 DX 清 0
LP: MOV  AL,[SI]                      ;取第一个数
    TEST AL,80H                       ;测试数的符号位
    JZ   BIG                          ;结果为 0 转 BIG
    MOV  [BX],AL                      ;保存负数到指定区域
    INC  BX                           ;地址加 1
    INC  DL                           ;统计正数
    JMP  NEXT                         ;无条件转 NEXT
BIG:MOV  [DI],AL                      ;保存正数到指定区域
    INC  DI                           ;地址加 1
    INC  DH                           ;统计负数
NEXT:INC SI                           ;原始数据地址加 1
    LOOP LP                           ;CX-1≠0 转 LP
    MOV  AH,4CH                       ;返回 DOS
    INT  21H
CODE ENDS
    END  START
```

3. 编写程序，计算下面函数的值。

$$S = \begin{cases} 2X & (X < 0) \\ 3X & (0 <= X <= 10) \\ 4X & X > 10 \end{cases}$$

【解答】本题采用分支结构实现，根据 X 的取值范围来确定转向哪个分支。判断过程可使用 CMP 指令与 0 和 10 分别进行比较，根据结果实现跳转。X 和 S 是两个需要定义的变量，X 保存要处理的数据，S 保存运算结果。

参考程序如下：

```
DATA  SEGMENT                         ;定义数据段
    X  DW  34
    S  DW  ?
DATA  ENDS
CODE  SEGMENT                         ;定义代码段
    ASSUME  CS:CODE,DS:DATA
START: MOV  AX,DATA
    MOV  DS,AX
    MOV  AX,X                         ;将 X 送到 AX 中
    CMP  AX,0                         ;判断 (AX)＞0?
    JL   DOUB                         ;是,转向 DOUB
    CMP  AX,10                        ;判断 (AX)＜10?
    JLE  TRIB                         ;是,转向 TRIB
    SAL  AX,1                         ;否,算术左移实现乘 4 运算
    SAL  AX,1
    JMP  EXIT                         ;无条件跳转至 EXIT
DOUB: SAL  AX,1                       ;算术左移乘以 2
    JMP  EXIT
TRIB: SAL  AX,1                       ;完成乘以 3 的运算
    ADD  AX,X
EXIT: MOV  S,AX                       ;保存结果至 S 单元
```

```
            MOV  AH,4CH                        ;返回 DOS
            INT  21H
    CODE ENDS
            END  START
```

注意：本题在比较过程中使用的是针对带符号数的跳转指令，将变量 X 看作是带符号数，程序中利用了移位指令来代替乘法指令实现乘 2 运算。

4. 利用 DOS 系统功能调用从键盘输入一系列字符，以回车符结束，编程统计其中非数字字符的个数。

【解答】根据题目要求，先利用 DOS 功能调用从键盘输入单个字符，可采用循环指令连续输入得到字符串。在输入过程中可通过判断是否是回车符来结束输入。

为统计非数字字符个数，可依次将输入的字符送存储单元，对存储单元的值进行判断，不是数字则计数，比较时遇到回车符 CR（ASCII 码值为 0DH）则结束。

参考程序如下：

```
    DATA    SEGMENT
            BUF DB 20 DUP (?)              ;开辟数据存储区,最多 20 个字符
            CNT DB ?                       ;用于结果的统计
    DATA    ENDS
    CODE    SEGMENT
            ASSUME  CS:CODE,DS:DATA
    START:  MOV AX,DATA
            MOV DS,AX
            LEA SI,BUF                     ;SI 指向 BUF 首地址单元
            MOV DL,0                       ;计数器 DL 清 0
    NEXT1:  MOV AH,01H                     ;DOS 调用,键盘输入单个字符
            INT 21H
            MOV [SI],AL                    ;输入字符送缓冲区
            INC SI                         ;地址加 1
            CMP AL,0DH                     ;判断是否为回车键
            JZ  EXIT                       ;若是回车符则转 EXIT
            CMP AL,30H                     ;判断输入字符 ASCII 码是否大于等于 30H
            JGE NEXT                       ;是,转 NEXT
            INC DL                         ;否,计数器加 1
            JMP NEXT1                      ;无条件转移
    NEXT:   CMP AL,39H                     ;判断输入字符 ASCII 码是否小于等于 39H
            JBE NEXT1                      ;是,转 NEXT1
            INC DL                         ;否,计数器加 1
            JMP NEXT1                      ;无条件转移
    EXIT:   MOV CNT,DL                     ;统计结果送内存 CNT 单元
            MOV AH,4CH                     ;返回 DOS
            INT 21H
    CODE    ENDS
            END START
```

5. 从键盘接收一个两位的十六进制数，将其转换为二进制数后在屏幕上输出结果。

【解答】本题要求从键盘输入两位十六进制数，程序中要对输入的字符进行判断，符合要求的字符才有效，否则，给出 "INPUT ERROR" 的提示信息。

　　键盘输入的字符数据接收到内存单元保存，然后从中取出十六进制数进行转换，按照一位十六进制数对应转换为 4 位二进制数的方式输出到屏幕上。

　　参考程序如下：

```
DATA SEGMENT
    HEX DB 2 DUP (0)                    ;开辟内存单元,预留空间
    ERROR DB 0DH,0AH,'INPUT ERROR$'     ;出错提示
DATA ENDS
CODE SEGMENT
    ASSUME CS:CODE,DS:DATA
START:MOV AX,DATA
    MOV DS,AX
    MOV BX,OFFSET HEX                   ;取内存 HEX 单元首地址
    JMP B0
A0: INC BX                              ;地址加 1
B0: CMP BX,OFFSET HEX+2                 ;两数比较
    JGE NEXT0                           ;大于或等于转 NEXT0
    MOV AH,01H                          ;从键盘输入单个字符
    INT 21H
    MOV BYTE PTR [BX],AL                ;送内存单元保存
    JMP A0
NEXT0:MOV CL,4                          ;移位次数送 CL
    MOV BX,OFFSET HEX                   ;取内存单元偏移地址
    XOR DX,DX
    JMP B1
A1: INC BX                              ;地址加 1
B1: CMP BX,OFFSET HEX+2                 ;两数比较
    JGE C3                              ;大于或等于转 C3
    MOV AL,BYTE PTR [BX]                ;取数到 AL
    CMP AL,'0'                          ;与 0 比较
    JL ERR                              ;小于转 ERR
    CMP AL,'9'                          ;与 9 比较
    JLE C2                              ;小于或等于转 C2
    CMP AL,'A'                          ;与字符 A 比较
    JL ERR                              ;小于转 ERR
    CMP AL,'F'                          ;与字符 F 比较
    JLE C1                              ;小于或等于转 C1
    CMP AL,'A'                          ;与字符 A 比较
    JL ERR                              ;小于转 ERR
    CMP AL,'F'                          ;与字符 F 比较
    JG ERR                              ;大于转 ERR
C1: AND AL,0FH                          ;逻辑与运算
    ADD AL,09H                          ;AL 加 09H
C2: AND AL,0FH                          ;逻辑与运算
    SHL DX,CL                           ;逻辑左移 4 次
    ADD DL,AL                           ;字节相加
    JMP A1
C3: MOV BX,DX                           ;保存中间结果
```

```
        MOV AH,02H                      ;DOS 调用输出回车换行
        MOV DL,0DH
        INT 21H
        MOV DL,0AH
        INT 21H
        XOR CX,CX
        MOV AH,02H
        STC                             ;标志位传送,使 CF=1
NEXT1:RCR CX,1                          ;CX 循环右移 1 次
        JC DONE                         ;结果有进位转 DONE
        TEST BX,CX                      ;BX 内容与 CX 内容进行测试操作
        JNZ ONES                        ;结果不为 0 转 ONES
        MOV DL,'0'                      ;DOS 调用输出字符 0
        MOV AH,02H
        INT 21H
        JMP NEXT1
ONES:MOV DL,'1'                         ;DOS 调用输出字符 1
        INT 21H
        JMP NEXT1
ERR:MOV AH,09H                          ;DOS 调用输出字符串
        MOV DX, OFFSET ERROR
        INT 21H
DONE:MOV AH,4CH                         ;返回 DOS
        INT 21H
CODE ENDS
        END START
```

6. 从键盘输入一个大写英文字母，将其转换为小写字母并显示出来，要求输入其他字符时，能够有出错提示信息。

【解答】本题直接从键盘接收一个大写英文字母，转换为小写字母后在屏幕上显示。键盘接收数据后，程序内要判断是小写字母还是大写字母，若是大写字母则进行转换，否则给出出错提示，保证输入字符在 A～Z 范围内。

参考程序如下：

```
DATA  SEGMENT
        MESS  DB 'INPUP ERROR!',0AH,0DH,'$'  ;提示信息
DATA  ENDS
CODE  SEGMENT
        ASSUME  DS:DATA,CS:CODE
START:MOV  AX,DATA
        MOV  DS,AX
        MOV  AH,01H                     ;从键盘输入单个字符
        INT  21H
        CMP  AL,'A'                     ;判断是否大于等于字母 A
        JB   ERR                        ;不是则提示出错
        CMP  AL,'Z'                     ;判断是否小于等于字母 Z
        JA   ERR                        ;不是则提示出错
        ADD  AL,20H                     ;大写字母转为小写字母
```

```
        MOV  DL,AL
        MOV  AH,02H                    ;在屏幕上显示输出
        INT  21H
        JMP  EXIT
ERR:    MOV  DX,OFFSET MESS            ;显示出错信息
        MOV  AH,09H
        INT  21H
EXIT:   MOV  AH,4CH
        INT  21H
CODE ENDS
        END  START
```

7. 试定义将一位十六进制数转换为 ASCII 码的宏指令。

【解答】由于可以将一位十六进制数采用 4 位二进制数表示，故可以把一位十六进制数保存在 8 位寄存器中，将其高 4 位屏蔽掉，只保留低 4 位。然后判断这 4 位二进制数是否大于 9，若不大于，则将其加 30H 即可转换为 0~9 的 ASCII 码；否则，加 37H 将其转换为 A~F 的 ASCII 码。

在下面的宏定义中，宏指令名为 HEXTOA；设已将一位十六进制数存储在寄存器 AL 中，针对 AL 进行转换。该宏定义没有使用参数。

参考程序如下：

```
HEXTOA MACRO                   ;定义宏指令
       AND  AL,0FH             ;将 AL 寄存器中的高 4 位屏蔽掉
       CMP  AL,9               ;判断结果是否大于 9
       JNA  NEXT               ;不大于转 NEXT
       ADD  AL,07H             ;否则,AL 内容加 07H
NEXT:  ADD  AL,30H             ;AL 内容加 30H
       ENDM                    ;宏定义结束
```

8. 试定义一个字符串搜索宏指令，要求文本首地址和字符串首地址用形式参数。

【解答】以 SCANC 为宏指令名，宏定义如下：

```
SCANC MACRO ADDRESS,CHAR1 ;带参数的宏定义
      MOV  SI,ADDRESS       ;文本首地址送 SI
      MOV  AL,[SI]          ;取出内存单元数据
      MOV  DI,CHAR1         ;字符串首地址送 DI
      REPNZ SCASB           ;重复串搜索
      ENDM                  ;宏定义结束
```

本段程序中，形参 ADDRESS 为要查找字符的地址，形参 CHAR1 是被搜索字符串的首地址。在宏定义体内，将要找的字符放在寄存器 AL 中，字符串首地址送 DI，使用串搜索指令 SCASB 进行搜索，若未找到，则继续搜索。

注意：在宏调用之前，需要给出 CX 的值，即字符串的长度。

第 5 章　存储器系统

- 存储器的分类和性能指标
- 存储器系统的层次结构
- RAM 和 ROM 的特性、功能和原理
- 存储器与 CPU 的连接方法
- 高速缓冲存储器的原理和特点
- 虚拟存储器技术的应用

5.1　知识要点复习

5.1.1　存储器概述

1. 存储器的分类

（1）按存储介质分类

分为用半导体器件做成的半导体存储器、用磁性材料做成的磁表面存储器、用光学材料做成的光表面存储器等。

（2）按存储器的存取方式分类

分为只读存储器 ROM、随机存取存储器 RAM、顺序存取存储器 SAM、直接存取存储器 DAM 等。ROM 中所存储内容固定不变，只能读出不能写入，一般存放微机的系统管理程序、监控程序等；RAM 中任意存储单元都可被随机读写，速度较快，主要存放输入、输出数据及中间结果并与外存储器交换信息；SAM 只能按某种次序存取，工作速度较慢，常用作辅助存储器；DAM 存取数据时不必对存储介质做完整的顺序搜索而可直接存取。

（3）按信息的可保存性分类

分为易失性存储器和非易失性存储器。易失性存储器断电后信息就会消失，如 RAM；非易失性存储器断电后仍保持信息，如 ROM、磁盘、光盘存储器等。

（4）按在微机系统中的作用分类

分为主存储器、辅助存储器和高速缓冲存储器（Cache）等。主存储器存放当前正在运行的程序和数据，CPU 通过指令可直接访问；辅助存储器存放当前操作暂时用不到的程序或数据，CPU 不能直接访问；Cache 是计算机系统中一个高速小容量存储器，位于 CPU 和主存之间，可加快信息传递速度和提高计算机的处理速度。

（5）按制造工艺分类

分为双极型存储器、MOS 型存储器（包括 NMOS、HMOS、CMOS）。双极型存储器集成度低，功耗大，价格高，但速度快；MOS 型存储器集成度高，功耗低，速度较慢，但价格低。

2. 存储器的体系结构

（1）存储体系的组成

把多种类型的存储器有机地组合可形成存储体系，如图 5-1 所示。

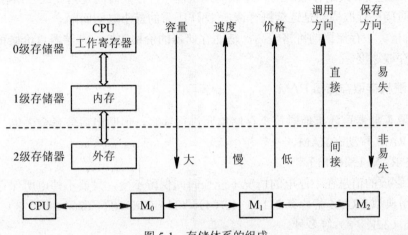

图 5-1　存储体系的组成

存储器总价格正比于存储容量，反比于存取速度。一般来说，速度较快的存储器，其价格也较高，容量也不可能太大。因此，容量、速度、价格三个指标之间是相互制约的。

（2）存储系统的多级层次结构

计算机系统中通常采用三级层次结构来构成存储系统，主要由高速缓冲存储器、主存储器和辅助存储器组成，如图 5-2 所示。该存储系统的多级层次结构由上向下容量逐渐增大，速度逐级降低，成本逐次减少。

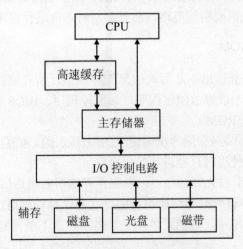

图 5-2　存储系统的多级层次

3. 存储器主要性能指标

（1）存储容量。是指存储器可以存储的二进制信息总量。容量越大，能存储的二进制信息越多，系统的处理能力就越强。

存储容量通常以字节（Byte）为基本单位来表示，各层次之间的换算关系为：

$1KB=2^{10}B=1024B$

$1MB=2^{20}B=1024KB$

$1GB=2^{30}B=1024MB$

$1TB=2^{40}B=1024GB$

（2）存取速度。采用存取时间和存取周期来衡量。存取时间是指完成一次存储器读/写操作所需要的时间；存取周期是连续进行读/写操作所需的最小时间间隔。

（3）价格。主存储器的价格较高，辅助存储器的价格较低。存储器总价格正比于存储容量，反比于存取速度。

5.1.2　随机存取存储器 RAM

随机存取存储器可随机地对每个存储单元进行读写，但断电后信息会丢失。根据存储原理分为静态 RAM 和动态 RAM。

1. 静态 RAM（SRAM）

SRAM 存放的信息在不停电的情况下能长时间保留不变，只要不掉电所保存的信息就不会丢失。常用典型 SRAM 芯片有 2114（1K×4）、6116（2K×8）、6264（8K×8）、62128（16K×8）、62256（32K×8）等多种。

SRAM 的主要优点是工作稳定，不需外加刷新电路，可简化外部电路设计。缺点是集成度较低，功耗较大。

2. 动态 RAM（DRAM）

DRAM 利用电容存储电荷的原理来保存信息，由于电容会泄漏放电，所以，DRAM 保存的内容隔一定时间后会自动消失，要定时对其进行刷新。常用的典型 DRAM 芯片有 2164（64K×1）等。

DRAM 与 SRAM 相比具有集成度高、功耗低、价格便宜等优点，在大容量的存储器中普遍采用 DRAM，其缺点是需要刷新电路，而且刷新时不能进行正常的读/写操作。

5.1.3　只读存储器 ROM

只读存储器是一种只能读出不能写入信息的存储器，所存储的信息可以长久保存，掉电后存储信息仍不会改变。一般存放固定程序，如监控程序、BIOS 程序等。

1. 掩膜只读存储器（ROM）

掩膜式 ROM 中的信息是在厂家生产制造过程中写入的。掩膜 ROM 制成后，存储的信息就不能再改写了，用户在使用时只能进行读出操作。

2. 可编程只读存储器（PROM）

PROM 在出厂时晶体管阵列的熔丝均为完好状态。编程时通过字线选中某个晶体管，写入信息时可在 V_{CC} 端加高电平。显然，熔丝一旦烧断，就不能再复原。用户对这种 PROM 只能进行一次编程。

PROM 的电路和工艺要比 ROM 复杂，又具有可编程功能，所以价格较贵。

3. 光可擦除可编程只读存储器（EPROM）

EPROM 芯片通过紫外线照射可将片内所存储的原有信息擦除，根据需要可用 EPROM 专用编程器对其进行编程。EPROM 的优点是一块芯片可多次使用，缺点是整个芯片如果只写错一位，也必须从电路板上取下擦掉重写。

常用的 EPROM 有 2716（2K×8 位）、2764（8K×8 位）、27256（32K×8 位）、27512（64K

×8 位）等典型芯片。

4. 电可擦除可编程只读存储器（E²PROM）

E²PROM 是一种广泛应用的电可擦除可编程只读存储器，其主要特点是能在应用系统中进行在线读写，在断电情况下保存的数据信息不会丢失。

当前 E²PROM 有两类产品：一种是并行 E²PROM 芯片，如 Intel 2864（8K×8 位），这类芯片具有较高的传输速率；另一种是串行 E²PROM 芯片，如 AT24C16（2K×8 位），这类芯片只用少数几个引脚来传送地址和数据，使芯片的引脚数、体积和功耗大为减少。并行 E²PROM 芯片既可存放程序又可存放数据，而串行 E²PROM 芯片只能存放数据。

5. 闪速存储器

闪速存储器（Flash Memory）是一种新型半导体存储器，具有可靠的非易失性、电擦除性及低成本等优点。

闪速存储器主要特点是：可实现大规模电擦除，闪速存储器的擦除功能可迅速清除整个存储器的所有内容，这一点优于传统的 E²PROM；可高速编程，采用快速脉冲编程方法，整个芯片编程时间很短；可重复使用，商品化的闪速存储器已做到擦写几十万次以上，读取时间小于 90ns，在文件需要经常更新的可重复编程应用中这一性能非常重要。

5.1.4　存储器与 CPU 的连接

1. 概述

半导体存储器与 CPU 连接前，先要确定内存容量大小并选择存储器芯片容量，然后将内存分为 ROM 区和 RAM 区，而 RAM 区又分为系统区和用户区。

设计时，要将芯片中存储单元与实际地址一一对应，这样才能通过寻址对存储单元进行读写操作。地址译码器会将 CPU 的地址信号按一定规则译码成某些芯片的片选信号和地址输入信号，被选中的芯片即 CPU 寻址的芯片。

通过地址译码实现片选的方法通常有以下三种：

（1）线选译码。简单微机系统中，由于存储容量不大，存储器芯片数也不多，可用单根地址线作片选信号，每个存储芯片只用一根地址线选通。该方法优点是连接简单，无须专门译码电路；缺点是地址不连续，CPU 寻址能力的利用率太低，会造成大量的地址空间浪费。

（2）全译码。除了将低位地址总线直接连至各芯片的地址线外，余下的高位地址总线全部参加译码，译码输出作为各芯片的片选信号。这种方法可提供对全部存储空间的寻址能力。

（3）部分译码。只对部分高位地址总线进行译码，以产生片选信号，剩余高位线可空闲或直接用作其他存储芯片的片选控制信号。

2. 存储器容量的扩展

实际应用时，常需将多片存储器按一定方式组成具有一定存储容量的存储器。通常采用位扩展、字扩展、字位同时扩展等方法。

（1）若芯片存储单元数满足系统要求，而每个单元的数据位数不能满足要求，此时需进行位扩展。

（2）若芯片每个单元位数可满足系统要求，但存储容量不够，此时需进行字扩展。

（3）若芯片单元数和位数都不能满足存储器要求，此时需进行字位同时扩展。

如图 5-3 所示为采用 2114 组成 2K×8 位的 RAM 存储器，每两个芯片为一组，进行位扩展，形成 1K×8 位存储容量，若要组成 2K×8 位还要进行字扩展，需两组共 4 片 2114。

由于寻址 2K 容量的 RAM 需要 11 根地址线，除各组芯片的 10 根地址线直接与地址总线的 $A_9 \sim A_0$ 相连用作组内寻址外，还需一根地址线 A_{10} 作组间寻址。同组芯片的 $\overline{CS}$ 端并接后，分别与地址总线的 A_{10} 或 $\overline{A_{10}}$ 相连。组 1 是存储体的前 1K 单元，组 2 是存储体的后 1K 单元。经过组合后就形成了 2K×8 位的 RAM 存储器。以此类推，可得到容量更大的存储器结构。

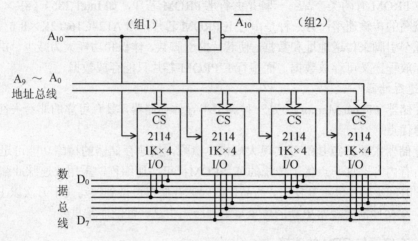

图 5-3　用 2114 组成 2K×8 位 RAM

3. 微处理器与存储器的连接

CPU 与存储器连接时应考虑以下问题：

（1）CPU 总线的负载能力。小型系统中，CPU 总线能直接驱动存储器，CPU 可直接与存储器相连。较大系统中，总线上挂接的器件超过规定负载必须增加缓冲器或驱动器来增加 CPU 总线的驱动能力，再与存储器相连。

（2）存储器与 CPU 间的速度匹配。CPU 取指周期和对存储器读/写操作都有固定时序，当存储器速度跟不上 CPU 时序时，应考虑插入等待周期 T_W。

（3）存储器组织、地址分配和译码。确定存储容量和芯片后，要将所选芯片与确定的地址空间联系起来，才能通过寻址对存储单元进行读/写操作。CPU 地址输出线是有限的，不可能寻址到每一个存储单元，需要地址译码器按一定规则译码成某些芯片的片选信号和地址输入信号，被选中的芯片就是 CPU 要寻址的芯片。

微处理器与存储器连接时，地址总线、数据总线和控制总线都要分别连接。

5.1.5　高速缓冲存储器（Cache）

高速缓存（Cache）是一种存储空间较小而存取速度却很高的存储器，位于 CPU 和主存之间，存放 CPU 频繁使用的指令和数据。使用 Cache 后可减少存储器的访问时间，对提高整个处理机性能非常有益。

1. Cache 工作原理

引入 Cache 是为了解决 CPU 与主存之间的速度差异，以提高 CPU 工作效率。Cache 控制器将来自 CPU 的数据读写请求传递给 Cache 进行相应的处理。

若访问的数据在 Cache 中，读操作时 CPU 可直接从 Cache 读取数据，不涉及主存；写操作时需改变 Cache 和主存中相应两个单元的内容。有两种处理办法，一种是 Cache 单元和主存中相应单元同时被修改，称为"直通存储法"；另一种是只修改 Cache 单元的内容，同时用一个标志位作为标志，当有标志的信息块从 Cache 中移去时再修改相应主存单元，把修改信息一次写回主存。

若数据不在 Cache 中，CPU 直接对主存进行操作。此时，CPU 必须在其机器周期中插入等待周期。大容量的 Cache 与适当的调度策略相配合，可以使 CPU 访问 Cache 的命中率达到 90%～98%，可大大提高 CPU 访问存储器时的存取速度，提高整个系统性能。

2. Cache 基本结构

Cache 具有以下 3 种基本结构：

（1）全相连 Cache。存储的块与块之间以及存储顺序或保存的存储器地址之间没有直接关系。其主要优点是能在给定时间内存储不同的块，命中率高；缺点是每一次请求数据同 Cache 中的地址进行比较需要花费一定的时间，速度较慢。

（2）直接映像 Cache。把主存储器分成若干页，主存储器每一页与 Cache 存储器大小相同，匹配的主存储器偏移量可直接映像为 Cache 偏移量。这种方法优于全相连 Cache，能进行快速查找，缺点是当主存储器页之间做频繁调用时，Cache 控制器须做多次转换。

（3）组相连 Cache。介于全相连 Cache 和直接映像 Cache 之间。使用几组直接映像的块，对某一给定的索引号可允许几个块位置，可增加命中率。

3. Cache 存储器的替换算法

（1）先进先出算法（FIFO）。把最早进入 Cache 的信息块给替换掉，算法比较简单，容易实现。

（2）近期最少使用算法（LRU）。把最近使用最少的信息块替换掉，要求随时记录 Cache 中各信息块的使用情况，与 FIFO 相比可以获得较高的命中率。

4. 多层次 Cache 存储器

Pentium 微处理器的 Cache 规模大小为 256KB 或 512KB，其中片内 Cache 容量 16KB。还可使用二级 Cache，位于 Pentium CPU 芯片的外部。二级 Cache 存储密度更大，有效改善了 Pentium 微处理器的性能。两级 Cache 之间及 Cache 与主存的调度算法和读写操作全由辅助硬件来完成，实现了 Cache 的高速处理功能。

5.1.6 虚拟存储器

虚拟存储器（Virtual Memory）建立在"主存—辅存"物理体系结构上，可使计算机具有辅存的容量，且用接近于主存的速度进行存取。

虚拟存储器地址是一种概念性的逻辑地址，并非实际物理地址。

1. 虚拟存储原理

虚拟存储系统通过存储器管理部件 MMU 进行虚拟地址和实际地址的自动变换，对编程者是透明的，编址空间很大。用户可对海量辅存中的存储内容按统一的虚址编排，在程序中使用虚址。

程序运行时，当 CPU 访问虚址内容发现已存在于主存中（命中）就可直接利用；若发现未在主存中（未命中）则仍需调入主存，待有了实地址后，CPU 就可真正访问使用了。用户在 PC 机虚拟保护工作方式下，允许使用高达 64TB 海量的存储器空间，可以多任务、多用户同时使用计算机。

2. 虚拟存储器分类

（1）页式虚拟存储器。以页为信息传送单位的虚拟存储器。优点是每页长度固定且可顺序编号，页表设置很方便。虚页调入主存时，空间分配简单，开销小，可以得到充分的利用。缺点是页的大小固定，无法反映程序内部的逻辑结构，给程序的执行、保护与共享带来不便。

（2）段式虚拟存储器。以程序逻辑结构所自然形成的段作为主存分配的单位来进行存储器管理。优点是面向程序的逻辑结构分段，段的大小、位置可变，模块可独立编址，按段调度可提高命中率。缺点是各段长度不等，不利于存储空间的管理和调度。

（3）段页式虚拟存储器。把页式和段式虚拟存储器两者结合起来形成段页式虚拟存储器，即存储空间仍按程序的逻辑模块分段，以保证每个模块的独立性和便于用户公用。特点表现为分两级查表实现虚实转换，以页为单位调进或调出主存，按段来共享与保护程序和数据。

3．虚拟存储器与 Cache–主存的区别

主存–辅存层次的虚拟存储和 Cache–主存层次有很多相似之处，但虚拟存储器和 Cache 仍有以下明显的区别：

（1）Cache 用于弥补主存与 CPU 的速度差距，虚拟存储器用来弥补主存和辅存之间的容量差距。

（2）Cache 每次传送的信息块是定长的，只有几十字节，虚拟存储器信息块可以有分页、分段等，长度很大，达几百或几千字节。

（3）CPU 可以直接访问 Cache，而不能直接访问辅存。

（4）Cache 存取信息的过程、地址变换和替换算法等全部由辅助硬件实现；虚拟存储器是由辅助软件和硬件相结合来进行信息块的划分和程序调度。

5.2　典型例题解析

【例 5.1】存储器按作用可分成哪几类？简述它们的特点。

【解答】根据存储器在微机系统中的作用可分为主存储器（又称内存储器，简称内存）、辅助存储器（又称外存储器，简称外存）和高速缓冲存储器（Cache）等。

它们的特点简述如下：

（1）主存储器的存取速度较快，但容量较小，价格也较高，现在多采用半导体存储器。

（2）辅助存储器的存储容量极大，价格便宜，但速度较慢，主要有磁带、磁盘和光盘等。

（3）高速缓冲存储器是计算机系统中的一个高速小容量的存储器，位于 CPU 和主存之间，存放 CPU 频繁使用的指令和数据。

【例 5.2】什么是存储系统的层次结构？目前常用的是什么形式？

【解析】存储系统的层次结构就是把各种不同存储容量、存取速度和价格的存储器按层次结构组成多层存储器，并通过管理软件和辅助硬件有机组合成统一整体，使所存放的程序和数据按层次分布在各种存储器中。

目前，在计算机系统中通常采用三级层次结构来构成存储系统，主要由高速缓冲存储器（Cache）、主存储器和辅助存储器组成。

【例 5.3】为什么 EPROM 能够擦除存储信息？解释其原理。

【解析】EPROM 是利用雪崩击穿产生许多高能电子，这些高能电子比较容易越过绝缘薄层进入浮栅，使浮栅带上负电荷，等效于栅极上加负电压。如果注入的电子足够多，这些负电子在硅表面上感应出一个连接源、漏极的反型层，使源、漏极之间形成一层正电荷的导电沟道，管子由截止变为导通状态。

当外加电压取消后，积累在浮栅上的电子没有放电回路，因而在室温和无光照的条件下可长期地保存在浮栅中。以浮栅是否积存电荷来区别管子存储内容是"0"还是"1"。

消除浮栅电荷的办法是利用紫外线光照射，由于紫外线光子能量较高，从而可使浮栅中的电子获得能量，形成光电流从浮栅流入基片，使浮栅恢复原始状态。

【例 5.4】静态存储器和动态存储器的最大区别是什么，各有什么优缺点？

【解析】静态存储器 SRAM 和动态存储器 DRAM 的最大区别有以下几点：

（1）从存放一位信息的基本存储电路来看，SRAM 由六管结构的双稳态触发电路组成；DRAM 是由单管组成，靠电容存储电荷来记忆信息。

（2）SRAM 的内容不会丢失，除非对其改写；DRAM 除了对其进行改写外，如果较长时间不充电，其中存储的内容也会丢失，因此，DRAM 每隔一段时间就需刷新一次，

（3）DRAM 集成度高，而 SRAM 的集成度较低。

两种存储器的优缺点如下：

SRAM 工作稳定，不需要外加刷新电路，从而简化了外部电路设计，但集成度较低，功耗大；DRAM 集成度高，功耗小，但需要采用专门的刷新电路。

【例 5.5】存储器在什么情况下需要扩展容量？需要注意哪些问题？

【解答】单个存储芯片的存储容量是有限的，在存储容量不能满足系统需求时，就应进行容量的扩展，即需要将多片存储器按一定方式组成具有一定存储单元数的存储器。

容量扩展时需注意以下主要问题：

（1）根据系统需求，综合考虑容量、速度、功能、成本等因素。

（2）按照系统要求，采用合适的存储器结构和连接方法。

（3）注意地址线、数据线、控制线的合理连接。

（4）合理选择芯片，注意字向和位向两个方面的容量扩展。

【例 5.6】采用 16K×1 位 DRAM 芯片组成 64K×8 位存储器，说明扩展方法，要求画出该存储器组成的逻辑框图。

【解答】该存储器的总容量为 64K×8 位，由 16K×1 位 DRAM 芯片组成，需要 DRAM 芯片的数量为：

$$(64K×8)/(16K×1)= 32 片$$

由于既要进行位扩展又要进行字扩展，所以确定由 8 片 16K×1 位的 DRAM 芯片组成一组进行位扩展；再由这样的 4 组芯片有机组合后进行字扩展。

每一组的存储容量为 16K×8 位 = 16KB = 2^{14}B，需要 14 位地址做片内寻址；4 组芯片需要 2 位地址做片组选择，即片选信号。

该存储器组成的逻辑框图如图 5-4 所示，图中只画出了各芯片与 CPU 连接的数据线及地址线。

【例 5.7】简述计算机中为什么要采用高速缓存器 Cache？分析其工作原理。

【解答】由于高速缓存 Cache 位于 CPU 和主存之间，其存储空间较小而存取速度很高，用来存放 CPU 频繁使用的指令和数据，可以减少存储器的访问时间，所以能提高整个处理机的性能。

其工作原理简述如下：

来自 CPU 的数据读写请求由 Cache 控制器进行相应的处理。如果访问数据在 Cache 中，读操作时 CPU 可直接从 Cache 读取数据，不涉及主存；写操作时需改变 Cache 和主存中相应

两个单元的内容，可采用直通存储法或标志位判断进行处理。如果访问数据不在 Cache 中，CPU 直接对主存进行操作。

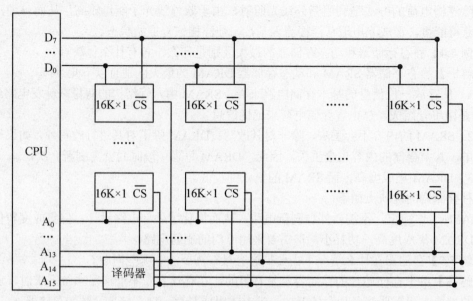

图 5-4　存储器组成逻辑图

【例 5.8】简述虚拟存储器的概念。

【解析】虚拟存储器建立在主存-辅存物理结构上，为扩大存储容量把辅存当作主存使用，在辅助软、硬件的控制下，将主存和辅存的地址空间统一编址，形成一个庞大的存储空间。

程序运行时用户可访问辅存中的信息，可使用与访问主存同样的寻址方式，所需要的程序和数据由辅助软件和硬件自动调入主存。

5.3　习题解答

一、单项选择题

1. 存储器的主要作用是（　　）。
   A. 存放数据　　　　B. 存放程序　　　　C. 存放指令　　　　D. 存放数据和程序
2. 以下存储器中，CPU 不能直接访问的是（　　）。
   A. Cache　　　　B. RAM　　　　C. 主存　　　　D. 辅存
3. 以下属于 DRAM 特点的是（　　）。
   A. 只能读出　　　　　　　　　　B. 只能写入
   C. 信息需定时刷新　　　　　　　D. 不断电信息能长久保存
4. 某存储器容量为 64K×16，该存储器的地址线和数据线条数分别为（　　）。
   A. 16，32　　　　B. 32，16　　　　C. 16，16　　　　D. 32，32
5. 采用虚拟存储器的目的是（　　）。
   A. 提高主存的存取速度　　　　　B. 提高辅存的存取速度
   C. 扩大主存的存储空间　　　　　D. 扩大辅存的存储空间

【答案】1．D 2．D 3．C 4．C 5．C

二、填空题

1．存储容量是指_____；容量越大，能存储的_____越多，系统的处理能力就_____。

2．RAM 的特点是_____；根据存储原理可分为_____和_____，其中要求定时对其进行刷新的是_____。

3．Cache 是一种_____的存储器，位于_____和_____之间，用来存放_____；使用 Cache 的目的是_____。

4．计算机中采用_____和_____两个存储层次，来解决_____之间的矛盾。

【答案】

1．①可以存储的二进制信息总量；②二进制信息；③越强。

2．①既能读出又能写入；②静态 RAM；③动态 RAM；④动态 RAM。

3．①高速度、小容量；②CPU；③主存；④CPU 经常使用的数据和指令；⑤提高 CPU 访问存储器时的存取速度。

4．①Cache－主存；②主存－辅存；③容量、速度、价格。

三、简答题

1．简述存储器系统的层次结构，并说明为什么会出现这种结构？

【解答】计算机系统中常采用三级层次结构来构成存储系统，主要由 Cache、主存储器和辅助存储器组成。

这种具有多级层次结构的存储系统既有与 CPU 相近的速度，又有极大的容量，而成本又是较低的。其中 Cache－主存解决存储系统速度问题，主存－辅存解决存储系统容量问题。采用多级层次结构的存储器系统可有效解决存储器的速度、容量和价格之间的矛盾，因此被广泛采用。

2．静态存储器和动态存储器的最大区别是什么，它们各有什么优缺点？

【解答】SRAM 和 DRAM 的最大区别为：

（1）从存放一位信息的基本存储电路来看，SRAM 由六管结构双稳态触发电路组成；而DRAM 由单管组成，靠电容存储电荷来记忆信息。

（2）SRAM 内容不会丢失，除非对其改写；DRAM 除对其进行改写外，如果较长时间不充电，其中存储的内容也会丢失，因此，DRAM 每隔一段时间就需刷新一次。

（3）DRAM 集成度高，而 SRAM 集成度较低。

两种存储器的优缺点比较如下：

（1）SRAM 工作稳定，不需要外加刷新电路，从而简化了外部电路设计。但集成度较低，功耗大。

（2）DRAM 集成度高、功耗小，但需要用专门的刷新电路。

3．常用的存储器地址译码方式有哪几种，各自的特点是什么？

【解答】常用的存储器地址译码方式及其特点分析如下：

（1）线选译码。用单根地址线作片选信号，每个存储芯片或 I/O 端口只用一根地址线选通。优点是连接简单，无须专门的译码电路；缺点是地址不连续，CPU 寻址能力的利用率太低，会造成大量的地址空间浪费。适用于存储容量小，存储器芯片数少的情况。

（2）全译码。将低位地址总线直接连至各芯片的地址线，余下的高位地址总线全部参加译码，译码输出作为各芯片的片选信号。可以提供对全部存储空间的寻址能力，但可能出现多余的译码输出。

（3）部分译码。该方法只对部分高位地址总线进行译码，以产生片选信号，剩余高位线可空闲或直接用作其他存储芯片的片选控制信号。是介于全译码法和线选译码法之间的一种选址方法。

4. 存储器在与微处理器连接时应注意哪些问题？

【解答】CPU 与存储器的连接主要是地址线、数据线和控制线的连接。每一块存储器芯片的地址线、数据线和控制线都必须和 CPU 建立正确的连接，才能完成有效的操作。

存储器与 CPU 连接时主要考虑以下 3 个问题：

（1）CPU 总线带负载能力。小系统中，CPU 直接与存储器相连。当 CPU 和大容量的标准 ROM、RAM 一起使用，或扩展成一个多插件系统时，就须接入缓冲器或总线驱动器来增加 CPU 总线的驱动能力。

（2）存储器与 CPU 之间的速度匹配。CPU 取值周期和对存储器的读写操作都有固定时序，由此决定了对存储器存取速度的要求。

（3）存储器组织、地址分配和译码等。

5. 计算机中为什么要采用高速缓冲存储器 Cache？

【解答】高速缓冲存储器可提高 CPU 访问主存的存取速度，减少处理器等待时间，使程序员能使用速度与 CPU 相当而容量与主存相当的存储器，这种方法对提高整个处理器性能起到非常重要的作用。

6. 简述虚拟存储器的特点和工作原理。

【解答】虚拟存储器建立在"主存－辅存"物理结构上。计算机处理时以辅存的容量且接近主存的速度进行存取，程序员可按比主存大得多的虚拟空间编址。

虚拟存储器允许用户把主存、辅存视为一个统一的虚拟内存。用户可在程序中使用虚址，对辅存中的存储内容按统一的虚址编排。程序运行时，CPU 访问虚址发现已存在于主存中可直接利用；若发现未在主存中则仍需调入主存，并存在适当空间，待有了实地址后就可真正访问使用。

四、分析题

1. 已知某微机系统的 RAM 容量为 4K×8 位，首地址为 2600H，求其最后一个单元的地址。

【解答】由于 RAM 容量为 4K×8 位=4KB，对应的地址有 4K 个，首地址为 2600H，则其最后一个单元的地址为：

2600H+(4K-1)= 2600H+4095 = 2600H+0FFFH = 35FFH

2. 设有一个具有 14 位地址和 8 位数据的存储器，问：

（1）该存储器能存储多少字节的信息？

（2）如果存储器由 8K×4 位 RAM 芯片组成，需要多少片？

（3）需要地址多少位做芯片选择？

【解答】按照存储器系统的相关知识，本题的分析如下：

（1）该存储器能存储的字节个数是 $2^{14}= 2^4\times2^{10} = 16K$。

（2）该存储器能存储的总容量是 16KB，若由 8K×4 位 RAM 芯片组成，需要的片数为：$(16K\times8)/(8K\times4)= 4$ 片。

（3）因为该存储器中读写数据的宽度为 8 位，所以 4 片 8K×4 位 RAM 芯片要分成两组，用一位地址就可区分；另一方面，每一组的存储容量为 8K×8 位 $= 2^{13}\times8$ 位，只需要 13 位地址就可实现访问。

3. 若用 4K×1 位的 RAM 芯片组成 16K×8 位的存储器，需要多少芯片？$A_{19}\sim A_0$ 地址线中哪些参与片内寻址？哪些作为芯片组的片选信号？

【解答】用 4K×1 位的 RAM 组成 16K×8 位的存储器需要芯片数为：

$(16K\times8)/(4K\times1)= 32$ 片。

将这些芯片每 8 片分为一组，共计 4 组。

每组的存储容量为 4KB $= 2^{12}$B，片内寻址需要 12 位地址线，即地址线 $A_{11}\sim A_0$。

4 组芯片可用 2 位地址线进行区分，即可用地址线 $A_{13}\sim A_{12}$ 做片选信号，地址线 $A_{19}\sim A_{14}$ 可浮空或做其他用途。

4. 若用 2114 芯片组成 2K RAM，地址范围为 3000H～37FFH，问地址线应如何连接？（假设 CPU 有 16 条地址线、8 条数据线）

【解答】由于 2114 芯片单片容量为 1K×4 位，组成 2K×8 位 RAM 需要芯片数为：

$(2K\times8)/(1K\times4)= 4$ 片。

将这些芯片每 2 片一组，分成 2 组。

每组的存储容量为 1KB $= 2^{10}$B，片内寻址需要 10 位地址线。

对应的地址范围为 3000H～37FFH = 0011000000000000B～0011011111111111B。

可见，CPU 的 16 条地址线中 $A_9\sim A_0$ 用于片内寻址，地址线 A_{10} 用做片选信号，地址线 $A_{13}\sim A_{12}$ 接高电平，地址线 $A_{15}\sim A_{14}$ 和 A_{11} 接地。

第6章 总线技术

本章学习要点

● 总线的分类、特点和基本功能
● 常用系统总线的内部结构及引脚特性
● 常用局部总线的内部结构及引脚特性
● 常用外部设备总线的结构和特点

6.1 知识要点复习

6.1.1 总线的基本概念

1. 总线概述

总线是计算机各个部件信息交换的公共通道，用总线连接的系统，结构简单清晰，便于扩充与更新。

标准总线应具备的特点是：可简化计算机软件和硬件的设计，可简化系统结构，易于系统扩展，便于系统更新，便于系统调试和维修。

2. 总线分类

按照规模、用途及应用场合可分为以下三类：

（1）微处理器芯片总线。也称元件级总线，常用于 CPU 芯片、存储器芯片、I/O 接口芯片之间的信息传送。按传送的信息类别可分为地址总线、数据总线和控制总线。

（2）内总线。也称板极总线或系统总线，用以实现微机系统与各种扩展插件板之间的相互连接。从性能上可分为低端总线和高端总线。低端总线支持 8 位、16 位微处理器，主要功能是进行 I/O 处理；高端总线支持 32 位、64 位微处理器，提高了数据传输率和处理能力。

（3）外部总线。也称通信总线，用于微机系统之间或微机与外部设备之间的通信，实现设备级的互连。这种总线的数据传输既可以是并行的，也可以是串行的，数据传输速率低于内总线。

实际应用中有多种不同通信总线标准，如串行通信 RS-232C、USB 总线，用于硬磁盘接口的 IDE、SCSI 总线，用于连接仪器仪表的 IEE-488、VXI 总线，用于并行打印机的 Centronics 总线等。

以上三类总线在微型计算机系统中的位置及相互关系如图 6-1 所示。

3. 总线的裁决

总线由多个部件共享，有时同一时刻总线上会有多个部件发出总线请求信号，这就要求根据一定的总线裁决原则来确定占用总线的先后次序。

总线的优先权判别技术通常有以下 3 种：

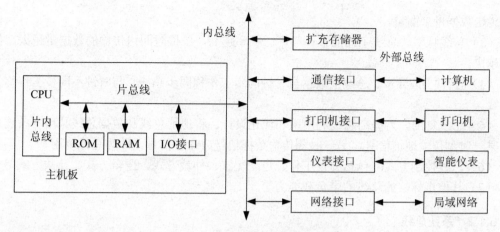

图 6-1 微型计算机总线层次结构

（1）并联优先权判别法。通过一个优先权裁决电路进行判断。共享总线的每个部件具有独立的总线请求线，将各部件的请求信号送往裁决电路，编码后由译码器产生相应输出信号，允许优先级别最高的部件获得总线。

（2）串联优先权判别法。采用链式结构，把共享总线的各个部件按规定的优先级别链接在链路的不同位置上，位置越在前面的部件优先级别越高。

（3）循环优先权判别法。优先权动态分配，占用总线的优先权在发出总线请求的那些部件之间循环移动，从而使每个总线部件使用总线的机会相同。

4. 总线数据的 3 种传送方式

（1）串行传送方式。只使用一条传输线，成本较低廉，适合长距离传输。

（2）并行传送方式。每个数据位都需要一条单独的传输线，所有位同时传送，速度较快，适合微机系统内部的数据传送。

（3）并串行传送方式。该方式下，如果一个数据字由两个字节组成，当传送一个字节时采用并行方式，而字节之间采用串行方式，适合于总线宽度受限的场合。

5. 总线数据传送的 2 种通讯方式

（1）同步通讯方式。总线上的部件通过总线进行信息交换时用一个公共的时钟信号进行同步，具有较高的传输频率。

（2）异步通讯方式。总线上的各个部件有各自的时钟，部件之间进行通讯时用应答方式来协调通信过程。

6. 总线标准

标准总线不仅在电气上规定了各种信号的标准电平、负载能力和定时关系，而且在结构上规定了插件的尺寸规格和各引脚的定义。目前总线标准有两类：

（1）IEEE（美国电气及电子工程师协会）标准委员会定义与解释的标准，如 IEEE-488 总线和 RS-232C 串行接口标准等。

（2）因广泛应用而被大家接受与公认的标准，如 S-100 总线、IBM PC 总线、EISA 总线、PCI 总线接口标准等。

7. 总线的性能指标

（1）总线宽度。指可以同时传输的数据位数，位数越多，一次传输的信息就越多。

（2）数据传输率。又称总线带宽，指在单位时间内总线上可传送的数据总量，用每秒钟最大传送数据量来衡量。

（3）总线频率。总线工作的最高频率。频率越高，单位时间内传输的数据量越大，传送速度越快。

（4）时钟同步/异步。总线上数据与时钟同步工作称同步总线，与时钟不同步工作称为异步总线。

（5）总线复用。为提高总线利用率和优化设计，将地址总线和数据总线共用一条物理线路，某一时刻传输地址信号，另一时刻传输数据信号或命令信号，即为总线复用。

（6）总线控制方式。包括并发工作、自动配置、仲裁方式、逻辑方式、计数方式等。

（7）其他指标。如总线的带负载能力等。

6.1.2　系统总线

系统总线是组成微机系统所用的总线。常用的系统总线有：

1. PC 总线

也称 PC/XT 总线，支持 8 位数据传输和 10 位寻址空间，最大通信速率 5MB/s。有 62 根引脚，可插入符合 PC 总线标准的各种扩展板。具有价格低、可靠性好、兼容性好和使用灵活等优点。

PC 总线 62 根引脚通过一个 31 脚分为 A、B 两面连接插槽，A 面为元件面，B 面为焊接面。62 条信号分为地址线、数据线、控制线、状态线、辅助线与电源等接口信号线。

2. ISA 总线

ISA 总线既支持 8 位数据操作，也支持 16 位数据操作，系统的扩展设计更为简便，可供选择的 ISA 插件卡品种较多。

ISA 总线在 PC 总线 62 引脚的基础上增加了一个 36 引脚插槽，形成前 62 引脚和后 36 引脚两个插座。可利用前 62 引脚的插座插入与 PC 总线兼容的 8 位接口电路卡，也可利用整个插座插入 16 位接口电路卡。除数据线和地址线的扩充外，16 位 ISA 还扩充了中断和 DMA 请求、应答信号。

3. EISA 总线

EISA 总线是扩展的 ISA 总线，引脚由原来 62 个加 36 个扩展到了 198 个，数据总线被扩展到 32 位，适用于网络服务器、高速图像处理、多媒体等领域，尤其适合作为磁盘控制器和视频图形适配器。

EISA 总线的特点是：

（1）用于 32 位微型计算机中，可寻址 4GB 存储空间，支持 64KB 的 I/O 端口寻址。

（2）数据传输能力强，最大数据传输速率达 33MB/s。

（3）支持多处理器结构，支持多主控总线设备，具有较强的 I/O 扩展能力和负载能力。

（4）具有自动配置功能。

（5）扩展了 DMA 的范围和传输速度。

（6）采用同步数据传送协议。

6.1.3　局部总线

局部总线是专门提供给高速 I/O 设备的总线，具有较高的时钟频率和数据传输率。

1.　VESA 总线

VESA 总线是一种 32 位接口的局部总线，基于 80486 微处理机，支持 16MHz～66MHz 的时钟频率，数据总线宽度为 64 位，地址总线为 32 位，数据传输率可高达 267MB/s。

2.　PCI 总线

PCI 总线是一种同步且独立于处理器的 32 位或 64 位的局部总线，允许外设与 CPU 进行智能对话，工作频率为 25MHz、33MHz、66MHz，最大传输率可达 528MB/s。目前主要在 Pentium 等高档微机中使用，是高速外设与 CPU 间的桥梁。

总线的 PCI 芯片组可支持对内存、高速缓存、总线和输入/输出接口的控制功能，支持突发数据传输周期，可确保总线不断载满数据，可减小存取延迟，能够大幅度减少外围设备取得总线控制权所需的时间，以保证数据传输的畅通。PCI 总线所具有的主控和同步操作功能有利于提高 PCI 总线的性能，而且 PCI 总线不受处理器限制，兼容性强，适用于各种机型。

PCI 总线的主要特点体现在：

（1）线性突发传输。

（2）支持总线主控方式和同步操作。

（3）独立于处理器。

（4）即插即用。

（5）适合于各种机型。

（6）多总线共存。

（7）预留发展空间。

（8）采用数据线和地址线复用结构，节约线路空间，降低设计成本。

3.　AGP 总线

AGP 总线是一种高速图形接口的局部总线，是对 PCI 总线的扩展和增强。采用 AGP 接口允许显示数据直接取自系统主存储器，而无需事先预取至视频存储器中。

AGP 总线的主要特点有：

（1）具有双重驱动技术，允许在一个总线周期内传输两次数据。

（2）采用带边信号传送，在总线上实现地址和数据的多路复用，从而把整个 32 位的数据总线留出来给图形加速器。

（3）采用内存请求流水线技术，允许系统处理图形控制器对内存进行的多次请求。

（4）通过把图形接口绕行到专用的适合传输高速图形、图像数据的 AGP 通道上，解决了 PCI 带宽问题。

6.1.4　外部设备总线

1.　IEEE1394 总线

IEEE1394 是一种新型的高速串行总线，应用范围主要是那些带宽要求超过 100KB/s 的硬盘和视频外设。

IEEE1394 具有的特点是：

（1）基于内存地址编码，具有高速传输能力。

（2）采用同步传输和异步传输两种数据传输模式。

（3）可实现即插即用并支持热插拔。

（4）采用"级联"方式连接各外部设备。

（5）能够向被连接的设备提供电源。

（6）采用对等结构。

2. I²C 总线

I²C 总线是一种芯片间的串行通信总线，广泛应用于单片机系统中，可实现电路系统的模块化、标准化设计。

I²C 总线主要具有以下特点：

（1）二线传输。

（2）工作时任何一个主器件都可成为主控制器。

（3）采用状态码的管理方法进行总线传输。

（4）系统中所有外围器件及模块采用器件地址及引脚地址的编址方法。

（5）所有带 I²C 接口的外围器件都具有应答功能。

（6）任何一个具有 I²C 总线接口的外围器件都具有相同的电气接口，各节点电源可单独供电，并可在系统带电情况下接入或撤出。

6.2　典型例题解析

【例 6.1】解释总线的概念和分类，说明各类总线的应用场合。

【解答】总线是两个以上模块（或子系统）之间传送信息的公共通道，各模块间可以通过总线进行数据、地址及命令的传输。

微型计算机总线主要有以下 3 种类别：

（1）片内总线：用于芯片级的互连。

（2）内总线：用于模板之间的连接。

（3）外部总线：用于设备级的互连。

【例 6.2】什么叫总线裁决？总线分配优先级技术和各自特点是什么？

【解答】总线上的部件通信时应发出请求信号，有时在同一时刻总线上会出现多个请求，这时，要根据一定的原则来确定占用总线的先后次序，即为总线裁决。

总线分配的优先级技术有以下 3 种：

（1）并联优先权判别法。通过优先权裁决电路进行优先级别判断，共享总线的每个部件具有独立的总线请求线。

（2）串联优先权判别法。采用链式结构，把共享总线的各个部件按规定的优先级别链接在链路的不同位置上，位置越前面的部件，优先级别越高。

（3）循环优先权判别法。占用总线的优先权在发出总线请求的那些部件之间循环移动，从而使每个总线部件使用总线的机会相同。

【例 6.3】总线数据的传送方式有哪些？各自有何特点？

【解答】信息在总线上有 3 种传送方式：串行传送、并行传送和并串行传送。

（1）串行传送方式。使用一条传输线，按顺序传送信息的所有二进制位的脉冲信号，每次一位。第一个脉冲表示数码最低有效位，最后一个脉冲表示数码最高有效位。成本比较低廉，适于长距离传输。

（2）并行传送方式。信息由多少个二进制位组成，机器就需要有多少条传输线，从而让二进制信息在不同的线上同时进行传送。

（3）并串行传送方式。是并行与串行传送方式的结合。传送信息时，如果一个数据字由两个字节组成，那么传送字时采用并行方式，而字节之间采用串行方式。

【例 6.4】ISA 总线有哪些特点？其信号线有哪几类？

【解答】ISA 总线的数据传输速率最快为 8MB/s，地址总线宽度为 24 位，可支持 16MB 内存。支持 8 位、16 位数据操作，总线中的地址线、数据线采用非多路复用形式，使系统的扩展设计更为简便，可供选择的 ISA 插件卡品种也较多。

ISA 总线前 62 引脚的信号分为地址线、数据线、控制线、状态线、辅助线与电源等，新增加的 36 引脚插槽信号扩展了数据线、地址线、存储器和 I/O 设备的读写控制线、中断和 DMA 控制线、电源和地线等。

ISA 总线由 IBM 公司推出，已经成为 8 位和 16 位数据传输总线的工业标准，是早期比较有代表性的总线。

【例 6.5】简述 VESA 总线的特点。

【解析】VESA 总线又称 VL 总线，是由 VESA（视频电子标准协会）公布的 32 位局部总线。

VESA 总线特点主要体现在：

（1）支持 16MHz～66MHz 的时钟频率，数据宽度可由 32 位扩展到 64 位。

（2）总线传输速率最大为 132MB/s，需要快速响应的视频、内存及磁盘控制器等部件都可通过 VESA 局部总线连接到 CPU 上，使系统运行速度更快。

（3）VESA 总线是在 CPU 总线基础上扩展而成的，这种总线使 I/O 速度可随 CPU 的速度加快而加快，它与 CPU 类型相关，因此开放性较差。

（4）VESA 总线不是独立的，所有 VESA 卡都占用一个 ISA 总线槽和一个 VESA 扩展槽。

【例 6.6】分析 PCI 总线的应用特点。

【解析】PCI（Peripheral Component Interconnect，外部组件互连）总线解决了微处理器与外围设备之间的高速通道问题，总线频率 33MHz，与 CPU 时钟频率无关，总线宽度 32 位，可扩展到 64 位，其带宽可达 132Mb/s～264Mb/s。

PCI 总线与 ISA、EISA 总线完全兼容，采用了一种独特的中间缓冲器的设计，把处理器子系统与外围设备分开，这样使得 PCI 的结构不受处理器种类的限制。

PCI 总线的应用特点体现在：

（1）突出的高性能。实现了 33MHz 和 66MHz 的同步总线操作，传输速率从 132MB/s 升级到 528MB/s，满足了传输速率的要求，支持突发工作方式，真正实现写处理器/存储器子系统的安全并发。

（2）良好的兼容性。PCI 总线部件和插件接口相对于处理器是独立的，PCI 总线支持所有不同结构的处理器，因此具有相对长的生命周期。

（3）支持即插即用。PCI 设备中有存放设备信息的寄存器，这些信息可以使系统 BIOS 和操作系统层的软件自动配置 PCI 总线部件和插件，系统使用方便。

（4）支持多主设备能力。允许任何 PCI 主设备和从设备之间实现点到点的对等存取，体现了接纳设备的高度灵活性。

（5）保证数据的完整性。提供数据和地址奇偶校验功能，保证了数据的完整和准确。

（6）优良的软件兼容性。可完全兼容现有的驱动程序和应用程序，设备驱动程序可被移植到各类平台上。

（7）可选电源。PCI 总线定义了 5V 和 3.3V 两种信号环境。

【例 6.7】EISA 总线与 ISA 总线的主要区别是什么？

【解答】EISA（Extended Industry Standard Architecture，扩展的工业标准体系结构）总线是扩展的 ISA 总线，与 ISA 总线兼容。

两者的主要区别表现在：

（1）EISA 总线用于 32 位微型计算机中，具有 32 位数据线，支持 8 位、16 位或 32 位的数据存取，支持 32 位寻址，可寻址 4GB 存储空间，也支持 64KB 的 I/O 端口寻址。此外，EISA 总线的 32 位数据线最大时钟频率为 8.3MHz，最大传输率为 33MB/s。

（2）ISA 总线是一种开放式的结构总线，允许多个 CPU 共享系统资源。它的 8/16 位扩展槽具有 8 位 62 线连接器，还有附加的 36 线连接器，可支持 8 位或 16 位插卡。24 位地址线可寻址 16MB 的存储空间，ISA 总线的最大时钟频率为 8MHz，最大传输率为 16MB/s。

【例 6.8】为什么 I^2C 总线会广泛应用于单片机系统中？

【解答】I^2C 总线（Inter IC Bus）是由 Philips 公司推出的一种芯片间的串行通信总线，基于以下的特定功能，使得 I^2C 总线广泛应用于单片机系统中。

其应用特点体现在：

（1）最大限度地简化结构。I^2C 串行总线使得各电路单元之间只需最简单的连接，且总线接口已集成在器件中。电路的简化减少了电路板面积，提高了可靠性，降低了成本。

（2）实现模块化、标准化设计。I^2C 总线上各电路除个别中断引线外相互之间没有其他连线，用户常用单元电路基本上与系统电路无关，易形成用户的标准化、模块化设计。

（3）标准 I^2C 总线模块的组合开发方式大大地缩短了新品种的开发周期，有利于新产品及时推向市场。

（4）I^2C 总线各节点具有独立的电气特性，各单元电路能在相互不受影响以及系统供电的情况下进行接入或撤除。

（5）I^2C 总线系统构成具有最大的灵活性。系统改型设计或对电路板进行功能扩展时，对原有的设计及电路板系统影响是最小的。

（6）I^2C 总线系统可方便地对某一节点电路进行故障诊断与跟踪，有极好的可维护性。

6.3   习题解答

一、单项选择题

1. 微型计算机中地址总线的作用是（   ）。
    A．选择存储单元
    B．选择信息传输的设备
    C．指定存储单元和 I/O 接口电路地址
    D．确定操作对象
2. 微机系统中使用总线结构便于增减外设，同时可以（   ）。
    A．减少信息传输量   B．提高信息传输量
    C．减少信息传输线条数   D．增加信息传输线条数
3. 可将微处理器、内存储器及 I/O 接口连接起来的总线是（   ）。

A．芯片总线   B．外设总线

C．系统总线   D．局部总线

4．CPU 与计算机的高速外设进行信息传输采用的总线是（   ）。

A．芯片总线   B．系统总线

C．局部总线   D．外部设备总线

5．要求传送 64 位数据信息，应选用的总线是（   ）。

A．ISA   B．I^2C

C．PCI   D．AGP

【答案】1．C   2．B   3．A   4．C   5．C

二、填空题

1．总线是微机系统中_____一组连线，是系统中各个部件_____公共通道。

2．微机总线一般分为_____、_____、_____三类。用于板级互连的是_____；用于设备互连的是_____。

3．总线宽度是指_____；数据传输率是指_____。

4．AGP 总线是一种_____总线；其主要特点是_____。

5．IEEE1394 是一种_____总线；主要应用于_____。

【答案】

1．①多个部件之间公用的；②信息交换的。

2．①内部总线；②系统总线；③外部总线；④系统总线；⑤外部总线。

3．①可同时传送的二进制数据的位数，即数据总线的根数；②在单位时间内总线上可传送的数据总量，又称总线带宽。

4．①高速图形接口局部；②具有双重驱动技术，地址和数据多路复用，内存请求流水线技术，通过把图形接口绕行到专用的适合传输高速图形、图像数据的 AGP 通道上，解决 PCI 带宽问题。

5．①新型的高速串行；②多媒体声卡、图像和视频产品、打印机、扫描仪的图像处理等。

三、简答题

1．在微型计算机系统中采用标准总线的好处有哪些？

【解答】标准总线不仅在电气上规定了各种信号的标准电平、负载能力和定时关系，而且在结构上规定了插件的尺寸规格和各引脚的定义。通过严格的电气和结构规定，各种模块可实现标准连接。各生产厂家可根据这些标准规范生产各种插件或系统，用户可根据自己的需要购买这些插件或系统来构成所希望的应用系统或者扩充原来的系统。

2．PCI 总线有哪些主要特点？PCI 总线结构与 ISA 总线结构有什么不同？

【解答】PCI 总线的主要特点是：线性突发传输、支持总线主控方式和同步操作、独立于处理器、即插即用、适合于各种机型、多总线共存、预留发展空间、数据线和地址线复用结构、节约线路空间、降低设计成本。

PCI 总线结构与 ISA 总线结构的不同之处在于：

PCI 总线允许在一个总线中插入 32 个物理部件，每一个物理部件可含有最多 8 个不同的功能部件。处理器与 RAM 位于主机总线上，具有 64 位数据通道和更宽以及更高的运行速度。

PCI 负责将数据交给 PCI 扩展卡或设备，也可将数据导向 ISA、EISA、MCA 等总线或 IDE、SCSI 控制器以便进行存储。驱动 PCI 总线的全部控制由 PCI 桥实现。

ISA 总线构成的微机系统中，内存速度较快时，通常采用将内存移出 ISA 总线并转移到内存总线上的体系结构，DRAM 通过内存总线与 CPU 进行高速信息交换。ISA 总线以扩展插槽形式对外开放，磁盘控制器、显示卡、声卡、打印机等接口卡均可插在 ISA 总线插槽上，以实现 ISA 支持的各种外设与 CPU 的通信。

3．什么叫 PCI 桥？有哪些主要功能？

【解答】PCI 桥实际上是 PCI 总线控制器，能够实现主机总线与 PCI 总线的适配耦合。PCI 桥的主要功能是：

（1）提供低延迟访问通路，CPU 能直接访问映射于存储器空间或 I/O 空间的 PCI 设备。

（2）提供使 PCI 主设备直接访问主存储器的高速通路。

（3）提供数据缓冲功能，可使 CPU 与 PCI 总线上的设备并行工作。

（4）可使 PCI 总线操作与 CPU 总线分开，实现了 PCI 总线的全部驱动控制。

4．什么是 AGP 总线？它有哪些主要特点，应用在什么场合？

【解答】AGP 总线是一种高速图形接口的局部总线标准。

它的主要特点如下：

（1）具有双重驱动技术，允许在一个总线周期内传输两次数据。

（2）采用带边信号传送技术，在总线上实现地址和数据的多路复用。

（3）采用内存请求流水线技术，隐含了对存储器访问造成的延迟，允许系统处理图形控制器对内存进行的多次请求。

（4）通过把图形接口绕行到专用的适合传输高速图形、图像数据的 AGP 通道上，解决了 PCI 带宽问题。

（5）AGP 接口只能为图形设备独占，不具有一般总线的共享特性。

AGP 总线主要应用于图形设备的高速信息传递。

5．简述 IEEE1394 总线的特点和工作原理。

【解答】IEEE1394 是一种新型高速串行总线。其特点是可达到较高的传输速率、总线采用同步传输和异步传输模式、可实现即插即用并支持热插拔等。应用范围主要是那些带宽要求超过 100KB/s 的硬盘和视频外设。

IEEE1394 总线通过一根 1394 桥接器与计算机的外部设备相连，把各设备当作寄存器或内存，采用内存编址方法，因而可以进行处理器到内存的直接传输。

6．简述 I^2C 总线的特点和工作原理。

【解答】I^2C 总线具有的特点是：二线传输；在总线工作时任何一个主器件都可成为主控制器；采用状态码管理方法；所有外围器件及模块采用器件地址及引脚地址的编址方法；所有带 I^2C 接口的外围器件都具有应答功能并具有相同的电气接口，各节点电源都可单独供电，并可在系统带电情况下接入或撤出。

I^2C 总线的工作原理：器件之间通过串行数据线和串行时钟线相连并传送信息。I^2C 总线规定起始信号后的第一个字节为寻址字节，用来寻址被控器件，并规定了传送方向。总线上所有器件都将寻址字节中的 7 位地址与自己的器件地址相比较，如果二者相同，则该器件认为被主控器寻址，并根据读/写位确定是被控发送器还是被控接收器。

7．定性讨论在开发和使用微机应用系统时应怎样合理地选择总线，需要注意哪些方面？

【解答】在微型计算机中，总线的主要职能是负责计算机各模块间的数据传输，因此选择总线要衡量其性能。总线性能指标中最主要的是数据传输率，另外，可操作性、兼容性和性能/价格比也是很重要的技术特征。

在选择微机总线时，要满足系统的性能要求并按照标准总线的规定合理地选择总线宽度、标准传输率、时钟同步/异步、信号线数、负载能力、总线控制方法、扩展板尺寸和其他指标等。

需注意，任何系统的研制和外围模块的开发，都必须服从确定采用的总线规范。

第 7 章 输入/输出接口技术

本章学习要点

- 输入/输出接口技术的概念
- 输入/输出接口的结构和功能
- CPU 与 I/O 接口之间传递的信息类型
- I/O 端口的编址方式
- CPU 与外部设备之间数据传送方式的原理、特点及应用

7.1 知识要点复习

7.1.1 接口技术概述

1. 输入/输出接口的概念

输入/输出接口简称 I/O 接口，这里的接口是指 CPU 和存储器、外部设备或者两种外部设备之间，或者两种机器之间通过系统总线进行连接的逻辑部件，是 CPU 与外界进行信息交换的中转站。

程序、数据和现场信息可通过接口从输入设备送入，运算结果和控制命令可通过接口向输出设备送出。

输入/输出接口要解决以下问题：

（1）工作速度的匹配。

（2）工作时序的配合。

（3）信息表示格式上的一致性。

（4）信息类型与信号电平的匹配。

2. 输入/输出接口的结构

包括以下 4 个基本器件：

（1）数据寄存器：起数据缓冲作用。

（2）状态寄存器：反映外设或接口电路的工作状态。

（3）控制寄存器：确定接口电路的工作方式。

（4）译码及控制电路：负责选择端口，对 CPU 命令进行译码。

接口电路的功能越强，内部寄存器的种类和数量就越多，电路结构就越复杂，使用接口时要发送的控制命令就越多，程序也就越复杂。

输入/输出接口结构示意如图 7-1 所示。

3. 输入/输出接口的功能

（1）寻址功能。CPU 要用 M/$\overline{\text{IO}}$ 信号来区分是访问存储器还是访问 I/O 设备。

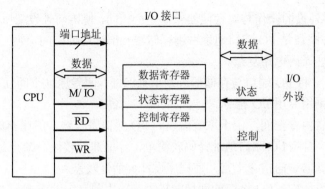

图 7-1 I/O 接口基本结构示意图

（2）输入/输出功能。根据指令来决定当前执行的是输入操作还是输出操作。输入时将数据或状态信息送上数据总线，传送给 CPU；输出时将数据或控制字写入到接口中，送至外部设备。

（3）数据转换功能。接口还要将数据变换成适合计算机要求的格式。如将串行数据变换成并行数据。反之，将输出的并行数据转换成串行数据，并传送给输出设备。

（4）联络功能。当接口从所连接的数据总线接收外部设备送来的数据或将接口中的数据送给外部设备时，就发出联络信号通知 CPU，将数据取入或向指定接口送出下一个数据。

（5）中断管理功能。具有接收中断源发来中断请求的功能，并进行优先级裁决，完成中断管理功能。

（6）接收复位信号并对接口进行初始化。接口应具备接收复位信号并对接口进行初始化的功能。

（7）可编程功能。对可编程接口由程序来确定最终是作为输入还是作为输出接口。

（8）检测错误的功能。多数可编程接口都设有检测传输错误的功能和检测覆盖错误的功能。一旦发生错误时，接口电路就会将接口中的状态寄存器的相应位置位。CPU 通过检查接口中状态寄存器的内容就可知道是否发生了某种错误。

4. CPU 与 I/O 接口间传递的信息类型

CPU 与输入/输出设备进行信息交换时，通常需要数据信息、状态信息和控制信息等 3 类信息，如图 7-2 所示。

（1）数据信息。通常为 8 位、16 位或 32 位，可分为数字量、模拟量、开关量三种基本类型。

（2）状态信息。外部设备或接口部件本身的状态，是从接口送往 CPU 的信息。

（3）控制信息。是 CPU 通过数据总线传给接口中的控制寄存器的信息。

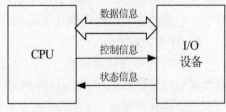

图 7-2 CPU 与 I/O 接口传递信息类型

5. I/O 端口的编址方式

CPU 与外部设备之间传送信息都是通过数据总线写入端口或从端口中读出的，所以，CPU 对外部设备的寻址，实质上是对 I/O 端口的寻址。

对 I/O 端口的访问取决于 I/O 端口的编址方式，通常有统一编址和独立编址两种。

（1）统一编址。把每个端口视为一个存储单元，I/O 端口与存储单元在同一个存储地址空间中进行编址。

优点是 CPU 对外设的操作与对存储器操作完全相同，使访问外设端口的操作方便、灵活、有较大的编址空间。缺点是 I/O 端口地址占用存储器一部分地址空间，使可用的主存空间减少，寻址速度较慢，地址译码电路复杂。

（2）独立编址。将 I/O 端口与存储器分别单独编址，两者地址空间互相独立、互不影响。CPU 访问 I/O 端口采用专用 I/O 指令。

优点是可以节省内存空间，由于系统需要的 I/O 端口寄存器一般比存储器单元要少得多，故 I/O 地址线较少，因此 I/O 端口地址译码较简单，寻址速度较快。缺点是由于专用 I/O 指令类型少，远不如存储器访问指令丰富，使程序设计灵活性较差。

在微型计算机系统中，I/O 接口的地址编排大都采用独立编址方式。

7.1.2 CPU 与外设之间的数据传送方式

1．无条件传送方式

也称为同步传送方式，主要用于外设定时是固定的或已知的场合。该方式下，外部设备总被认为处于"待命"状态，可根据其固定或已知的定时，将输入/输出指令插入到程序中，程序执行到该条 I/O 指令时就开始输入或输出数据的操作。这是最简单的传送方式，所需的硬件和软件都较少。

2．查询传送方式

也称为条件传送方式，在执行一个 I/O 操作之前，必须先对外部设备的状态进行测试。即微处理器在执行输入/输出指令读取数据之前，要通过执行程序不断地读取并测试外部设备的状态。完成数据传送的步骤是：

（1）CPU 用输入指令从接口中状态端口读取状态字。

（2）CPU 测试状态字相应位是否满足数据传输条件，如果不满足，继续读状态字。

（3）当状态位表明外部设备已满足传输数据的条件时进行传送数据的操作。

3．中断控制方式

中断控制方式下 CPU 与外设实现并行工作，可大大提高工作效率，外设要求交换数据时可向 CPU 发出中断请求，CPU 在执行完当前指令后即可响应中断，根据中断类型转入相应的中断处理服务程序，实现对请求中断外设的管理。转入中断处理程序时 CPU 应保护好现场和断点，中断结束返回时再恢复现场和断点，继续执行原来的程序。

4．DMA 控制方式

又称为直接存储器存取方式，是在存储器与外设间开辟一条高速数据通道，使外设与内存之间直接交换数据。DMA 传送期间不需要 CPU 的任何干预，是由 DMA 控制器控制系统总线完成数据传输任务。该方式实际上是把外设与内存交换信息的操作与控制交给了 DMA 控制器，简化了 CPU 对输入/输出的控制。

5．I/O 处理机方式（IOP）

该方式拥有自己的指令系统并支持 DMA 传送，使 CPU 摆脱对 I/O 设备的直接管理和频繁的输入/输出业务，提高了系统工作效率。

微型计算机系统中 IOP 与 CPU 的关系如图 7-3 所示。CPU 在宏观上指导 IOP，IOP 在微观上负责输入/输出及数据的有关处理。

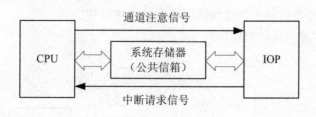

图 7-3 IOP 与 CPU 的关系

7.2 典型例题解析

【例 7.1】解释接口的概念和计算机系统中配置接口的原因。

【解析】计算机中的接口是指 CPU 和存储器、CPU 和外部设备、两种外部设备之间或两种机器之间通过系统总线进行连接的逻辑部件（或称电路），是 CPU 与外界进行信息交换的中转站。

由于微机的外设种类繁多，各自功能和工作速度有较大差异，因此外部设备与 CPU 相连时必然会带来一些问题，主要有以下几方面：

（1）速度的匹配问题。I/O 设备的工作速度要比 CPU 慢许多，而且由于种类的不同，外设之间的速度差异也很大。

（2）时序的配合问题。各种 I/O 设备都有自己的定时控制电路，以特定的时序、速度传输数据，无法与 CPU 的时序取得统一。

（3）信息表示格式上的一致性问题。不同的 I/O 设备存储和处理信息的格式不同，传输方式有串行传输和并行传输，数据编码有二进制格式、ASCII 编码和 BCD 编码等。

（4）信息类型与信号电平的匹配问题。不同 I/O 设备采用的信号类型不同，有些是数字信号，有些是模拟信号；有些信号电平为 TTL 电平，有些为 RS-232C 电平等，因此，所采用的处理方式也不同。

基于上述分析，在 CPU 和外部设备之间一定要配置接口，以解决上述问题。

【例 7.2】设计输入/输出接口时主要考虑哪些问题？

【解析】CPU 与外部设备之间进行通信时，要通过输入/输出接口来实现，这些接口要具备数据缓冲、信号转换、控制检测、设备选择、中断管理、可编程等功能。

由于接口技术是采用计算机硬件与软件相结合的方法来研究微处理器如何与外部世界进行最佳匹配，以实现 CPU 与外界高效、可靠的信息交换的。所以，在接口设计时，要保证外部设备正常工作，一方面要设计正确的接口电路，使计算机外部设备与 CPU 连接时满足各类匹配问题；另一方面要编制相应的配套软件，发挥可编程接口的功能和作用。

【例 7.3】为什么要进行输入/输出控制？常用的控制方式有哪些？

【解析】大家知道，计算机可以配置各种外部设备，如外存设备、输入设备、输出设备、办公设备、多媒体设备、通信设备以及总线设备等。为了实现通信功能，计算机要与这些外部设备之间进行数据交换，但由于外部设备用各自不同的速度在工作，而且它们的工作速度相差很大，有些外部设备的工作速度极高，有些则很低。因此需要采用输入/输出控制方法来调整数据传输时的定时。

通常有四种输入/输出控制方式，即程序传送方式、中断传送方式、DMA 传送方式和 I/O 处理机方式。

【例 7.4】说明查询式输入和输出接口电路的工作原理。

【解析】查询式输入接口电路如图 7-4 所示。

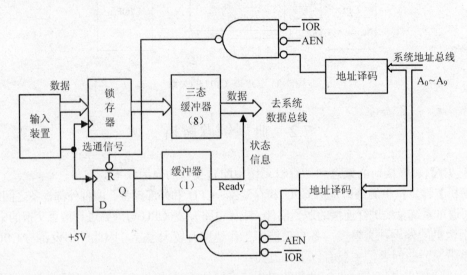

图 7-4　查询式输入接口电路

工作原理简述如下：当输入装置的数据准备好后发出一个选通信号，该信号一方面把数据送入锁存器，另一方面使 D 触发器置 1，使准备好信号 Ready 为 1，并将此信号送至状态口的输入端。锁存器输出端连接数据口的输入端，数据口的输出端接系统数据总线。设状态端口的最高位 D_7 连接 Ready 信号，CPU 先读状态口，查 Ready 信号是否准备好。若准备好就输入数据，同时使 D 触发器清零，使 Ready 信号为 0；若未准备好则 CPU 循环等待。

查询式输出接口电路如图 7-5 所示。

工作原理简述如下：输出装置把 CPU 送来的数据输出以后，发一个 ACK 信号使 D 触发器清零，即 BUSY 线变为 0。CPU 读窗口后知道外设已"空"，于是就执行输出命令。在 AEN、$\overline{\text{IOW}}$ 和译码器输出信号共同作用下，数据锁存到锁存器中，同时使 D 触发器置 1。一方面通知外设数据已准备好，可以执行输出操作，另一方面在输出装置尚未完成输出以前，一直维持 BUSY=1，阻止 CPU 输出新的数据。

【例 7.5】简述中断传送方式的特点和实现过程。

【解析】CPU 采用中断方式与外设进行数据交换的目的是为了提高 CPU 的利用效率和进行实时数据处理。

当外设要求交换数据时可向 CPU 发出中断请求，CPU 执行完当前指令后即可中断当前任务的执行，并根据中断类别转入相应中断处理服务程序，以实现对请求中断外设的管理。中断传送时，CPU 只有在收到外设的中断请求并响应后，才转去执行相应的处理程序，之后再恢复被中断程序的执行。该方法使 CPU 可同时管理多个外设的工作，能够进行多任务处理，并且能对外设的中断请求做出实时响应。CPU 与外设实现了并行工作，从而大大提高了 CPU 的工作效率。

外设发出中断请求后，CPU 要进行中断源识别和优先级判断，响应中断后，要保护好当时的现场（如标志位、其他寄存器等）和断点，然后执行中断服务子程序，在 CPU 和外设之间进行一次数据交换，中断结束返回时，再恢复现场和断点去执行原来的主程序。

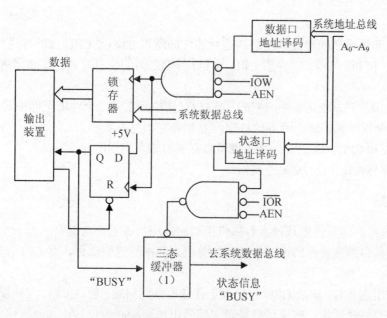

图 7-5 查询式输出接口电路

【例 7.6】什么是 DMA 传送方式？该方式有什么特点？

【解析】DMA 传送方式又称直接存储器存取方式，实际上是在存储器与外设间开辟一条高速数据通道，使外设与内存之间直接交换数据。在 DMA 传送期间不需要 CPU 的任何干预，而是由 DMA 控制器控制系统总线，在其控制下完成数据传输任务。

DMA 传送方式把外设与内存交换信息的操作与控制交给了 DMA 控制器，简化了 CPU 对输入/输出的控制。DMA 控制器是一种专门用于数据传送的器件，它免去了 CPU 取指令和分析指令的操作，只剩下指令中执行传输的机器周期，且 DMA 存取可在同一机器周期内完成对存储器和外设的存取操作，在批量数据的 DMA 传送中，地址修改与计数器减 1 都是由硬件直接实现的。但 DMA 传送方式电路结构复杂，硬件开销比较大。

7.3 习题解答

一、填空题

1. 接口是指_____，是_____中转站。

2. I/O 接口电路位于_____之间，其作用是_____；经接口电路传输的数据类别有_____。

3. I/O 端口地址常用的编址方式有_____和_____两种；前者的特点是_____；后者的特点是_____。

4. 中断方式进行数据传送，可实现_____并行工作，提高了_____的工作效率。中断传送方式多适用于_____场合。

5. DMA 方式是在_____间开辟专用的数据通道，在_____控制下直接进行数据传送而不必通过 CPU。

【答案】

1．①CPU 和外设之间通过系统总线进行连接的逻辑电路；②CPU 与外界进行信息交换的。

2．①CPU 和 I/O 外设；②负责 CPU 与 I/O 外设之间的信息交换；③数据信息、状态信息和控制信息。

3．①统一编址；②独立编址；③I/O 端口与存储单元在同一个地址空间中进行编址；④I/O 端口与存储器分别单独编址，两者地址空间互相独立、互不影响。

4．①外设和 CPU；②CPU；③小批量数据实时输入/输出。

5．①主存与外设；②DMA 控制器

二、简答题

1．什么是接口，其作用是什么？微机接口一般应具备哪些功能？

【解答】接口是连接外部设备与微型计算机之间的一逻辑部件，是 CPU 与外界进行信息交换的中转站。

接口的作用主要有：解决 CPU 与外设工作速度匹配问题；解决 CPU 与外设工作时序配合问题；实现信息格式转换；解决信息类型与信号电平匹配问题。

微机接口一般应具备的功能是：寻址、输入/输出、数据转换、联络、中断管理、接收复位信号并对接口进行初始化、可编程以及检测错误等。

2．输入/输出接口电路有哪些寄存器，各自的作用是什么？

【解答】输入/输出接口电路中的寄存器通常有数据输入寄存器、数据输出寄存器、控制寄存器和状态寄存器等。

CPU 与外部设备间进行数据传输时，各类信息写入接口中相应的寄存器，或从相应寄存器读出。CPU 从数据输入寄存器和状态寄存器中读出数据和状态，但不能向其中写内容；CPU 往数据输出寄存器和控制寄存器中写入数据和控制信息，但不能从其中读内容。

3．什么是端口，I/O 端口的编址方式有哪几种？各有何特点？

【解答】端口是指输入/输出接口中的寄存器。

通常有两种编址方式：统一编址和独立编址。

（1）统一编址是将 I/O 端口与内存单元统一起来进行编号，每个端口占用一个存储单元地址。该方式优点是对 I/O 端口操作的指令类型多；缺点是端口要占用部分存储器地址空间，不容易区分是访问存储器还是外部设备。

（2）独立编址的端口单独构成 I/O 地址空间，不占用存储器地址。优点是控制电路和地址译码电路简单，采用专用的 I/O 指令，在形式上与存储器操作指令有明显区别，程序容易阅读；缺点是指令类别少，一般只能进行传送操作。

4．CPU 和外设之间的数据传送方式有哪几种，无条件传送方式通常用在哪些场合？

【解答】CPU 和外设之间的数据传送方式通常有四种：即程序传送方式、中断传送方式、DMA 传送方式和 I/O 处理机方式。其中程序传送方式可分为无条件传送方式和条件传送方式。

无条件传送方式下外部设备总被认为处于"待命"状态，因此，主要用于外设的定时是固定的或已知的场合。

5．相对于条件传送方式，中断方式有什么优点？和 DMA 方式比较，中断传送方式又有什么不足之处？

【解答】采用条件传送方式时，CPU 在执行 I/O 操作之前必须先对外部设备状态进行测试，使工作效率降低；中断传送方式下，当外设要求交换数据时向 CPU 发中断请求，CPU 在执行完当前指令后即可中断当前任务的执行，转入相应中断处理服务程序，实现对请求中断外设的管理。CPU 与外设实现了并行工作，大大提高了工作效率。

DMA 方式是在存储器与外设间开辟一条高速数据通道，使外设与内存之间直接交换数据，不需要 CPU 的干预。而中断请求的发出是随机的，中断管理程序的编制和调试要复杂得多，而且从发出中断请求、CPU 完成当前指令、响应中断、保护现场到对外设管理有一定的时间延迟，恢复现场也增加了 CPU 的开销，不利于高速外设的数据传送。

6．简述在微机系统中，DMA 控制器从外设提出请求到外设直接将数据传送到存储器的工作过程。

【解答】工作过程简述如下：

DMA 方式利用系统数据总线、地址总线和控制总线来传送数据。原先这些总线由 CPU 管理，当外设需要利用 DMA 方式进行数据传送时，接口电路可以向 CPU 提出请求，要求 CPU 让出对总线的控制权，用 DMA 控制器的专用硬件接口电路来取代 CPU，临时接管总线，控制外设和存储器之间直接进行高速的数据传送，而不要 CPU 进行干预。在 DMA 传送结束后，它能释放总线，把对总线的控制权又交给 CPU。

7．I/O 处理机传送方式的工作特点有哪些？

【解答】I/O 处理机传送方式的工作特点主要是：

（1）拥有自己的指令系统，可以独立执行自己的程序。

（2）支持 DMA 传送。

8．在一个微型计算机系统中，确定采用何种方式进行数据传送的依据是什么？

【解答】进行数据传送时可以根据实际工作环境、系统需求及各种方式的特点综合考虑决定采用何种方式。

（1）对简单外设进行操作，或者外设的定时是固定的、已知的场合，可以选择无条件传送方式。

（2）如果是在不能保证输入设备总是准备好了数据或者输出设备已经处在可以接收数据的状态的情况下，可以选择查询传送方式。

（3）在需要提高 CPU 利用率和进行实时数据处理的情况下，可以选择中断控制方式。

（4）需要快速完成大批的数据交换任务的情况下，可以选择 DMA 控制方式。

第8章 中断控制技术

本章学习要点

- 中断的概念及中断处理过程
- 8086 中断结构和中断类型
- 8086 中断矢量
- 中断优先权及中断管理
- 可编程中断控制器 8259A 的结构、工作方式及编程应用

8.1 知识要点复习

8.1.1 中断技术概述

1. 中断的概念

当 CPU 正在执行程序时，由于内外部事件或程序的安排引起 CPU 暂时终止执行现行程序，转去执行该事件的特定程序（中断处理程序），待程序执行完毕，能够自动返回到被中断的程序继续执行原来的程序，这个过程称为中断。

2. 中断技术的特点

（1）同步操作。可实现 CPU 和外设之间的并行工作，且 CPU 可命令多个外设同时工作，大大提高了 CPU 的利用率，也加快了输入/输出速度。

（2）实现实时处理。可及时处理随机输入到微型计算机的各种参数和信息，使微型计算机具备实时处理与控制能力。

（3）及时处理各种故障。CPU 根据故障源发出的中断请求，立即去执行相应的故障处理程序而不必停机，提高了微型计算机工作的可靠性。

3. 中断源的种类

能引起中断的外部设备或内部原因称为中断源，可分为内部中断和外部中断。内部中断是 CPU 在处理某些特殊事件时所引起或通过内部逻辑电路自己去调用的中断。外部中断是由于外部设备要求数据输入/输出操作时请求 CPU 为之服务的一种中断。

中断源可以有以下几种：

（1）外部设备请求中断。计算机外部设备在完成自身的操作后向 CPU 发出中断请求，要求 CPU 为它服务。

（2）故障强迫中断。当电源掉电、运算溢出、存储器出错、外部设备故障以及其他报警信号都能使 CPU 中断，进行相应的中断处理。

（3）实时时钟请求中断。自动控制中常遇到定时检测和时间控制，可采用一个外部时钟电路控制其时间间隔。CPU 发出命令启动时钟电路开始计时，待定时时间到就会向 CPU 发出中断申请，由 CPU 转去完成检测和控制等工作。

（4）数据通道中断。也称直接存储器存取（DMA）操作，如磁盘、磁带机或显示器等直接与存储器交换数据所要求的中断。

（5）软件中断。是指 CPU 在处理程序的过程执行了中断指令。

4. 中断系统的功能

（1）中断处理功能。某个中断源发出中断请求时，CPU 要根据当前条件来决定是否响应该中断请求。

（2）中断优先权排队功能。出现两个或两个以上的中断源同时提出中断请求时，CPU 要确定先为哪一个中断源服务。给每个中断源确定一个中断优先级别，中断系统能够自动地对它们进行排队判优，首先处理优先级别高的中断请求，处理完毕后再响应级别较低的中断请求。

（3）中断嵌套功能。当 CPU 正在响应某一中断请求并为其服务时，若有优先权更高的中断源发出了中断请求，CPU 会终止正在执行的中断服务程序，而响应级别更高的中断请求。处理完高级别的中断请求服务后，再返回当前被终止的中断服务程序继续执行。

5. 微机系统中的中断处理过程

微机系统的中断处理从开始到结束包括以下几个主要步骤：

（1）识别中断源。CPU 响应外部设备的中断请求时，必须识别出是哪一台外设请求中断，然后再转入对应于该设备的中断服务程序。

（2）保护现场。CPU 响应中断后，要自动完成对寄存器 CS、IP 以及标志寄存器 Flags 等的现场保护。

（3）开中断。为了实现中断嵌套，保证可以处理比当前中断优先级别更高的中断请求，需要在适当的位置安排一条开中断指令，使系统处于开中断状态，随时可对优先级别更高的中断作出响应和处理。

（4）中断服务。CPU 通过执行一段特定的程序来完成对中断情况的处理。例如：传送数据、处理掉电故障、各种错误处理等。

（5）中断返回。中断服务程序的最后一条指令是中断返回指令 IRET。CPU 执行该指令时会自动把断点地址从堆栈中弹出到 CS 和 IP，原来的标志寄存器内容弹回 Flags，被中断的程序就可以从断点处继续执行。

6. 中断优先级的排队及判别

（1）软件优先级排队。各个中断源的优先权由软件决定。在中断服务子程序前安排一段优先级查询程序，CPU 根据预先确定的优先级别逐位检测各外设状态，若有中断请求就转到相应的处理程序入口，查询的顺序反映了各个中断源的优先权的高低。

（2）硬件优先级排队。利用专门的硬件电路或中断控制器对系统中各中断源的优先权进行安排。如链式优先权排队电路是利用外设连接在排队电路的物理位置决定其中断优先权，排在最前面的优先权最高，排在最后面的优先权最低。

（3）中断优先权的判别。多个中断源同时请求中断时，CPU 必须首先确定为哪一个中断源服务。除了采用软件查询中断方式外，还可采用可编程中断控制器（如 8259A）解决中断优先权管理问题。

8.1.2　8086 中断系统

1. 中断的类型

（1）硬件中断。是由 CPU 外部中断请求信号触发的一种中断，分为非屏蔽中断 NMI 和可屏蔽中断 INTR。

（2）软件中断。是 CPU 根据某条指令或者对标志寄存器的某个标志位的设置而产生的，也称为内部中断。主要有除法出错中断、溢出中断、指令中断、断点中断、单步中断等。

两大类中断如图 8-1 所示。

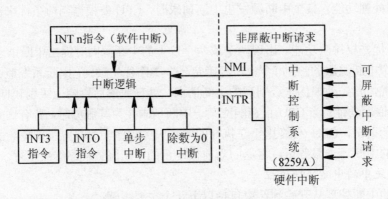

图 8-1　8086 中断系统分类

2．8086 中断优先权顺序

8086 系统按照中断优先权的高低顺序对中断源进行响应，其排列如下：

（1）除法出错中断、INTO 溢出中断、INT n 指令中断、断点中断。

（2）非屏蔽中断 NMI。

（3）可屏蔽中断 INTR。

（4）单步中断。

3．中断的响应过程

（1）软件中断响应过程

专用中断的中断类型码是自动形成的，对于 INT n 指令，其类型码即为指令中给定的 n。取得了类型码后的处理过程为：类型码乘 4 作为中断向量表的指针；CPU 标志寄存器入栈，保护各个标志位；清除 IF 和 TF 标志，屏蔽新的 INTR 中断和单步中断；保存断点，IP 和 CS 值压入堆栈；从中断向量表中取出中断服务程序的入口地址分别送至 CS 和 IP 中；按新的地址指针执行中断服务程序。

（2）硬件中断响应过程

对于非屏蔽中断响应，当 CPU 采样到中断请求时，自动提供中断类型码 2，然后查到中断向量表指针，其后的中断处理过程与内部中断一样；对于可屏蔽中断响应，当 INTR 信号有效时，如果中断允许标志 IF=1，CPU 就会在当前指令执行完毕后响应外部的中断请求，转入中断响应周期。

4．中断向量

中断向量就是中断服务程序的入口地址。通常在内存最低 1KB 区域建立一个中断向量表，存放 256 个中断向量，每个中断向量为 4 字节，分别存放中断服务程序的段地址和段内偏移量。

中断向量分为专用中断、保留中断和用户中断三部分：

（1）专用中断：类型 0～4，中断服务程序入口地址由系统装入，用户不能随意修改。

（2）保留中断：类型 5～3FH，是为软、硬件开发保留的中断类型。

（3）用户中断：类型 40H~FFH，中断服务程序的入口地址由用户程序装入。

5．中断管理

8086CPU 可管理 256 种中断，中断服务程序存放在存储区域内，中断服务程序的入口地址存放在内存储器的中断向量表内。

（1）中断服务程序入口地址的确定。按照中断类型码的序号，对应的中断向量在中断向量表中按规则顺序排列，中断类型码与中断向量在向量表中的位置之间的对应关系为：

$$中断向量地址指针=4×中断类型码$$

（2）异常中断。80X86 及 Pentium 等高档微处理器把许多执行指令过程中产生的错误情况也纳入了中断处理的范围，这类中断称为异常中断，可分为失效、陷阱和中止三类。

（3）中断描述符表。为了管理中断，80X86 和 Pentium 等微处理器都设立了一个中断描述符表 IDT，包含了各个中断服务程序入口地址的信息。

8.1.3　8259A 中断控制器及其应用

1．8259A 可编程中断控制器的主要功能

（1）可接收多个外部中断源的中断请求，并进行优先级别判断。

（2）具有提供中断向量、屏蔽中断输入等功能。可管理 8 级优先权中断，也可将多片 8259A 通过级联方式构成最高可达 64 级优先权中断管理系统。

（3）有多种中断管理方式，使用灵活方便。可通过编程来进行选择，适应各种系统的要求。

2．8259A 的内部结构

8259A 的内部结构主要包括数据总线缓冲器、读/写控制逻辑、中断屏蔽寄存器 IMR、中断请求寄存器 IRR、中断服务寄存器 ISR、优先权识别电路、控制逻辑电路、级联缓冲器/比较器等。内部结构示意如图 8-2 所示。

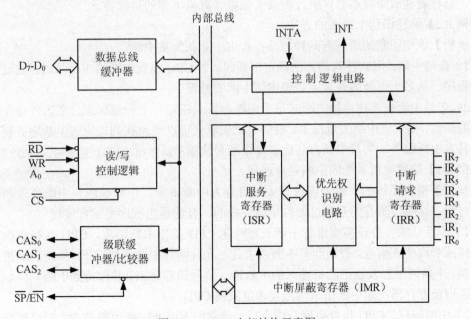

图 8-2　8259A 内部结构示意图

3．8259A 的中断管理

（1）中断优先权的管理。8259A 对中断优先权的管理可分为完全嵌套方式、自动循环方式、中断屏蔽方式和特殊完全嵌套方式 4 种情况。

（2）中断结束（EOI）的管理。用不同方式使 ISR 的相应位清零，并确定随后的优先权排队顺序。8259A 中断结束的管理有自动中断结束方式、普通中断结束方式和特殊中断结束方式 3 种。

（3）连接系统总线的方式。8259A 与系统总线的连接分为缓冲方式和非缓冲方式。

4．8259A 的编程

8259A 的编程包括两类：

（1）初始化编程。对初始化命令字（ICW）进行预处理。8259A 在进入操作前必须由初始化命令字 $ICW_1 \sim ICW_4$ 使它处于初始状态。

（2）操作方式编程。对操作控制字（OCW）进行预处理。对 8259A 进行初始化之后，用操作命令字 $OCW_1 \sim OCW_3$ 来控制 8259A 执行不同的操作方式。

8.2　典型例题解析

【例 8.1】简述在微型计算机系统中采用中断技术的好处。

【解析】在微型计算机系统中采用中断技术有如下好处：

（1）实现同步操作。中断方式不仅可以实现 CPU 和外设之间的并行工作，而且 CPU 可命令多个外设同时工作，大大提高了 CPU 的利用率，也加快了输入/输出的速度。

（2）实现实时处理。利用中断技术可以及时处理随机输入到微型计算机的各种参数和信息，使微型计算机具备实时处理与控制的能力。

（3）及时的故障处理。CPU 可以根据故障源发出的中断请求，立即去执行相应的故障处理程序，自行处理故障而不必停机，提高了微型计算机工作的可靠性。

【例 8.2】简述识别中断源的方法。

【解析】识别中断源通常有两种方法：查询中断和矢量中断。

（1）查询中断。用软件查询方法确定中断源。当 CPU 收到中断请求信号时，通过执行一段查询程序，从多个可能的外设中查询申请中断的外设。

（2）矢量中断。又称向量中断。每个中断源预先指定一个矢量标志，要求外设在提出中断请求的同时，提供该中断矢量标志。根据中断矢量就可以快速找到相应的中断服务程序入口地址，转入中断服务。矢量中断方法比查询中断要快很多。

【例 8.3】简述微机系统的中断处理过程。

【解析】微机系统的中断处理过程大致可分为中断请求、中断响应、中断处理和中断返回 4 个过程，这些步骤有的是通过硬件电路完成的，有的是由程序员编程实现。

（1）中断请求。外设需要进行中断处理时向 CPU 提出中断请求，CPU 在指令执行结束后去采样或查询请求信号。查询到有中断请求且在允许响应中断的情况下，系统自动进入中断响应周期。中断请求触发器把随机输入的中断请求信号锁存起来，并保持到中断响应以后才清除。中断屏蔽寄存器决定中断请求信号是否能发向 CPU。

（2）中断响应。CPU 执行完现行指令后，就立即响应非屏蔽中断请求。对可屏蔽中断请求要满足无总线请求、CPU 允许中断、CPU 执行完现行指令 3 个条件后才响应。

（3）中断处理。要进行保护现场、开中断和中断服务的处理。

（4）中断返回。CPU 执行中断返回指令时，自动把断点地址从堆栈中弹出到 CS 和 IP 中，原来标志寄存器内容弹回 Flags，恢复到原来断点处继续执行程序。

【例 8.4】简述中断优先权的确定方法和各自的优缺点。

【解析】中断优先权的确定有两种方法：

（1）软件查询方法。软件查询顺序就是中断优先权的顺序，不需要专门的优先权排队电路，可以直接修改软件查询顺序来修改中断优先权。缺点是当中断源个数较多时，中断响应速度慢，服务效率低。

（2）硬件优先权排队电路。利用外设连接在排队电路的位置来决定中断优先权，排在最前面的优先权最高，排在最后面的优先权最低。这种方法的中断响应速度快，服务效率高，但需要专门的硬件电路。

【例 8.5】简述 8259A 可编程中断控制器的内部结构和主要功能。

【解析】8259A 可编程中断控制器内部结构主要组成有：8 位数据总线缓冲器、读/写控制逻辑、中断屏蔽寄存器（IMR）、中断请求寄存器（IRR）、中断服务寄存器（ISR）、优先权电路、控制逻辑、级联缓冲器/比较器等。

8259A 可编程中断控制器的主要功能有：具有 8 级中断优先权控制，通过级联方式可扩展到 64 级中断优先权控制；每一级中断都可以屏蔽或允许；在中断响应周期 8259A 可提供相应的中断类型码；有多种中断管理方式，可通过编程来进行选择。

【例 8.6】8259A 可编程中断控制器有几种连接系统总线的方式？

【解析】8259A 可编程中断控制器有两种连接系统总线的方式：

（1）缓冲方式。在多片 8259A 级联的大系统中，8259A 通过总线驱动器与系统数据总线相连。

（2）非缓冲方式。当系统中只有单片 8259A 或只有几片 8259A 工作在级联方式时，可以将 8259A 直接与数据总线相连。适用于不太大的系统。

【例 8.7】对 8259A 初始化编程。要求：中断请求信号上升沿有效，单片工作，需要写 ICW_4；对应的中断矢量为 08H～0FH；指定 CPU 为 8086，不自动中断结束；屏蔽所有中断。

【解析】根据题目要求，对 8259A 初始化编程如下：

```
          ⋮
    MOV   AL,13H          ;初始化 ICW₁
    OUT   20H,AL
    MOV   AL,08H          ;初始化 ICW₂
    OUT   21H,AL
    MOV   AL,09H          ;初始化 ICW₄
    OUT   21H,AL
    MOV   AL,0FFH         ;初始化 OCW₁
    OUT   21H,AL
          ⋮
```

【例 8.8】已知在 8259A 的操作命令字 OCW_2 中，EOI=0，R=1，SL=1，$L_2L_1L_0$=011，试分析 8259A 的优先权排队顺序。

【解析】根据题目给定的条件，EOI=0，R=1，SL=1，说明 OCW_2 命令为采用自动循环方式来指定优先权结束方式，又根据 $L_2L_1L_0$=011 可以判断出当前最高优先级为 IR_3，所以 8259A 的优先权排队顺序为 IR_3、IR_4、IR_5、IR_6、IR_7、IR_0、IR_1、IR_2。

【例 8.9】给定某外部可屏蔽中断源的类型码为 08H，它的中断服务程序入口地址为 0020H:0040H。试编程将该中断服务程序的入口地址填入中断向量表中。

【解析】由于外部可屏蔽中断源的类型码为 08H，中断向量为 08H×4=20H，所以中断服务程序的入口地址存放在 0000:0020H～0000:0023H 这四个单元中。

参考程序编制如下：

```
DATA SEGMENT PARA  AT 0000H      ;将数据段装入到基地址 0000H 单元中
    ORG 20H                      ;BUF 在偏移地址为 0020H 单元中存数据
    BUF DB 4 DUP(?)
DATA ENDS
CODE SEGMENT
    ASSUME  CS:CODE
START: MOV AX,DATA
    MOV DS,AX
    MOV AX,40H                   ;中断服务程序入口的偏移地址
    MOV BX,0020H                 ;中断服务程序入口的段地址
    MOV [BX],AX
    MOV AX,20H
    MOV BX,22H
    MOV [BX],AX
    MOV AH,4CH
    INT 21H
CODE ENDS
    END  START
```

8.3 习题解答

一、填空题

1. 现代微机采用中断技术具备的主要特点是_____。
2. 中断源是指_____；按照 CPU 与中断源的位置可分为_____。
3. CPU 内部运算产生的中断主要有_____。
4. 中断源的识别通常有_____和_____两种方法；前者的特点是_____；后者的特点是_____。
5. 中断向量是_____；存放中断向量的存储区称为_____。
6. 8086 中断系统可处理_____种不同的中断，对应中断类型码为_____，每个中断类型码与一个_____相对应，每个中断向量需占用_____个字节单元；两个高字节单元存放_____，两个低字节单元存放_____。
7. 8259A 的编程包括_____和_____两类。

【答案】

1. 同步操作、实时处理、故障处理。
2. ①能引起中断的设备或事件；②内部中断和外部中断。
3. 除法出错、溢出中断和断点中断。
4. ①查询中断；②矢量中断；③采用软件查询技术来确定发出中断请求的中断源；④采

用提供中断矢量的方法来确定中断源。

5．①中断服务程序的入口地址；②中断向量表。

6．①256；②0～255，③中断服务程序；④4；⑤中断服务程序段基址；⑥中断服务程序偏移地址。

7．①初始化命令字编程；②操作控制字编程。

二、简答题

1．什么是中断？常见的中断源有哪几类？CPU 响应中断的条件是什么？

【解答】中断是指 CPU 在正常执行程序时，由于内外部时间或程序预先安排引起 CPU 暂时终止执行现行程序，转去执行特定服务子程序，执行完毕后能自动返回到被中断的程序继续执行的过程。

中断源是能引起中断的外部设备或内部原因。常见的中断源有：一般输入/输出设备请求中断；实时时钟请求中断；故障源；数据通道中断和软件中断等。

CPU 响应中断的条件是：对于非屏蔽中断请求，CPU 执行完现行指令后就立即响应中断；对于可屏蔽中断请求，CPU 必须满足当前无总线请求、CPU 允许中断、CPU 执行完现行指令等 3 个条件才会响应中断。

2．简述微机系统的中断处理过程。

【解答】微机系统的中断处理可分为以下 4 个过程：

（1）中断请求。外设需要进行中断处理时向 CPU 提出中断请求，CPU 在当前指令执行结束后去采样或查询中断请求信号。若查询到有中断请求且在允许响应中断的情况下，系统自动进入中断响应周期。

（2）中断响应。按非屏蔽中断请求和可屏蔽中断请求的条件，满足后即可响应中断。

（3）中断处理。首先保护现场，自动完成 CS、IP 寄存器以及标志寄存器 Flags 的保护；然后开中断，以便实现中断嵌套；再进行中断服务，CPU 通过执行中断服务子程序完成对中断的处理。

（4）中断返回。CPU 执行 IRET 中断返回指令时，自动把断点地址从堆栈中弹出到 CS 和 IP 中，原来的标志寄存器内容弹回 Flags，恢复到原断点处继续执行程序。

这些步骤有的是通过硬件电路完成的，有的是由程序员编写程序来实现的。

3．软件中断和硬件中断有何特点？两者的主要区别是什么？

【解答】软件中断是 CPU 根据某条指令或者对标志寄存器的某个标志位的设置而产生的，也称为内部中断。通常有除法出错中断、INTO 溢出中断、INT n 中断、断点中断和单步中断等。

硬件中断由外部硬件产生，也称外部中断，是由 CPU 外部中断请求信号触发的一种中断，分为非屏蔽中断 NMI 和可屏蔽中断 INTR。

两者的主要区别是：硬件中断由外部硬件产生，而软件中断与外部电路无关。

4．中断优先级排队有哪些方法？采用软件优先级排队和硬件优先级排队各有什么特点？

【解答】中断源的优先级判别一般可采用软件优先级排队和硬件优先级排队。

（1）软件优先级排队。各中断源的优先权由软件安排。电路比较简单，可以直接修改软件查询顺序来修改中断优先权，不必更改硬件。但当中断源个数较多时，由逐位检测查询到转入相应的中断服务程序所耗费的时间较长，中断响应速度慢，服务效率低。

（2）硬件优先级排队。利用专门的硬件电路或中断控制器对系统中各中断源的优先权进行安排。该方法中断响应速度快，服务效率高，但需要专门的硬件电路。

5．8086 的中断分哪两大类？各自有什么特点？中断向量和中断向量表的含义是什么？

【解答】8086 中断分外部中断和内部中断两大类，外部中断通过外部硬件产生，由 CPU 外部中断请求信号触发，分为非屏蔽中断 NMI 和可屏蔽中断 INTR；内部中断是为了处理程序运行过程中发生的一些意外情况或调试程序而提供的中断。

8086 的中断系统能够处理 256 个不同的中断，每一个中断安排一个编号，范围为 0~255，称为中断类型。每种中断类型对应的中断服务程序的入口地址称为中断向量。系统中所有中断向量按中断类型从小到大的顺序放到存储器的特定区域，称为中断向量表。每个中断向量占用 4 字节，CPU 响应中断后通过将中断类型×4 得到中断向量在中断向量表中的首地址。

8086CPU 允许中断嵌套，当 CPU 正在响应某一中断请求并为其服务时，若有优先权更高的中断源发出了中断请求，CPU 会终止正在执行的中断服务程序，而响应级别更高的中断请求。因为要进行现场保护，所以具体能嵌套多少级中断受堆栈深度的限制。

6．简述 8086 的中断类型，非屏蔽中断和可屏蔽中断有哪些不同之处？CPU 通过什么响应条件来处理这两种不同的中断？

【解答】8086 的中断系统能够处理 256 个不同的中断源，并为每一个中断安排一个编号，范围为 0~255，称为中断类型。可分为类型 0~类型 4 的专用中断、类型 5~类型 3FH 的备用中断、类型 40H~类型 FFH 的用户中断。

硬件中断分为非屏蔽中断和可屏蔽中断，非屏蔽中断不受中断允许标志位 IF 的影响，在 IF=0 关中断的情况下，CPU 也能在当前指令执行完毕后就响应 NMI 上的中断请求；可屏蔽中断由 CPU 根据中断允许标志位 IF 的状态决定是否响应，如果 IF=0 表示 CPU 关中断，如果 IF=1 表示 CPU 开中断，CPU 执行完现行指令后会转入中断响应周期。

7．8259A 有几种结束中断处理的方式，各自应用在什么场合？在非自动中断结束方式中，如果没有在中断处理程序结束前发送中断结束命令，会出现什么问题？

【解答】8259A 结束中断处理的方式有普通中断结束、自动中断结束和特殊中断结束 3 种方式。

（1）普通中断结束方式。任何一级中断服务程序结束时都会给 8259A 发送一个 EOI 命令，8259A 将 ISR 寄存器中级别最高的置"1"位清零。

（2）自动中断结束方式。中断服务程序结束时将当前结束的中断级别也传送给 8259A，8259A 将 ISR 寄存器中指定级别的相应置"1"位清零。

（3）特殊中断结束方式。是在普通中断结束方式基础上，当中断服务结束给 8259A 发出 EOI 命令的同时，将当前结束的中断级别也传送给 8259A，即在命令字中明确指出对 ISR 寄存器中指定级别相应位清零。

普通中断结束方式用在全嵌套情况下及多片 8259A 的级联系统中；自动中断结束方式用于只有一片 8259A，并且多个中断不会嵌套的情况；特殊中断结束方式用于循环优先级的 8259A 中。

在非自动中断结束方式中，如果没有在中断处理程序结束前发送中断结束命令，会使 8259A 认为该中断未结束，从而挡住了低优先级的中断被响应，导致中断控制功能不正常。

8．已知 8086 系统中采用单片 8259A 来控制中断，中断类型码为 20H，中断源请求线与 8259A 的 IR$_4$ 相连，计算中断向量表的入口地址。如果中断服务程序入口地址为 2A310H，则对应该中断源的中断向量表的内容是什么？

【解答】由于偏移地址"中断类型×4"为中断向量在表中的首地址，即 EA=20H×4=80H，因为 8086 系统规定中断向量表存储空间地址为 00000H～003FFH，则 20H 型中断的中断向量在中断向量表中的入口地址为 00000H+80H=00080H。

如果中断服务程序入口地址为 2A310H，对应该中断源的中断向量表的内容是任何能转换成物理地址 2A310H 的逻辑地址，设段地址为 2000H，偏移地址为 A310H，则该中断源在中断向量表的内容是（00080H）=2000H，（00081H）= A310H。

三、分析题

1. 已知对应于中断类型码为 18H 的中断服务程序存放在 0020H:6314H 开始的内存区域中，求对应于 18H 类型码的中断向量存放位置和内容。

【解答】中断类型码为 18H 的中断服务程序偏移地址 EA=18H×4=60H，则中断向量在中断向量表中的入口地址为 00000H+60H=00060H。

由于中断服务程序存放在 0020H:6314H 开始的内存区域中，所以，对应于 18H 类型码的中断向量存放的位置和内容分别为：

（00060H）=0020H，（00061H）= 6314H。

2. 在编写程序时，为什么通常总要用 STI 和 CLI 中断指令来设置中断允许标志？8259A 的中断屏蔽寄存器 IMR 和中断允许标志 IF 有什么区别？

【解答】IF 是 8086 微处理器标志寄存器 Flags 的中断允许标志位。若 IF=1，CPU 可接受中断请求；若 IF=0，就不接受 INTR 引线上的请求信号。

编写程序时，用 STI 指令使中断允许标志位 IF=1，目的是使 CPU 能够接受中断请求，或实现中断嵌套。而用 CLI 指令使中断允许标志位 IF=0，则可以关中断，使 CPU 拒绝接受外部中断请求信号。

8259A 的中断屏蔽寄存器 IMR 能实现对各中断有选择的屏蔽，若 IMR 中某位为 1，就把这一位对应的中断请求输入信号 IR 屏蔽掉，无法被 8259A 处理，也无法向 8086 处理器产生 INTR 请求。而 CPU 的 IF 是对可屏蔽中断全部屏蔽。如果为了响应更多外设的申请，必须通过扩展 8259A 才可以实现。

3. 8259A 对中断优先权的管理和对中断结束的管理有几种处理的方式？各自应用在什么场合？

【解答】8259A 对中断优先权的管理有以下 4 种方式：

（1）完全嵌套方式。中断具有固定优先权排队顺序，IR_0 为最高优先级，依次类推，IR_7 为最低优先级。CPU 响应中断时，8259A 把优先权最高的中断源在 ISR 中相应位置 1，将中断类型码送数据总线。这是 8259A 最常用的工作方式。

（2）自动循环方式。从 IR_0～IR_7 引入的中断轮流具有最高优先权，当任何一级中断被处理完后，其优先级别就被改变为最低，而最高优先级分配给该中断的下一级中断。一般用在系统中多个中断源优先级相同的场合。

（3）中断屏蔽方式。有普通屏蔽和特殊屏蔽两种方法。前者是在 IMR 中将某一位或几位置 1 来屏蔽掉相应级别的中断请求；后者是指所有未被屏蔽的优先级中断请求均可在某个中断过程中被响应。该方式能在中断服务程序执行期间动态地改变系统的优先结构。

（4）特殊完全嵌套方式。主片 8259A 编程为特殊完全嵌套方式，当来自某一从片的中断请求正在处理时，一方面对来自优先级较高的主片其他引脚上的中断请求进行开放；另一方面对来自同一从片的较高优先级请求也会开放。该方式一般用在 8259A 级联系统中。

8259A 对中断结束的管理有以下 3 种方式：

（1）一般 EOI 方式。任何一级中断服务程序结束时给 8259A 发送一个 EOI 命令，将 ISR 寄存器中级别最高的置 1 位清零。这种方式只有在当前结束的中断总是尚未处理完的级别最高的中断时才能使用。

（2）指定 EOI 方式。中断服务程序结束时将当前结束的中断级别也传送给 8259A，8259A 将 ISR 寄存器中指定级别的相应置 1 位清零。该方式适合于在任何情况下使用。

（3）自动 EOI 方式。在第二个中断响应信号 INTA 结束时，8259A 自动将 ISR 寄存器相应置 1 位清零。中断服务程序结束时不需要向 8259A 送 EOI 命令。只有在一些以预定速率发生中断，且不会发生同级中断互相打断或低级中断打断高级中断的情况下，才使用自动 EOI 方式。

4．8259A 仅有两个端口地址，它们如何识别 ICW 命令和 OCW 命令？

【解答】通过 8259A 两个端口地址进行初始化编程时，可根据相关特征来识别 ICW 命令和 OCW 命令：

ICW_1 的特征是 $A_0=0$，并且控制字的 $D_4=1$。ICW_2 的特征是 $A_0=1$。

当 ICW_1 中的 SNGL 位为 0 时工作于级联方式，此时需要写 ICW_3。

ICW_4 是在 ICW1 的 $IC_4=1$ 时才使用。

OCW_1 的特征是 $A_0=1$。

OCW_2 的特征是 $A_0=0$ 且 $D_4D_3=00$。

OCW_3 的特征是 $A_0=0$ 且 $D_4D_3=01$。

5．在两片 8259A 级联的中断系统中，主片的 IR_6 接从片的中断请求输出，请写出初始化主片、从片时，相应的 ICW_3 的格式。

【解答】根据题目规定，初始化主片时，ICW_3 的格式为：

A_0	D_7	D_6	D_5	D_4	D_3	D_2	D_1	D_0
1	0	1	0	0	0	0	0	0

初始化从片时，ICW_3 的格式为：

A_0	D_7	D_6	D_5	D_4	D_3	D_2	D_1	D_0
1	0	0	0	0	0	1	1	0

6．已知 8086 系统采用单片 8259A，中断请求信号使用电平触发方式，完全嵌套中断优先级，数据总线无缓冲，采用自动中断结束方式，中断类型码为 20H～27H，8259A 的端口地址为 B0H 和 B1H，试编程对 8259A 设定初始化命令字。

【解答】根据题目规定，对 8259A 的初始化编程如下：

```
MOV AL,1BH          ;初始化 ICW₁,设定电平触发,单片
OUT B0H,AL
MOV AL,20H          ;初始化 ICW₂,设定 IRQ₀ 的中断类型码为 20H
OUT B1H,AL
MOV AL,07H          ;初始化 ICW₄,设定完全嵌套方式,普通 EOI 方式
OUT B1H,AL
```

第9章　DMA 控制器

本章学习要点

- 8237A 的内部结构及引脚功能
- 8237A 的工作方式
- 8237A 的内部寄存器及其功能
- 8237A 的初始化编程及应用

9.1　知识要点复习

9.1.1　DMA 控制器 8237A 概述

1. DMA 控制器

采用 DMA 方式进行数据传送,其过程由硬件电路控制,该电路称 DMA 控制器(DMAC)。DMAC 可实现在存储器和 I/O 设备之间进行高速、批量数据传输。

2. 8237A 主要功能

Intel 8237A 是可编程 DMA 控制器,其主要功能如下:

(1)一个芯片中有 4 个独立 DMA 通道,可控制 4 个 I/O 外设进行 DMA 传送。

(2)每个通道的 DMA 请求可以分别允许和禁止,有不同的优先权。

(3)每个通道均有 64KB 寻址和计数能力。

(4)有单字节传送、数据块传送、请求传送和级联传送 4 种方式。

(5)8237A 级联后可扩展更多通道。

3. 8237A 的内部结构

8237A 的内部结构主要由时序与控制逻辑、命令控制逻辑、优先级编码电路、数据和地址缓冲器组以及内部寄存器等 5 个部分组成。

9.1.2　8237A 的工作方式

1. 8237A 的数据传送方式

有单字节传送、数据块传送、请求传送和级联方式 4 种。

(1)单字节传送方式。每申请一次只传送一个字节。CPU 和 DMAC 轮流控制系统总线。

(2)数据块传送方式。DMAC 一旦获得总线控制权便开始连续传送数据。DMAC 结束传送后将总线控制权交给 CPU。

(3)请求传送方式。8237A 可实现连续的数据传送,只有出现终止计数 T/C 信号、外界送有效 $\overline{EOP}$ 信号、外设数据已传送完三种情况之一时才停止传送。

(4)级联方式。可将多个 8237A 级联起来,以扩展系统中的 DMA 通道数量。

2．8237A 传送的数据类型

8237A 传送的数据类型有 I/O 接口到存储器的传送、存储器到 I/O 接口的传送、存储器到存储器的传送 3 种。

3．8237A 的优先级处理

有固定优先级和循环优先级两种方案供编程选择。

（1）固定优先级。每个通道优先级固定，即通道 0 优先级最高，依次降低，通道 3 优先级最低。

（2）循环优先级。刚被服务的通道优先级为最低，依次循环。

9.1.3　8237A 的内部寄存器

8237A 的内部有 10 种不同类型的寄存器。各寄存器及其功能如表 9-1 所示。

表 9-1　8237A 的内部寄存器

名称	位数	数量	功能
当前地址寄存器	16	4	保存在 DMA 传送期间的地址值，可读写
当前字节计数寄存器	16	4	保存当前字节数，初始值比实际值少 1，可读写
基地址寄存器	16	4	保存当前地址寄存器的初始值，只能写
基字节计数寄存器	16	4	保存相应通道当前字节计数器的初值
工作方式控制寄存器	8	4	保存相应通道的方式控制字，由编程写入
命令寄存器	8	1	保存 CPU 发送的控制命令
状态寄存器	8	1	保存 8237A 各通道的现行状态
请求寄存器	4	1	保存各通道的 DMA 请求信号
屏蔽寄存器	4	1	用于选择允许或禁止各通道的 DMA 请求信号
暂存寄存器	8	1	暂存传输数据，仅用于存储器到存储器的传输

9.1.4　8237A 的初始化编程

DMA 传输前，CPU 要对 8237A 进行初始化编程，设定工作模式及参数等。

编程内容主要包括以下几个步骤：

（1）输出总清除命令，使 8237A 处于复位状态，做好接收新命令的准备。

（2）根据所选通道写入相应通道基地址寄存器和当前地址寄存器的初始值。

（3）写入基字节计数寄存器和当前字节计数寄存器的初始值。

（4）写入工作方式控制寄存器，以确定 8237A 的工作方式和传送类型。

（5）写入屏蔽寄存器。

（6）写入命令寄存器，以控制 8237A 的工作。

（7）写入请求寄存器。

9.2　典型例题解析

【例 9.1】简述 8237A 的内部结构组成和特点。

【解析】8237A 的内部结构主要由以下 5 个部分组成：

（1）时序与控制逻辑。工作在主态时向系统发出相应的控制信号；工作在从态时接受系统送来的时钟、复位、片选和读/写控制等信号，完成相应的控制操作。

（2）优先级编码电路。对同时提出 DMA 请求的多个通道进行排队判优，决定哪一个通道的优先级最高。

（3）数据和地址缓冲器组。是三态缓冲器，可以接管或释放总线。

（4）命令控制逻辑。接收或发出各种控制命令。

（5）内部寄存器。每个通道都有基地址寄存器、基字计数器、当前地址寄存器、当前字计数器和工作方式寄存器，还有命令寄存器、屏蔽寄存器、请求寄存器、状态寄存器和暂存寄存器共用。上述这些寄存器均可编程。还有不可编程的字数暂存器和地址暂存器。

【例 9.2】8237A DMA 控制器的当前地址寄存器、当前字节计数寄存器和基字节计数寄存器各保存什么值？

【解析】本题要求明确几个主要寄存器的功能和作用。

（1）当前地址寄存器用于存放 DMA 传送的存储器地址值。

（2）当前字节计数寄存器保存当前 DMA 传送的字节数。

（3）基字节计数寄存器用于存放对应通道当前字计数器的初值。

【例 9.3】8237A 设置的软件命令有哪些？其主要功能是什么？

【解析】8237A 设置了 3 条软件命令，分别是主清除、清除字节指示器和清除屏蔽寄存器。这些软件命令只要对某个适当地址进行写入操作就会自动执行清除命令。

（1）主清除命令。也称为软件复位命令，执行该命令会使 8237A 的控制寄存器、状态寄存器、DMA 请求寄存器、暂存寄存器和字节指示器清零，使屏蔽寄存器置 1，8237A 进入空闲周期以便进行编程。

（2）清除字节指示器命令。用来控制写入或读出内部 16 位寄存器的高/低字节。8237A 的数据总线为 8 位，对 16 位寄存器的操作要连续两次进行。字节指示器为 0 时 CPU 访问 16 位寄存器的低字节；字节指示器为 1 时 CPU 访问 16 位寄存器的高字节。为了按正确顺序分别访问高/低字节，CPU 首先用清除字节指示器命令使字节指示器为 0，实现第一次访问得到低字节；然后字节指示器自动置 1，实现第二次访问得到高字节。两次处理结束后字节指示器又自动恢复为 0。

（3）清除屏蔽寄存器命令。该命令用来清除 4 个通道的全部屏蔽位，使各通道均能接受DMA 请求。

【例 9.4】利用 8237A 的通道 1 将内存起始地址为 80000H 的 300H 字节内容直接输出给外部设备，试编制实现该功能的程序段。

【解析】根据要求设计程序如下：

```
MOV   AL,4                ;命令字,禁止 8237A 工作
OUT   DMA+08H,AL          ;写命令寄存器
MOV   AL,00H
OUT   DMA+0DH,AL          ;写主清除命令,清除高/低触发器
MOV   02H,AL             ;写低位地址 00H
OUT   02H,AL             ;写高位地址 00H
MOV   AL,08H             ;页面地址为 08H
OUT   83H,AL             ;写入页面寄存器
MOV   AX,300H            ;传输字节数
```

```
        DEC    AX
        OUT    03H,AL                ;写字节数低位
        MOV    AL,AH
        OUT    03H,AL                ;写字节数高位
        MOV    AL,49H                ;方式字,单字节读,地址加 1
        OUT    DMA+0BH,AL
        MOV    AL,44H                ;命令字,DACK 和 DREQ 低电平有效
        OUT    DMA+08H,AL            ;正常时序,固定优先权
        MOV    AL,01H                ;清除通道 1 屏蔽
        OUT    DMA+0AH,AL
WAITF:IN       AL,08H                ;读通道 1 状态
        AND    AL,02H                ;判断传输完成否
        JZ     WAITF                 ;未完成,等待
        MOV    AL,05   H             ;完成,屏蔽通道 1
        OUT    DMA+0AH,AL
        ⋮
```

9.3　习题解答

一、填空题

1. 8237A 用_____实现_____之间的快速数据直接传输；其工作方式有_____。
2. 进行 DMA 传输之前，CPU 要对 8237A_____；其主要内容有_____。
3. 8237A 设置了_____、_____和_____3 条软件命令，这些软件命令只要对_____就会自动执行清除命令。

【答案】

1. ①DMA 控制器；②I/O 设备和存储器或存储器与存储器；③单字节传送、数据块传送、请求传送和级联传送方式。

2. ①进行初始化编程；②用 OUT 指令对相应通道或寄存器写入命令或数据，使 DMA 控制器处于选定的工作方式从而进行指定的操作。

3. ①主清除；②清除字节指示器；③清除屏蔽寄存器；④某个适当地址进行写入操作。

二、简答题

1. DMA 控制器 8237A 有哪两种工作状态，其工作特点如何？

【解答】8237A 在系统中有主态和从态两种工作状态。其特点表述如下：

（1）当 8237A 是系统总线主控者时为主态工作方式。8237A 取代 CPU 控制 DMA 传送时，应提供存储器的地址和必要的读写控制信号，数据在 I/O 设备与存储器之间通过数据总线直接传递。

（2）当 8237A 作为系统总线从设备时为从态工作方式。CPU 作为系统主控状态对 DMA 控制器进行编程，这时 8237A 如同一般的 I/O 端口设备一样。

2. 8237A 的当前地址寄存器、当前字节计数寄存器和基字节计数寄存器各保存什么值？

【解答】题目指定的 8237A 三个寄存器所保存的内容如下：

（1）当前地址寄存器存放 DMA 传送的存储器地址值。

（2）当前字节计数寄存器保存当前 DMA 传送的字节数。

（3）基字节计数寄存器存放对应通道当前字节计数器的初值。

3．8237A 进行 DMA 数据传送时有几种传送方式？其特点是什么？

【解答】8237A 的数据传送方式有单字节传送、数据块传送、请求传送和级联方式。各方式的特点分析如下：

（1）单字节传送方式。是每申请一次只传送一个字节。数据传送后字节计数器自动减量（取决于编程）。传送完一个字节后 DMAC 放弃系统总线，将总线控制权交回 CPU。这种情况下 CPU 和 DMAC 轮流控制系统总线。

（2）数据块传送方式。DMAC 一旦获得总线控制权便开始连续传送数据。每传送一个字节自动修改地址，并使要传送的字节数减 1，直到将所有规定的字节全部传送完或收到外部 $\overline{EOP}$ 信号，DMAC 才结束传送，将总线控制权交给 CPU。

（3）请求传送方式。8237A 可以进行连续的数据传送，只有出现计数器减到 0 产生终止计数 T/C 信号、外界送来有效的 $\overline{EOP}$ 信号、外界 DRQ 信号变为无效情况三者之一才停止传送。

（4）级联方式。可将多个 8237A 级联以扩展系统中的 DMA 通道数量。

4．8237A 有几种对其 DMA 通道屏蔽位操作的方法？

【解答】对 DMA 通道屏蔽位操作的方法有两种，分别为通道屏蔽字和主屏蔽字。

三、设计题

1．设置 PC 机 8237A 通道 2 传送 1KB 数据，请给其字节计数寄存器编程。

【解答】本题的参考程序设计如下：

```
DMA    EQU  00H            ;8237A 的基地址为 00H
OUT    DMA+0DH,AL          ;输出总清除命令
MOV    AL,01101010B        ;方式字:单字节读传输,地址减 1 变化
                            无自动预置功能,选择通道 0
OUT    DMA+0BH,AL          ;写入方式字
MOV    AX,0400H            ;把传送总字节数 1K=400H 减 1 后送基字节
                            计数寄存器和当前字节计数寄存器总字节数
DEC    AX                  ;总字节数减 1
OUT    DMA+01H,AL          ;先写字节数低 8 位
MOV    AL,AH
OUT    DMA+01H,AL          ;后写字节数高 8 位
```

2．若 8237A 的端口基地址为 000H，要求通道 0 和通道 1 工作在单字节读传输，地址减 1 变化，无自动预置功能。通道 2 和通道 3 工作在数据块传输方式，地址加 1 变化，有自动预置功能。8237A 的 DACK 为高电平有效，DREQ 为低电平有效，用固定优先级方式启动 8237A 工作，试编写 8237A 的初始化程序。

【解答】根据题目要求，编写初始化程序如下：

```
DMA    EQU  000H           ;8237A 的基地址为 000H
OUT    DMA+0DH,AL          ;发总清命令
MOV    AL,01101000B        ;单字节读传输,地址减 1 变化,无自动预置功能
                            选择通道 0
OUT    DMA+0BH,AL          ;写入方式字
```

```
        MOV     AL,01101001B          ;单字节读传输,地址减 1 变化,无自动预置功能
                                          选择通道 1
        OUT     DMA+0BH,AL            ;写入方式字
        MOV     AL,10010010B          ;数据块传输,地址加 1 变化,有自动预置功能
                                          选择通道 2
        OUT     DMA+0BH,AL            ;写入方式字
        MOV     AL,10010010B          ;数据块传输,地址加 1 变化,有自动预置功能
                                          选择通道 3
        OUT     DMA+0BH,AL            ;写入方式字
        MOV     AL,11000000B          ;DACK 高电平有效,DREQ 低电平有效,固定优先
                                          级方式
        OUT     DMA+08H,AL            ;写入命令字,完成 8237A 初始化
```

第 10 章　定时/计数器接口

本章学习要点

- 8253 的内部结构和引脚功能
- 8253 的工作方式及其特点
- 8253 初始化编程
- 8253 在 PC 机上的具体应用

10.1　知识要点复习

10.1.1　定时/计数器概述

1. 实现定时/计数控制的基本方法

（1）采用数字逻辑电路实现定时或计数要求。

（2）采用软件设计实现定时和计数要求。

（3）采用可编程定时/计数器芯片实现定时和计数要求。

2. 可编程定时/计数器工作原理

定时/计数器有加法计数和减法计数两种工作状态：

（1）加法计数器。每来一个触发脉冲计数器就加 1，当加到预先设定的计数值时产生一个定时信号。

（2）减法计数器。在送入计数初值后，每来一个触发脉冲计数器减 1，减到 0 时产生一个定时信号输出。如用作定时器，在计数到满值或 0 后，重置初始值自动开始新的计数过程。

10.1.2　8253 的内部结构与工作方式

1. 8253 的内部结构

8253 内部包括数据总线缓冲器、读/写逻辑电路、控制寄存器及 3 个功能相同的计数器 0、计数器 1 和计数器 2。

2. 8253 的工作方式

8253 芯片的每个计数通道都有 6 种工作方式可供选择。可通过 OUT 端的输出波形、计数过程启动方式、门控信号 GATE 对计数操作产生的影响来区分。

6 种方式的输出情况及特点如表 10-1 所示。

表 10-1　8253 的工作方式与输出波形

工作方式	功能	输出波形
方式 0	计数结束中断	写入初值后 OUT 端变低，经过 N+1 个 CLK 后 OUT 变高
方式 1	单稳态触发器	输出宽度为 N 个时钟周期的负脉冲

续表

工作方式	功能	输出波形
方式 2	分频器	输出宽度为 1 个时钟周期的负脉冲
方式 3	方波发生器	N 为偶数时占空比为 1/2，N 为奇数时，输出(N+1)/2 个正脉冲、(N-1)/2 个负脉冲
方式 4	软件触发选通	写入初值后经过 N 个时钟周期 OUT 端变低 1 个时钟周期
方式 5	硬件触发选通	门控触发后经过 N 个时钟周期 OUT 端变低 1 个时钟周期

10.1.3　8253 的初始化编程

对 8253 芯片的初始化编程包括写入控制字和写入计数初始值两个步骤。

1. 写入控制字

任一通道的控制字都要从 8253 的控制口地址写入，控制哪个通道是由控制字的 D_7D_6 位决定。

2. 写入计数初始值

计数初始值经由各通道的端口地址写入。

假设已知 8253 相应通道的 CLK 端接入的时钟频率为 f_{CLK}，周期为 $T_{CLK}=1/f_{CLK}$，要求产生的周期性信号频率为 F（周期为 T）或定时时间为 T（F=1/T）。

则所需计数初始值为：$N=T/t_{CLK}=f_{CLK}/F=T \times f_{CLK}$。

10.2　典型例题解析

【例 10.1】选择下面正确的答案。设定 8253 可编程定时/计数器工作在方式 0，初始化编程时，一旦写入控制字后，会使（　　）。

　　A．输出信号端 OUT 变为高电平　　　　B．输出信号端 OUT 变为低电平

　　C．输出信号端保持原来电位　　　　　　D．立即开始计数

【解析】8253 定时/计数器共有 6 种工作方式，每种工作方式的触发和输出端变化特点都不相同。

方式 0 下是由软件触发计数，即写入初值后就开始计数，同时输出信号端 OUT 变为低电平，当计数结束时，OUT 端再变为高电平。

所以，本题正确答案应选择 B 和 D。

【例 10.2】现有某一测控系统要使用一个连续的方波信号，如果采用 8253 可编程定时/计数器来实现此功能，则 8253 应工作在（　　）。

　　A．方式 0　　　　　B．方式 1　　　　　C．方式 2　　　　　D．方式 3

　　E．方式 4　　　　　D．方式 5

【解析】由于 8253 定时/计数器的 6 种工作方式中，只有方式 2 和方式 3 能够输出连续的波形，而方式 3 的输出为连续的方波。

所以，按照本题的要求应选择答案 D，即 8253 工作在方式 3。

【例 10.3】设 8253 计数器时钟输入频率为 1.91MHz，为产生 25KHz 的方波输出信号，应向计数器装入的计数初值为多少？

【解析】根据计算方法有：

$$N=f_{CLK}/F=\frac{1.91MHz}{25KHz}=76.4$$

即应向计数器装入的初值是 76。

【例 10.4】设 8253 芯片中某一计数器的端口地址为 40H，控制口地址为 43H，计数频率为 2MHz，当计数器值为 0 时产生中断信号。试计算下列给定程序中所决定的中断周期是多少 ms。

```
MOV  AL,00110110B        ;二进制计数方式,16 位读写
OUT  43H,AL
MOV  AL,0FFH
OUT  40H,AL              ;向 8253 芯片的计数器端口写入初始值
OUT  40H,AL
```

【解析】该程序分 2 次向 8253 芯片的计数器端口写入初始值 0FFFFH，即 65535，然后计数器的时钟每来一次计数器值就减 1，当计数器值减到 0 时产生中断。

由于给定计数频率为 2MHz，其时钟周期是 0.5μs，因此，给定程序中所决定的中断周期为：$65535\times0.5\times10^{-6}s=32.767ms$。

【例 10.5】设 8253 三个计数器的端口地址分别为 201H、202H、203H，控制寄存器端口地址为 200H。试编写程序段，读出计数器 2 的内容，并把读出的数据装入寄存器 AX。

【解析】按照题目要求，完成本题功能的程序段设计如下：

```
MOV AL,80H
OUT 200H,AL
IN  AL,203H
MOV BL,AL
IN  AL,203H
MOV BH,AL
MOV AX,BX
```

10.3 习题解答

一、填空题

1. 8253 具有 3 个独立的_____；每个计数器有_____种工作方式；可按_____编程。

2. 8253 的初始化程序包括_____。完成初始化后，8253 即开始自动按_____进行工作。

3. 8253 工作在某种方式时，需在 GATE 端外加触发信号才能启动计数，这种方式称为_____。

4. 8253A 内部有_____个对外输入/输出端口，有_____种工作方式，方式 0 称为_____，方式 1 称为_____，方式 2 称为_____。

5. 设 8253A 的工作频率为 2.5MHz，若要使计数器 0 产生频率为 1kHz 的方波，则送入计数器 0 的计数初始值为_____，方波的电平为_____ms。

【答案】

1. ①16 位计数器；②6；③二进制/十进制。

2．①工作方式和计数初值设置；②减 1 计数。

3．硬件触发的选通信号发生器。

4．①3；②6；③计数器方式；④可重复触发的单稳态触发器；⑤分频器。

5．① 2500；②1。

二、单项选择题

1．对 8253 进行操作前都必须先向 8253 写入一个（　　），以确定 8253 的工作方式。

    A．控制字　　　　　B．计数初值　　　C．状态字　　　　　D．指令

2．8253 定时/计数器中，在门控信号上升沿到来后的（　　）时刻，输出信号 OUT 变成低电平。

    A．CLK 上升沿　　　　　　　　　B．CLK 下降沿

    C．下一个 CLK 上升沿　　　　　 D．下一个 CLK 下降沿

3．8253 工作在（　　）方式时，OUT 引脚能输出一个 CLK 周期宽度的负脉冲。

    A．方式 0　　　　　　　　　　　B．方式 1

    C．方式 3　　　　　　　　　　　D．方式 4 或方式 5

【答案】1．A　2．D　3．D

三、简答题

1．试说明 8253 的 6 种工作方式各自的功能和特点，其时钟信号 CLK 和门控信号 GATE 分别起什么作用？

【解答】8253 芯片每个计数通道都有 6 种工作方式可供选择，功能和特点简述如下：

方式 0：计数结束，产生中断；

方式 1：可重复触发的单稳态触发器；

方式 2：分频器；

方式 3：方波发生器；

方式 4：软件触发的选通信号发生器；

方式 5：硬件触发的选通信号发生器。

时钟信号 CLK 的作用是在 8253 进行定时或计数工作时，每输入一个时钟脉冲信号 CLK，便使计数值减 1。

门控信号 GATE 的控制作用总结如表 10-2 所示。

表 10-2　8253 不同工作方式下门控信号 GATE 的控制作用

工作方式	GATE 引脚输入状态所起的作用			
	低电平	下降沿	上升沿	高电平
方式 0	禁止计数	暂停计数	置入初值后由 WR 上升沿开始计数，GATE 的上升沿继续计数	允许计数
方式 1	不影响计数	不影响计数	置入初值后由 GATE 的上升沿开始计数，或重新开始计数。	不影响计数
方式 2	禁止计数	停止计数	置入初值后由 WR 上升沿开始计数，GATE 的上升沿重新开始计数	允许计数

工作方式	GATE 引脚输入状态所起的作用			
	低电平	下降沿	上升沿	高电平
方式 3	禁止计数	停止计数	置入初值后由 WR 上升沿开始计数，GATE 的上升沿重新开始计数	允许计数
方式 4	禁止计数	停止计数	置入初值后由 WR 上升沿开始计数，GATE 的上升沿重新开始计数	允许计数
方式 5	不影响计数	不影响计数	置入初值后，由 GATE 的上升沿开始计数，或重新开始计数	不影响计数

2. 对 8253 进行初始化编程要完成哪些工作？

【解答】对 8253 进行初始化编程主要完成写入各计数器工作方式控制字和写计数器计数初始值两部分工作。

（1）8253 在工作之前必须对它进行编程，以确定每个计数器的工作方式和对计数器赋计数初值。

（2）CPU 通过写控制字指令，将每个计数通道分别初始化，使之工作在某种工作方式之下。

（3）对相应计数器输入计数值。在计数值送到计数寄存器后，需经一个时钟周期才能把此计数值送到递减计数器。

四、设计题

1. 设 8253 芯片计数器 0、计数器 1 和控制口地址分别为 04B0H、04B2H、04B6H。定义计数器 0 工作在方式 2，CLK_0 为 5MHz，要求输出 OUT_0 为 1kHz 方波；定义计数器 1 用 OUT_0 作计数脉冲，计数值为 1000，计数器减到 0 时向 CPU 发中断请求，CPU 响应请求后继续写入计数值 1000，开始重新计数，保持每一秒钟向 CPU 发出一次中断请求。编写 8253 初始化程序，并画出系统的硬件连接图。

【解答】根据题目要求，设计 8253 初始化程序段如下：

（1）计数器 0 初始化
```
MOV  AL,34H
MOV  DX,04B6H
OUT  DX,AL
```
（2）计数器 0 赋初值
```
MOV  AX,5000
MOV  DX,04B0H
OUT  DX,AL
MOV  AL,AH
OUT  DX,AL
```
（3）计数器 1 初始化
```
MOV  AL,72H
MOV  DX,04B6H
OUT  DX,AL
```
（4）计数器 1 赋初值
```
MOV  AX,1000
```

```
        MOV  DX,04B2H
        OUT  DX,AL
        MOV  AL,AH
        OUT  DX,AL
```

（5）系统的硬件连接图

本系统的硬件连接示意如图 10-1 所示。

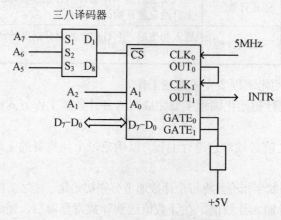

图 10-1　8253 系统硬件连接图

2．将 8253 定时器 0 设为方式 3（方波发生器），定时器 1 设为方式 2（分频器）。要求定时器 0 的输出脉冲作为定时器 1 的时钟输入，CLK_0 连接总线时钟 2MHz，定时器 1 输出 OUT_1 约为 40Hz，试编写实现上述功能的程序。

【解答】根据题目要求，设计参考程序段如下：

（1）定时器 0 初始化

```
        MOV AL,16H
        MOV DX,PORTC
        OUT DX,AL
```

（2）定时器 0 赋初值

```
        MOV AL,1200
        MOV DX,PORT0
        OUT DX,AL
```

（3）定时器 1 初始化

```
        MOV AL,54H
        MOV DX,PORTC
        OUT DX,AL
```

（4）定时器 1 赋初值

```
        MOV AL,100
        MOV DX,PORT1
        OUT DX,AL
```

注：PORT0、PORT1、PORTC 分别为定时器 0、定时器 1 和控制口的编程地址。

第 11 章　并行通信接口

- 并行输入/输出接口技术的概念和功能
- 8255A 的内部结构及引脚
- 8255A 的工作方式
- 8255A 初始化编程
- 8255A 应用实例分析

11.1　知识要点复习

11.1.1　并行接口的概念及工作原理

1. 并行接口的概念及与外设的连接

并行输入/输出是将计算机中一个字符的几个位同时进行传输，具有传输速度快、效率高的优点。实现并行输入/输出的接口称为并行接口。

并行通信通常用在数据传输率要求较高、而传输距离相对较短的场合。

典型的并行接口和外设的连接情况如图 11-1 所示。

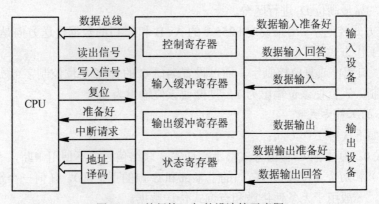

图 11-1　并行接口与外设连接示意图

2. 并行接口的基本工作原理

（1）数据输入

外设把数据送到输入线上，通过"数据输入准备好"状态线通知接口取数。接口将数据锁存到输入缓冲器的同时把"数据输入回答"线置 1，说明接口的数据输入缓冲器"满"，禁止外设再传送数据，同时内部状态寄存器"数据输入准备好"状态位置 1，以便进行查询或向CPU 申请中断。CPU 读取接口中的数据后将自动清除"数据输入准备好"状态位和"数据输入回答"信号，以便外设输入下一个数据。

（2）数据输出

数据输出缓冲器"空闲"时，接口中"数据输出准备好"状态位置 1。接收到 CPU 的数据后，"数据输出准备好"状态位复位。数据通过输出线送到外设，同时，由"数据输出准备好"信号线通知外设取数据。外设接收数据时回送"数据输出回答"信号，通知接口准备下一次输出数据。处理完毕后，撤消"数据输出准备好"信号并且再一次置"数据输出准备好"状态位为 1，以便 CPU 输出下一个数据。

11.1.2　8255A 的内部结构及工作方式

1. 8255A 的内部结构

8255A 芯片内部结构包括以下 4 个部分：

（1）数据总线缓冲器。双向、三态 8 位缓冲器，与 CPU 数据总线相连，输入/输出数据、控制命令字等都通过数据总线缓冲器进行传送。

（2）读/写控制逻辑。接收来自 CPU 地址总线的信号和控制信号，发出命令到两个控制组，将控制命令字或输出数据通过数据总线缓冲器送到相应端口，或把外设状态或输入数据从相应端口通过数据总线缓冲器送到 CPU。

（3）A 组和 B 组控制部件。端口 A 和端口 C 的高 4 位（$PC_7 \sim PC_4$）构成 A 组，端口 B 和端口 C 的低 4 位（$PC_3 \sim PC_0$）构成 B 组。这两个控制部件各有一个控制单元，接收来自数据总线的控制字，并根据控制字确定各端口工作状态和工作方式。

（4）数据输入输出端口 A、B 和 C。3 个 8 位端口 A、B 和 C 口是与外部设备相连接的端口，可用来与外设交换数据信息、控制信息和状态信息。

2. 8255A 的控制字

8255A 有两个控制字，即工作方式控制字和对 C 口进行置位或复位的控制字，二者使用同一端口地址，靠最高位 D_7 进行区分。

（1）工作方式控制字。用来设定 8255A 的 A、B 和 C 口的数据传送方向是输入还是输出，并设定各口的工作方式。

（2）对 C 口置位或复位控制字。通过设置端口 C 的置位/复位控制字可实现对端口 C 的每一位进行控制。置位使该位输出为 1，复位使该位输出为 0。

3. 8255A 的工作方式

8255A 有如下 3 种工作方式：

（1）方式 0：基本输入/输出方式。不需应答式联络信号，不使用中断，有两个 8 位端口（A 口和 B 口）和两个 4 位端口（C 口的上半部和 C 口的下半部），任何一个端口都可作为输入或输出端口。一般用于无条件传送和查询式传送数据。

（2）方式 1：选通输入/输出方式。端口 A 和端口 B 为数据传输口，可通过工作方式控制字设定为数据输入或数据输出。端口 C 的某些位作为控制端口，配合 A 口和 B 口进行数据的输入和输出。一般用于查询方式或中断方式传送数据。

（3）方式 2：双向选通输入/输出方式。只有 A 口可采用这种工作方式。可使外部设备利用端口 A 的 8 位数据线与 CPU 之间分时进行双向数据传送。工作时既可采用查询方式，也可采用中断方式传输数据。

注意：A 口可以工作在 3 种方式中的任一种，B 口用于方式 0 和方式 1，C 口只能工作在方式 0。

4．8255A 的 C 口用法

（1）C 口可分成两个 4 位端口：只能以方式 0 工作，可分别选择输入或输出。在控制上，C 口上半部和 A 口编为一组，C 口下半部和 B 口编为一组。

（2）数据写入 C 口时有两种办法：一是向 C 口直接写入字节数据，并从输出引脚输出；二是通过向控制口写入位控制字，该操作每次只限定对一位进行操作。

（3）读取数据有两种情况：一是对未被 A、B 口征用的引脚，读 C 口时从输入端口读引脚的输入信息，从输出端口读输出锁存器的信息；二是对被 A、B 口征用作为联络线的引脚，将从 C 口读到反映 8255A 状态的状态字。

11.1.3　8255A 的初始化编程

8255A 工作时首先要初始化，即要写入控制字，来指定其工作方式，接着还要用控制字将中断标志 INTE 置 1 或置 0，这样就可以编程将数据从数据总线通过 8255A 送出，或由外设通过 8255A 的某口将数据送至数据总线，由 CPU 接收。

11.2　典型例题解析

【例 11.1】简述可编程并行接口芯片 8255A 的主要特点。

【解析】8255A 为可编程并行接口芯片，能够为外设提供 3 个 8 位的并行接口，即端口 A、端口 B 和端口 C；同时又可分为两组进行控制；可设定方式 0、方式 1 和方式 2 三种工作方式。

8255A 可采用三种数据传送方式，分别是无条件传送方式、查询传送方式和中断传送方式。

【例 11.2】8255A 有哪几种工作方式？每种工作方式有何特点？

【解答】8255A 有三种工作方式，即方式 0、方式 1 和方式 2。每种工作方式的特点简述如下：

（1）方式 0 是基本输入/输出方式，没有固定用于应答式传送的联络信号线，CPU 可采用无条件传送方式与 8255A 交换数据。

（2）方式 1 是选通输入/输出方式，有专用的中断请求和联络信号线，通常用于查询传送或中断传送方式。

（3）方式 2 是双向选通输入/输出方式，PA 口采用双向应答式进行输入/输出操作。

【例 11.3】8255A 怎样区分方式选择控制字和 C 口按位控制字？写出端口 A 作为基本输入，端口 B 作为基本输出的初始化程序。

【解答】8255A 方式选择控制字和 C 口按位控制字的端口地址是一样的，通过控制字的最高位 D_7 进行区分：

D_7=1 时，为方式选择控制字。

D_7=0 时，为 C 口按位控制字。

端口 A 作为基本输入，端口 B 作为基本输出的初始化程序段如下：

```
MOV  DX,PORT          ;PORT 为端口地址
MOV  AL,10010000B
OUT  DX,AL
```

【例 11.4】假定对 8255A 进行初始化时所访问的端口地址是 0CBH，并且端口 A 设定为

工作方式 1 输出，则 A 端口的地址是（   ）。

    A. 0C8H   B. 0CAH   C. 0CCH   D. 0CEH

【解析】8255A 内部共有 4 个口地址，依次为 A 口、B 口、C 口和控制口。

本题中已知 8255A 控制口的地址是 0CBH，端口 A 设定为工作方式 1 输出，可以推知，端口 A 的地址应为 0CBH-3=0C8H。

所以，本题的正确答案应选 A。

【例 11.5】当 8255A 被设定成方式 1 时，其功能相当于（   ）。

    A. 零线握手并行接口   B. 一线握手并行接口

    C. 二线握手并行接口   D. 多线握手并行接口

【解析】8255A 在方式 1 下，A 口和 B 口仍作为输入/输出端口，C 口高 5 位和低 3 位分别作为 A 口和 B 口控制信息和状态信息。方式 1 输入数据时，当 $\overline{STB}$ =0 时，把外部设备送来的数据输入锁存器。IBF 为输入缓冲器满信号，它是给外设的一个应答信号。这样在方式 1 输入方式下有两条握手联络信号。方式 1 输出数据时，OBF 为输出缓冲器满信号，它是 8255A 输出给外设的一个控制信号。$\overline{ACK}$ 为响应信号，这是外设给接口的回答信号，表示 8255A 中的数据已从接口送到外设了。

所以，本题答案应选 C，二线握手并行接口。

【例 11.6】分析：当 8255A 工作于方式 2 时，需要占用几条联络信号线？

【解析】8255A 工作于方式 2 时，所需联络信号线有：

输入信号线 2 条：外设输入选通信号 $\overline{STB}$、外设接收数据回答信号 $\overline{ACKA}$。

输出信号线 2 条：输入缓冲器满信号 IBFA、输出缓冲器满信号 $\overline{OBFA}$。

中断信号线 1 条：中断申请信号 INTRA。

所以，共需要占用 5 条联络信号线。

【例 11.7】用 8255A 作为接口芯片，编写满足下述要求的三段初始化程序：

（1）将 A 组和 B 组成方式 0，A 口和 C 口作为输入口，B 口作为输出口。

（2）将 A 组置成方式 2，B 组置成方式 1，B 口作为输出口。

（3）将 A 组置成方式 1 且 A 口作为输入，PC_6 和 PC_7 作为输出，B 组置成方式 1 且 B 口作为输入口。

【解答】本题根据要求可编程如下：

（1）将 A、B 组置成方式 0，A、C 口输入，B 口输出。

```
MOV  AL,99H
MOV  DX,PORT          ;控制寄存器地址
OUT  DX,AL
```

（2）将 A 组置成方式 2，B 组置成方式 1，B 口输出。

```
MOV  AL,C4H
MOV  DX,PORT          ;控制寄存器地址
OUT  DX,AL
```

（3）将 A 组置成方式 1 且 A 口作为输入，PC_6 和 PC_7 作为输出，B 组置成方式 1 且 B 口输入。

```
MOV  AL,B6H
MOV  DX,PORT          ;控制寄存器地址
OUT  DX,AL
```

11.3　习题解答

一、单项选择题

1. 8255A 实现 CPU 与外设数据传输时，双方可采用的数据传输方式不包括（　　）。

　　A. 无条件传送　　B. 查询式传送　　C. 中断传送　　　　D. DMA 传送

2. 8255A 的 C 口作为输入输出数据端口时，能采用的工作方式是（　　）。

　　A. 方式 0　　　　B. 方式 1　　　　C. 方式 2　　　　D. 以上 3 种都可以

3. 8255A 的 A 口作为输入输出数据端口时，能采用的工作方式是（　　）。

　　A. 方式 0　　　　B. 方式 1　　　　C. 方式 2　　　　D. 以上 3 种都可以

4. 当 8255A 工作于方式 2 时，要占用联络信号线为（　　）条。

　　A. 2　　　　　　B. 3　　　　　　C. 4　　　　　　D. 5

5. 设 8255A 的 A 口工作于方式 1 输出，并与打印机相连，则 8255A 与打印机的联络信号为（　　）。

　　A. IBF、$\overline{\text{STB}}$　　　　　　　　B. RDY、$\overline{\text{STB}}$

　　C. $\overline{\text{OBF}}$、$\overline{\text{ACK}}$　　　　　　　D. INTR、$\overline{\text{ACK}}$

【答案】1. D　　2. A　　3. D　　4. D　　5. C

二、填空题

1. 可编程并行接口芯片 8255A 有＿＿＿＿工作方式，其中只有＿＿＿＿口可以工作在方式 2。

2. 8255A 有 3 个数据端口，分为＿＿＿＿组进行控制，其中 C 口的高 4 位属于＿＿＿＿控制。

3. 8255A 的编程主要涉及两个控制字的设置，分别为＿＿＿＿和＿＿＿＿。

【答案】

1. ①方式 0、方式 1、方式 2 三种；②A。

2. ①2；②A 组。

3. ①工作方式控制字；②端口 C 的置位/复位控制字。

三、判断题

1. 8255A 既可作为输入接口也可作为输出接口。　　　　　　　　　　（　　）

2. 8255A 初始化时必须设置工作方式控制字和 C 口置位/复位控制字。　（　　）

3. 8255A 的工作方式控制字和 C 口置位/复位控制字使用同一端口地址。（　　）

4. 8255A 介于外设和 CPU 之间，适合远距离传输。　　　　　　　　（　　）

5. 8255A 中包括数据端口、状态端口和控制端口。　　　　　　　　　（　　）

【答案】1. √　　2. √　　3. √　　4. ×　　5. ×

四、分析题

将键盘通过并口与 8255A 进行连接。一般按一次键，CPU 通过程序可以判别是否有键按下，并识别具体的键值。若键扫描程序处理不当，可能会出现仅按一次键，但 CPU 识别为同一个键多次被按下的情况，分析发生这种情况的原因是什么？

【解答】通过程序判别是否有键按下，需要考虑按键的消抖问题，若采用软件方法进行消抖，需要设置延时来等待抖动消失，然后再读入键值。

本题中仅按一次键，但 CPU 识别为同一个键多次被按下，可能发生这种情况的原因是：键扫描程序没有设置延时或延时时间过短，未能有效地消除按键的抖动。

五、设计题

1. 某 8255A 的端口地址范围为 03F8H～03FBH，A 组和 B 组均工作在方式 0，A 口作为数据输出端口，C 口低 4 位作为状态信号输入口，其他端口未用。试画出该片 8255A 与系统的连接图，并编写初始化程序。

【解答】按照本题的要求，设计 8255A 与系统的连接如图 11-2 所示。

初始化程序设计如下：

```
MOV    AL,81H
MOV    DX,03FBH
OUT    DX,AL
```

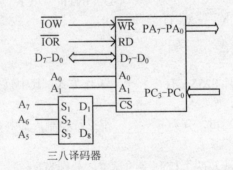

图 11-2　8255A 与系统的连接图

2. 试按以下要求对 8255A 进行初始化编程：

（1）设端口 A、端口 B 和端口 C 均为基本输入/输出方式，且不允许中断。请分别考虑输入/输出。

（2）设端口 A 为选通输出方式，端口 B 为基本输入方式，端口 C 剩余位为输出方式，允许端口 A 中断。

（3）设端口 A 为双向方式，端口 B 为选通输出方式，且不允许中断。

【解答】本题根据给定的条件，分别解答如下：

（1）端口 A、端口 B 和端口 C 均为基本输入/输出方式，则工作在方式 0，任何一个口都可用于输入或输出，可出现 16 种组合，下面举出 2 种组合进行分析。

若端口 A、B 为数据输入口，C 口的低 4 位为控制信号输出口，高 4 位为状态信号输入口，程序段设计如下：

```
MOV    AL,10011010B
MOV    DX,PORT                    ;PORT 为端口地址
OUT    DX,AL
```

```
        MOV   AL,00001100B            ;设 PC₆为中断信号控制引脚,PC₆=0,禁止中断
        OUT   DX,AL
```

若端口 A、B 为数据输出口；C 口的高 4 位为控制信号输出口，低 4 位为状态信号输入口，程序段设计如下：

```
        MOV   AL,10000000B
        MOV   DX,PORT               ;PORT 为端口地址
        OUT   DX,AL
        MOV   AL,00001100B          ;设 PC₆为中断信号控制引脚,PC₆=0,禁止中断
        OUT   DX,AL
```

（2）端口 A 为选通输出方式，工作在方式 1；端口 B 为基本输入方式，程序段设计如下：

```
        MOV   AL,10100010B
        MOV   DX,PORT               ;PORT 为端口地址
        OUT   DX,AL
        MOV   AL,00001101B          ;设 PC₆为中断信号控制引脚,PC₆=1,允许中断
        OUT   DX,AL
```

（3）端口 A 为双向方式，工作在方式 2；端口 B 为选通输出方式，程序段设计如下：

```
        MOV   AL,11000100B
        MOV   DX,PORT               ;PORT 为端口地址
        OUT   DX,AL
        MOV   AL,00001100B          ;设 PC₆为中断信号控制引脚,PC₆=0,禁止中断
        OUT   DX,AL
```

3．采用 8255A 作为两台计算机并行通信的接口电路，请画出查询式输入/输出方式工作的接口电路，并写出查询式输入/输出方式的程序。

【解答】两台计算机中，设甲机的 8255A 为方式 1 发送数据，端口 PA 定义为输出，引脚 PC_7 和 PC_6 分别固定作联络线 $\overline{OBF}$ 和 $\overline{ACK}$；乙机的 8255A 为方式 0 接收数据，端口 PA 定义为输入，引脚 PC_7 和 PC_3 作为联络线。

该接口电路的连接设计如图 11-3 所示。

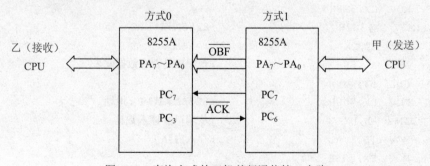

图 11-3　查询方式的双机并行通信接口电路

查询式输入/输出方式的程序设计如下：

甲机发送的程序段为：

```
        MOV   DX,303H              ;8255A 命令端口
        MOV   AL,1010000B          ;初始化工作方式字
        OUT   DX,AL
        MOV   AL,0DH               ;置发送允许
        OUT   DX,AL
```

```
        MOV  SI,OFFSET  BUFS          ;设发送数据区指针
        OUT  CX,3FFH
        MOV  DX,300H                  ;写端口 A
        MOV  AL,[SI]
        OUT  DX,AL
        INC  SI
        DEC  CX
    LOP:MOV  DX,302H                  ;8255A 状态端口 C
        IN   AL,DX                    ;查发送中断请求
        AND  AL,08H
        JZ   LOP                      ;无中断请求则等待
        MOV  DX,300H                  ;取端口 PA 地址
        MOV  AL,[SI]
        OUT  DX,AL                    ;通过端口 A 向乙机发送数据
        INC  SI
        DEC  CX
        JNZ  LOP
        MOV  AH,4CH                   ;返回 DOS
        INT  21H
        BUFS DB  …                    ;定义 1024 个数据
```

乙机接收的程序段为：

```
        MOV  DX,303H                  ;8255A 命令端口
        MOV  AL,10011000B             ;初始化工作方式字
        OUT  DX,AL
        MOV  AL,00000111B             ;置 PC_3=1
        OUT  DX,AL
        MOV  DI,OFFSET  BUFR          ;设置接收数据区的指针
        MOV  CX,3FFH
     L1:MOV  DX,302H                  ;8255A 端口 PC
        IN   AL,DX
        AND  AL,80H                   ;查甲机是否有数据发来
        JNZ  L1
        MOV  DX,300H                  ;8255A 端口 PA 地址
        IN   AL,DX                    ;从端口 A 读入数据
        MOV  [DI],AL                  ;存入内存
        MOV  DX,303H
        MOV  DX,00000110B             ;PC_3 置 0
        OUT  DX,AL
        INC  DI
        DEC  CX
        JNZ  L1
        MOV  AX,4C00H                 ;返回 DOS
        INT  21H
        BUFR DB  1024  DUP(?)         ;接收数据缓冲区
```

4. 用 8255A 的端口 A 接 8 位二进制输入，端口 B 和端口 C 各接 8 只发光二极管显示二进制数。试编写一段程序，把端口 A 的读入数据送端口 B 显示，而端口 C 的各位则采用置 0/置 1 的方式显示端口 A 的值。

【解答】该题中，设 8255A 的端口 A 接 8 个开关 $K_7 \sim K_0$ 输入 8 位二进制数，端口 B、C 各接 8 只发光二极管 $LED_7 \sim LED_0$ 来显示二进制数。开关断开，相应的 LED 点亮；开关闭合，LED 熄灭。用 8255A 的 A 口和 B 口分别工作在方式 0 的输入和输出状态，A 口读入开关状态，B 口将开关状态在 LED 显示管上显示出来，8255A 的 C 口工作在方式 0 输出状态，各位采用置 0/置 1 的方式显示端口 A 的值。

设 8255A 的 A、B、C 口和控制字寄存器对应的 4 个端口地址分别为 F0H、F2H、F4H 和 F6H。编程时要确定方式选择控制字，A、B 口的初始化程序如下：

```
        MOV   DX,0F6H          ;控制字寄存器地址送 DX
        MOV   AL,10010000B      ;控制字内容送 AL 中
        OUT   DX,AL            ;控制字输出
TEST1:  MOV   DX,0F0H          ;指向 A 口
        IN    AL,DX            ;从 A 口读入开关状态
        MOV   DX,0F2H          ;指向 B 口
        OUT   DX,AL            ;B 口控制 LED,显示开关状态
        JMP   TEST1            ;循环检测
```

C 口初始化程序请读者自行设计。

第 12 章　串行通信接口

本章学习要点

- 串行通信的基本概念
- 串行通信接口标准 RS-232C 引脚特性及应用
- 可编程串行通信接口芯片 8251A 的结构、功能及应用
- 通用串行总线接口 USB 的总线规范、体系结构及应用

12.1　知识要点复习

12.1.1　串行通信概述

1. 串行通信的概念

串行通信是将数据按照一位一位地顺序进行传送，只占用一条传输线。可采用两种方式实现：一是通过软件来实现串行数据传送；二是通过专用通信接口将并行数据转换为串行数据进行传送。

2. 串行通信的基本方式

（1）异步传送方式。通信中两个字符之间的时间间隔不固定，一个字符内各位时间间隔固定。规定字符由起始位、数据位、奇偶校验位和停止位组成。

（2）同步传送方式。在约定的数据通信速率下，发送方和接收方时钟信号频率和相位始终保持同步，保证通信双方在发送数据和接收数据时具有完全一致的定时关系。同步传送速度高于异步传送速度，但要求由时钟来实现发送端及接收端的同步，硬件电路比较复杂。

3. 串行通信基本技术

（1）数据传送方式。通常在两个站之间进行双向传送，根据需要可分为单工、半双工和全双工传送。

（2）信号的调制和解调。调制解调器（Modem）是计算机在远程通信中采用的一种辅助外部设备。

在发送端采用调制器把数字信号转换为模拟信号，在接收端用解调器检测模拟信号再把它转换成为数字信号。

12.1.2　串行通信接口标准 RS-232C

1. RS-232C 的引脚

串行通信 RS-232C 接口有 9 针、25 针等规格，标准接口的引脚排列如图 12-1 所示。

RS-232C 的 25 个引脚中，20 个引脚作为 RS-232C 信号，其中 4 条数据线、11 条控制线、3 条定时信号线、2 条地信号线。另外，还保留了 2 个引脚，3 个引脚未定义。

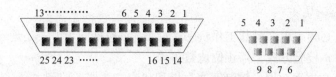

图 12-1　RS-232C 接口引脚

2. RS-232C 的连接

RS-232C 广泛用于数字终端设备，如计算机与调制解调器之间的接口，以实现通过电话线路进行远距离通信，如图 12-2 所示。

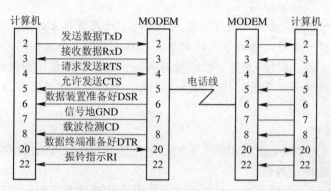

图 12-2　使用 Modem 的 RS-232C 接口

大多数情况下微型计算机、终端和一些外部设备都配有 RS-232C 串行接口。它们之间进行短距离通信时，无需电话线和调制解调器就可以直接相连。

3. RS-232C 的特点

RS-232-C 总线标准有 25 条信号线，包括一个主通道和一个辅助通道。

由于发送器/接收器芯片使用 TTL 电平，但 RS-232C 却使用 EIA 电平，所以必须在发送器/接收器与 RS-232C 接口之间使用转换器件。如 SN75150、MC1488 等芯片可完成 TTL 电平到 EIA 电平的转换，SN75154、MC1489 等芯片可完成 EIA 电平到 TTL 电平的转换。

RS-232C 既是一种协议标准，又是一种电气标准，它采用单端、双极性电源供电电路，可用于最远距离为 15m、最高速率达 20kb/s 的串行异步通信。

12.1.3　可编程串行通信接口芯片 8251A

1. 8251A 的功能及内部结构

（1）8251A 的基本功能

可工作在同步通信或异步通信方式下；具有奇偶校验、帧校验和溢出校验 3 种字符数据的校验方式；能与 Modem 直接相连，接收和发送数据均可存放在各自缓冲器中，便于实现全双工通信。

（2）8251A 的内部结构

有双缓冲结构的接收器和发送器；为发送器和接收器提供同步控制时钟信号的波特率发生器；实现与调制解调器连接的调制解调器控制逻辑；实现中断控制和优先权判断的中断控制逻辑；以及与 CPU 连接的数据缓冲器和选择控制逻辑等。

2. 8251A 的编程内容

8251A 使用前必须用程序对其工作状态进行设定，包括同步方式还是异步方式、传输波特率、字符代码位数、校验方式、停止位位数等。

8251A 内部有数据寄存器、控制字寄存器和状态寄存器。控制字寄存器用于 8251A 的方式控制和命令控制，状态寄存器存放 8251A 的状态信息。

（1）方式控制字。用来确定 8251A 的通信方式（同步/异步）、校验方式（奇/偶校验、不校验）、数据位数（5、6、7 或 8 位）及波特率参数等。

（2）命令控制字。用于控制 8251A 的工作，使 8251A 处于规定的状态以准备发送或接收数据，应在写入方式控制字后写入。

注意：方式控制字和命令控制字本身无特征标志，也没有独立的端口地址，8251A 根据写入的先后次序来区分：先写入者为方式控制字，后写入者为命令控制字。

（3）状态字。CPU 通过输入指令读取状态字，了解 8251A 传送数据时所处状态，作出是否发出命令、是否继续下一个数据传送的决定。状态字存放在状态寄存器中，CPU 只能读状态寄存器，不能对它写入。

3. 8251A 初始化

传送数据前要对 8251A 进行初始化才能确定发送方与接收方的通信格式和通信的时序，从而保证准确无误地传送数据。

由于 3 个控制字没有特征位，且工作方式控制字和操作命令控制字放入同一个端口，所以，CPU 对 8251A 初始化时须按一定先后顺序写入方式控制字和命令控制字。

12.1.4　USB 通用串行总线

1. USB 总线概述

USB 总线采用通用的连接器、热插拔技术以及相应的软件，使得外设的连接和使用大大简化，目前已经成为流行的外设接口。

（1）USB 总线的特点。主要体现在外设连接类型单一、易操作；采用四线电缆，两根作为数据传输线，两根为设备提供电源，减少了硬件设计的复杂性；支持热插拔，不关机情况下可安全地插上和断开 USB 设备；支持即插即用；设备供电灵活，可通过 USB 电缆供电；提供四种不同的数据传输类型；最多支持 127 个设备跟主机通信。

（2）数据传输类型。规定了四种不同的数据传输方式，即控制传输方式、同步传输方式、中断传输方式和批量传输方式。

（3）USB 总线的电气特性。USB 总线通过一条四芯电缆传送电源和数据，电缆以点到点方式在设备之间连接。USB 接口的四条连接线是 V_{BUS}，GND，D_+ 和 D_-。

（4）USB 总线的机械特性。USB 连接器分为 A 系列和 B 系列两种，A 系列用于和主机连接，B 系列用于和 USB 设备连接。

2. USB 总线的构成

USB 系统包括 5 个部分，即控制器、控制器驱动程序、USB 芯片驱动程序、USB 设备和 USB 设备驱动程序。

3. USB 设备的接入

市场流行的操作系统都支持 USB 设备，可用 Windows 下的"设备管理器"确认主机对 USB 的支持，在运行 Windows 过程中，可以接入任何符合 USB 规范的 USB 设备。一旦接入了一个 USB 设备，操作系统会自动检测到该硬件设备。

12.2 典型例题解析

【例 12.1】简述串行通信中数据传送的基本模式和各自特点。

【解析】在串行通信中的数据传送有单工、半双工、全双工三种基本模式。其特点分析如下：

（1）单工数据传输只支持数据在一个方向上的传输。

（2）半双工数据传输允许数据在两个方向上传输，但在某一时刻，只允许数据在一个方向上传输，该方式实际上是一种切换方向的单工通信。

（3）全双工数据通信允许数据同时在两个方向上传输，因此，全双工通信是两个单工通信方式的结合，它要求发送设备和接收设备都有独立的接收和发送能力。

【例 12.2】串行通信按信号格式分为哪两种，这两种格式有何不同？

【解析】有同步通信和异步通信两种。

同步通信是指在约定的数据通信速率下，发送方和接收方的时钟信号频率和相位始终保持一致（同步）。

异步通信是指通信中两个字符之间的时间间隔是不固定的，而在一个字符内各位的时间间隔是固定的。

【例 12.3】简述在两台计算机之间采用 RS-232C 进行数据通信时的连接方法。

【解析】RS-232C 广泛用于数字终端设备，它们之间进行短距离通信时，无需电话线和调制解调器就可以直接相连，如图 12-3 所示。

图 12-3（a）是最简单的只用三线实现相连的通信方式，为了交换信息，TxD 和 RxD 应当交叉连接；图 12-3（b）中 RTS 和 CTS 互接，是用请求发送 RTS 信号来产生允许发送 CTS 信号，以满足全双工通信的联络控制要求，DTR 和 DSR 互接，用数据终端准备好信号产生数据装置准备好信号；图 12-3（c）是另一种利用 RS-232C 直接互连的通信方式，该方式下的通信更加可靠，但所用连线较多。

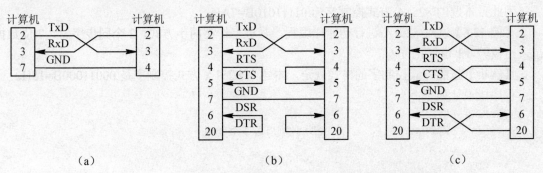

（a） （b） （c）

图 12-3 两台计算机之间采用 RS-232C 进行数据通信时的连接方法

应该说明的是，图 12-3（b）和（c）是由系统 ROM BIOS 提供的异步通信 I/O 功能调用 INT 14H 所支持的数据通信功能。

【例 12.4】简述 8251A 编程时应遵循的规则。

【解析】8251A 初始化编程时，首先使芯片复位，然后向控制端口（奇地址）写入方式字；

如果输入是同步方式，接着向奇地址端口写入同步字符，若有 2 个同步字符，则分 2 次写入；以后不管是同步方式还是异步方式，只要不是复位命令，由 CPU 向奇地址端口写入的是命令控制字，向偶地址端口写入的是数据。

【例 12.5】若 8251A 设定为异步通信方式，发送器时钟输入端口和接收器时钟输入端口都连到频率为 19.2kHz 的输入信号，波特率为 1200，字符数据长度为 7 位，停止位 1 位，采用偶校验，分析 8251A 的方式控制字是多少。

【解析】8251A 初始化时，首先要发送方式控制字。方式控制字格式如图 12-4 所示。

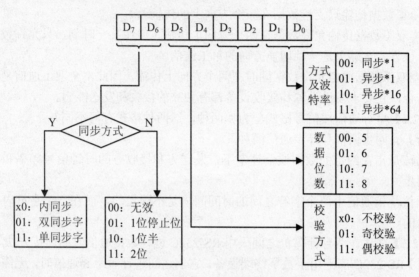

图 12-4　8251A 方式控制字的格式

8251A 按异步通信方式，给定发送器时钟输入端口和接收器时钟输入端口都连到频率为 19.2kHz 的输入信号，要求波特率为 1200，所以波特率系数为 16，即 $D_1D_0=10$。

字符数据长度为 7 位，所以 $D_3D_2=10$。

要采用偶校验，所以 $D_5D_4=11$。

异步通信要求 1 位停止位，所以 $D_7D_6=01$。

因此，本题的 8251A 方式控制字为 01111010B=7AH。

【例 12.6】试对 8251A 进行初始化编程，要求工作在同步方式，2 个同步字符，7 位数据位，奇校验，1 位停止位。

【解析】按照方式控制字的格式规定，本题中 8251A 方式控制字是 00011000B=18H。

程序段设计如下：

```
XOR  AX,AX
MOV  DX,PORT          ;向 8251 控制口送 3 个 00H
OUT  DX,AL
OUT  DX,AL
OUT  DX,AL
MOV  AL,40H           ;向 8251 控制口送 40H,复位
OUT  DX,AL
MOV  AL,18H           ;向 8251 送方式字
OUT  DX,AL
MOV  AL,SYNC          ;SYNC 为同步字符
```

```
    OUT  DX,AL              ;输出 2 个同步字符
    OUT  DX,AL
    MOV  AL,10111111B       ;向 8251 送控制字
    OUT  DX,AL
```

【例 12.7】简述 USB 总线的基本特性。

【解析】USB（通用串行总线）是一种通用的连接器，采用热插拔技术以及相应软件，使得外设的连接和使用大大地简化，目前已经成为流行的外设接口。

USB 总线通过一条 4 芯电缆传送电源和数据，电缆以点到点方式在设备之间连接。USB 接口的 4 条连接线分别是 V_{BUS}，GND，D_+ 和 D_-。

V_{BUS} 和 GND 这一对线用来向设备提供电源。USB 主机和 USB 设备中通常包含电源管理部件。D_+ 和 D_- 是发送和接收数据的半双工差分信号线，时钟信号也被编码在这对数据线中传输。

【例 12.8】简述 USB 提供的四种数据传输类型。

【解答】在 USB 规范中规定了四种不同的数据传输方式。分别简述如下：

（1）控制传输方式。双向传输，传输的是控制信号，主要被 USB 系统软件用来进行查询、配置和给 USB 设备发送通用的命令。

（2）同步传输方式。提供了确定的带宽和时间间隔，用来连接需要连续传输的外围设备，对数据的正确性要求不高，但对时间较为敏感。

（3）中断传输方式。用于定时查询设备是否有中断数据要传输，设备端点模式器的结构决定了它的查询频率在 1～255ms 之间。

（4）批量传输方式。用在大量传输和接收数据上，同时又没有带宽和时间间隔的要求，可保证传输数据正确无误，但对数据的时效性要求不高。

12.3　习题解答

一、单项选择题

1. 下列说法错误的是（　　）。
   A. RS-232C 既是一种协议标准，又是一种电气标准
   B. RS-232C 是美国电子工业协会 EIA 公布的串行接口标准
   C. RS-232C 只在远距离通信中经常用到
   D. 在同一房间的两台计算机之间可采用 RS-232C 进行连接

2. Intel 8251A 编程时，以下哪一项不会涉及到（　　）。
   A. 方式控制字　　　　　　　　　B. 中断屏蔽字
   C. 命令控制字　　　　　　　　　D. 状态控制字

3. 在 Intel 8251A 芯片中，实现并行数据转换为串行的是（　　）。
   A. 发送缓冲器　　　　　　　　　B. 接收缓冲器
   C. 数据总线缓冲器　　　　　　　D. Modem 控制电路

4. 若用 8251A 进行同步串行通信，速率为 9600 波特，问在 8251A 时钟引脚 $\overline{TxC}$ 和 $\overline{RxC}$ 上的信号频率应取（　　）。

    A．2400Hz   B．4800Hz
    C．9600Hz   D．19200Hz

5．如果 8251A 设定为异步通信方式，发送器时钟输入端口和接收器时钟输入端口都连到频率为 19.2kHz 的输入信号，波特率为 1200，字符数据长度为 7 位，停止位 1 位，采用偶校验，则 8251A 的方式控制字为（   ）。

    A．6AH   B．7AH   C．6BH   D．7BH

6．通用串行总线（USB）最多可连接外设装置（包括 HUB-转换器）的个数为（   ）。

    A．16   B．32   C．127   D．255

【答案】1．C   2．B   3．A   4．C   5．B   6．C

二、填空题

1．串行通信是指＿＿＿＿，其特点是＿＿＿＿，通常用于＿＿＿＿场合。

2．在串行异步数据传送时，如果格式规定 8 位数据位，1 位奇偶校验位，1 位停止位，则一组异步数据总共有＿＿＿＿位。

3．波特率是指＿＿＿＿，该指标用于衡量＿＿＿＿。

4．8251A 是一种＿＿＿＿，使用前必须对其进行＿＿＿＿设定，主要内容包括＿＿＿＿。

5．根据 USB 设备使用特点和系统资源的不同要求，在 USB 规范中规定了四种不同的数据传输方式，分别是＿＿＿＿、＿＿＿＿、＿＿＿＿及＿＿＿＿。

【答案】

1．①两个功能模块只通过一条或两条数据线进行数据交换；②速度慢；③距离较远。

2．10。

3．①单位时间内传输的二进制位数；②通信速度。

4．①可编程串行接口；②初始化；③设置通信方式、校验方式、数据位数、波特率参数等。

5．①控制传输方式；②同步传输方式；③中断传输方式；④批量传输方式。

三、判断题

1．USB 是一种存储设备的类型。   （   ）

2．8251A 为可编程并行接口，位于 CPU 与并行设备之间。   （   ）

3．串行接口中"串行"的含意仅指接口与外设之间的数据交换是串行的，而接口与 CPU 之间的数据交换仍是并行的。   （   ）

4．在接口信号中，状态信号是 CPU 向外设传递的信息。   （   ）

【答案】1．√   2．×   3．√   4．×

四、分析题

1．某异步串行通信系统中，数据传输速率为 11520 字符/秒，每个字符包括 1 个起始位、8 个数据位和 1 个停止位，其传输信道上的波特率为多少？

【解答】本题中传送的每个字符包括 1 个起始位、8 个数据位和 1 个停止位，共计 10 位。

由于数据传输速率为 11520 字符/秒，则传输信道上的波特率为：

二进制位数/字符×数据传输率=10×11520=115200。

2．试分析波特率和数据传输率的区别和联系。

【解答】波特率是指每秒传输字符的位数，单位为"位/秒"。

数据传输率为每秒传输的字符数，单位为"字符/秒"，每个字符包括起始位、数据位和停止位。

两者间的联系为：波特率=二进制位数/字符×数据传输率。

3．简述在 RS-232C 接口标准中信号 TxD、RxD、RTS、CTS、DTR、DSR、DCD、RI 的功能。

【解答】在 RS-232C 接口标准中，指定信号的功能分别是：

（1）TxD：数据发送信号，是串行数据的发送端。

（2）RxD：数据接收信号，是串行数据的接收端。

（3）RTS：请求发送信号，当数据终端准备好送出数据时，就发出有效的 RTS 信号，通知 Modem 准备接收数据。

（4）CTS：清除发送信号，当 Modem 已准备好接收数据终端的传送数据时，发出 CTS 有效信号来响应 RTS 信号。RTS 和 CTS 是一对用于发送数据的联络信号。

（5）DTR：数据终端准备好信号，数据终端一加电，该信号就有效，表明数据终端准备就绪。可用作数据终端设备发给数据通信设备 Modem 的联络信号。

（6）DSR：数据装置准备好信号，表示 Modem 已接通电源连到通信线路上，并处于数据传输方式，而不是处于测试方式或断开状态。可用作数据通信设备 Modem 响应数据终端设备 DTR 的联络信号。

（7）DCD：载波检测信号，当本地 Modem 接收到来自远程 Modem 正确的载波信号时，由该引脚向数据终端发出有效信号。

（8）RI：振铃指示信号，自动应答的 Modem 用此信号作为电话铃响的指示。在响铃期间，该引线保持有效。

五、设计题

以主教材图 12-14 所示的系统连接形式为例，设该系统工作过程中以查询方式发送数据，以中断方式接收数据，数据位 8 位，偶校验，停止位 2 位，波特率为 4800，试编写程序段对 8251A 进行初始化，并编写相应的中断服务子程序。

【解答】图 12-5 即为主教材图 12-14 所示的 8251A 与 CPU 及外设的连接图，可以按本题的要求处理如下。

设该系统的时钟频率为 76.8kHz，给定波特率为 4800，故波特率系数为 16。

系统以查询方式发送数据，8 位数据位，2 位停止位，偶校验，则其工作方式控制字为 11111110B。

对 8251A 的初始化程序如下：

```
MOV DX,04A1H          ;取控制口地址
MOV AL,11111110B      ;写工作方式控制字
OUT  DX,AL
MOV AL,00110111B      ;写操作命令控制字
OUT DX,AL
MOV  DI,0             ;变址寄存器初始化
```

```
        MOV   CX,100                    ;共发送 100 个字符
BEGIN:MOV   DX,04A1H                    ;取数据口地址
        INAL,DX                        ;读状态字
        AND   AL,01H                    ;将发送允许位置 1
        JZBEGIN
        MOV   DX,04A0H                   ;设置发送数据口
        MOV   AL,BUFFER[DI]              ;程序发送数据块
        OUT   DX,AL
        INC DI                          ;DI 指针加 1
        LOOP BEGIN                       ;重复传送
        HLT
```

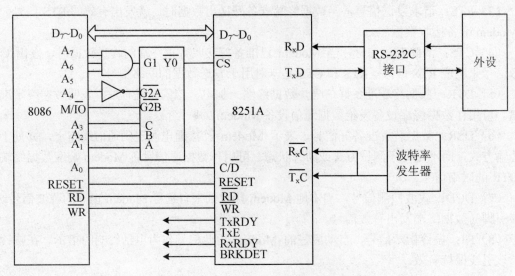

图 12-5　8251A 与 CPU 及外设的连接图

完成对 8251A 的初始化后，接收端接收到一个字符便自动执行中断服务程序。

接收数据的中断服务子程序如下：

```
        RECIVE: PUSH AX                 ;保护现场
                PUSH BX
                PUSH DX
                PUSH DS
                MOV  DX,04A1H            ;接收数据
                IN   AL,DX
                MOV  AH,AL               ;保存接收状态
                MOV  DX,04A0H
                IN   AL,DX               ;读入接收到的数据
                AND  AL,7FH
                TEST AH,38H              ;检查有无错误产生
                JZ   SAVAD
                MOV  AL,'?'              ;出错的数据用?代替
        SAVAD:  MOV  DX,SEG BUFFER
                MOV  DS,DX
```

```
        MOV   BX,OFFSET BUFFER
        MOV   [BX],AL                ;存储数据
        MOV   AL,20H
        OUT   20H,AL                 ;将 EOI 命令发给中断控制器 8259
        POP   DS                     ;恢复现场
        POP   DX
        POP   BX
        POP   AX
        STI                          ;开中断
        IRET                         ;中断返回
```

第 13 章　人机交互接口技术

- 键盘与鼠标的工作原理、与主机连接及编程方法
- 视频显示接口基本工作原理及编程方法
- 打印机的基本结构、工作原理及编程方法
- 扫描仪、数码相机和触摸屏的工作原理及应用

13.1　知识要点复习

13.1.1　键盘与鼠标接口

1. 键盘及接口电路

（1）键盘的分类。根据按键本身结构可分为机械触点式和电容式；按照控制形态可分为编码键盘和非编码键盘；按照键盘用途可分为通用键盘和专用键盘。

（2）键盘的特点。通用 PC 系列微机采用的键盘具有两个基本特点，一是按键开关为无触点的电容开关；二是键盘属于非编码键盘，由单片机扫描程序并识别按键的当前位置，然后再向键盘接口输出该键的扫描码。

（3）按键的识别。通常用硬件或软硬件结合的方法来识别键盘中的闭合键，常用的按键识别方法有行扫描法和行反转法。

（4）PC 机键盘接口。PC 系列微机使用编码式键盘，内部由专门的单片机（如 Intel8048）完成键盘开关矩阵的扫描、键盘扫描码的读取和发送等功能。常用键盘的接口有标准接口、PS/2 接口和 USB 接口。

（5）键盘接口的功能。接收键盘送来的扫描码，输出缓冲区满产生键盘中断，接收并执行系统命令，对键盘进行初始化、测试、复位等操作。

2. 鼠标及接口电路

（1）鼠标的结构。光电机械式鼠标内置了 3 个滚轴：X 方向滚轴和 Y 方向滚轴，另 1 个是空轴，这 3 个滚轴都与一个可以滚动的橡胶球接触，并随着橡胶球滚动一起转动，X、Y 滚轴上装有带孔的译码轮，它的转动会阻断或导通 LED 发出的光线，在光敏晶体管上产生表示位移的脉冲；光电鼠标用发光二极管向底部发射光线，光敏三极管接收经反射的光线，将位移信号转换为电脉冲。由于没有橡胶滚球，日常维护方便。

（2）鼠标的工作原理。鼠标器通过微机的串口与主机连接。鼠标在平面上移动时，随着移动方向和快慢的变化，会产生两个在高低电平之间不断变化的脉冲信号，CPU 接收这两个脉冲信号并对其计数。根据接收到的两个脉冲信号的个数，CPU 控制屏幕上的鼠标指针在横（X）轴、纵（Y）轴两个方向上移动距离的大小。脉冲信号由鼠标内的半导体光敏器件产生。

（3）鼠标接口。主要有串行通信口、PS/2 和新型的 USB 鼠标接口 3 种类型。

（4）鼠标的技术参数。主要有分辨率、采样率和扫描次数等。

（5）鼠标的编程。Microsoft 为鼠标提供了一个软件中断指令 INT 33H，加载了支持该标准的鼠标驱动程序，在应用程序中可直接调用鼠标器进行操作。

13.1.2 视频显示接口

1. CRT 显示器

显示器是用来显示字符、图形和图像的设备。既可作为计算机内部信息的输出设备，又可与键盘配合作为输入设备。CRT 显示器分辨率高，图像质量好，价格便宜，使用寿命较长，但体积大，能耗大。

（1）CRT 显示器性能指标。主要有尺寸、显像管形状、像素和分辨率、垂直/水平扫描频率、逐行/隔行扫描、点距、刷新频率、带宽等。

（2）CRT 显示器基本结构。主要包括电子枪、视频放大驱动电路、同步扫描电路等 3 部分。

（3）显示接口卡的种类。常见的标准有 MDA、CGA、EGA、VGA、SVGA、TVGA 等。

（4）显示卡主要性能。包括显示分辨率、刷新速度、颜色和灰度等。

2. LED 显示与 LCD 显示

（1）LED 显示器。是一种由半导体 PN 结构成的固态发光器件，在正向导电时能发出可见光，常用的是七段 LED 显示器和点阵 LED 显示器，有静态显示和动态显示两种方式。

（2）LCD 显示器。LCD 液晶显示器有低眩目的全平面屏幕。与 CRT 显示器相比，液晶显示器的特点是体积小、外形薄、重量轻、功耗小、低发热、工作电压低、无污染、无辐射、无静电感应，显示信息量大，无闪烁，并能直接与 CMOS 集成电路相匹配。

13.1.3 打印机接口

1. 常用打印机及工作原理

（1）打印机的分类。按照与微机接口方式可分为并行输出和串行输出打印机；按照印字技术可分为击打式和非击打式打印机；按照印字方式可分为行式和页式打印机等。

（2）打印机的主要技术指标。包括分辨率、打印速度、行宽、颜色数目等。

（3）激光打印机的工作原理。通过激光技术和电子照相技术完成印字功能，是一种高精度、高速度、低噪声的非击打式打印机。其工作原理示意如图 13-1 所示，主要由激光扫描系统、电子照相系统和控制系统三部分组成。

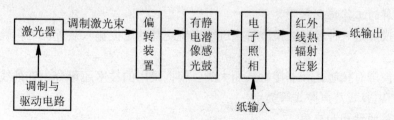

图 13-1 激光打印机工作原理

2. 主机与打印机的接口

（1）并行打印机通常采用 Centronics 并行接口标准。打印机与主机之间通过一根电缆线连接，电缆线的一头插座为 36 芯，与打印机相连，另一头为 25 芯，与主机并行接口相连。

（2）串行打印机由并行打印机再加上输入缓冲器和串行接口组成。串行打印机在打印时主机仍可向打印机传送数据。要求输入缓冲容量大，当输入缓冲器满时打印机控制引脚发出未准备好信号，送至主机的串口 DSR 引脚，主机接到此信号便停止发送数据。

3．打印机的中断调用

IBM PC 系列微机的 ROM BIOS 中有一组打印机 I/O 功能中断调用程序，显示器中断调用指令为 INT 17H，共有 3 种不同的打印机操作，用户可利用中断调用方便地编写显示器的接口程序。

13.1.4　扫描仪原理及应用

1．扫描仪的结构和基本工作原理

（1）扫描仪的结构。平台式 CCD 扫描仪由顶盖、玻璃平台和底座等基本部件构成。

（2）扫描仪的基本原理。通过传动装置驱动扫描组件，将各类文档、相片、幻灯片、底片等稿件经过一系列的光/电转换，最终形成计算机能识别的数字信号，再由控制扫描仪操作的扫描软件读出这些数据，并重新组成数字化的图像文件，供计算机存储、显示、修改和完善。

2．扫描仪主要技术指标

衡量扫描仪性能好坏的指标主要有分辨率、色彩深度、灰度级、扫描幅面、扫描噪声等。

13.1.5　数码相机原理与应用

1．数码相机的基本结构和工作原理

（1）数码相机的特点是不需要胶卷，在拍摄时图像被聚焦到电荷耦合器 CCD 元件上，然后通过 CCD 将图像转换成许多的像素，以二进制数字方式存储于相机的存储器中。只要将存储器与电脑连接，即可在显示器上显示所拍摄的图像，并进行加工处理或打印机输出。

（2）数码相机主要由镜头、光圈、焦距、快门、LCD 显示屏、存储介质等组成。

2．数码相机主要技术指标及应用

（1）数码相机的主要技术指标包括 CCD 像素、最大分辨率、光学变焦和数码变焦、存储媒介、镜头、快门、彩色液晶显示屏、输出接口、电池等。

（2）由于数码相机可将图像数字化，操作简便，特别是能与计算机直接连接，因此被广泛应用于各个领域，如新闻摄影、网页制作、电子出版、广告设计等。

13.1.6　触摸屏原理与应用

1．触摸屏的工作特点和分类

（1）触摸屏是一种通过触摸屏幕来进行人机交互的定位输入装置，可将触摸点的坐标输入给计算机。

（2）触摸屏有接触式和非接触式两大类。根据采用的技术还可分为红外线式、电磁感应式、电阻式、电容式及声控式等类别。

2．触摸屏的结构和应用

（1）触摸屏由触摸检测装置、接口控制逻辑及控制软件等部分组成。具有界面直观、操作简单、伸手即得等特点，大大改善了人与计算机的交互方式。

（2）触摸屏在信息查询、自动售货、电子游戏、医疗仪器、教育训练、自动控制、自动化航空等领域都有着广泛的应用。

13.2　典型例题解析

【例 13.1】简要叙述常用的人机交互设备有哪几类？各有何特点？

【解答】连接在计算机上的人机交互设备主要有键盘、鼠标器、显示器、打印机等，能够完成各种信息的输入和输出。这些设备的输入输出是以计算机为中心，信息以二进制、十六进制或 ASCII 码的形式进行传送。

键盘是最基本的输入设备；鼠标是一种快速定位器，是计算机图形界面中人机交互必不可少的输入设备；显示器是计算机中用来显示各类信息以及图形和图像的输出设备，常用的有 CRT 显示器和 LCD 液晶显示器；打印机是常用输出设备，它将计算机中的各类信息打印到纸上。

【例 13.2】非编码键盘一般需要解决几个问题？识别被按键有哪几种方法，各有什么优缺点？

【解析】非编码键盘一般需要解决的问题有以下 4 个：

（1）识别键盘矩阵中被按键。

（2）清除按键时产生的抖动干扰。

（3）防止键盘操作的串键错误。

（4）产生被按键相应的编码。

常用的按键识别方法有：行扫描法和行反转法。

行扫描法：由程序对键盘进行逐行扫描，通过检测到的列输出状态来确定闭合健，需要设置输入口、输出口各一个，该方法在微机系统中被广泛使用。

行反转法：通过行列颠倒两次扫描来识别闭合健，需要提供两个可编程的双向输入/输出端口。

【例 13.3】简要说明 CRT 显示器的基本结构和工作原理。

【解答】CRT 显示器主要由阴极射线管（电子枪）、视频放大驱动电路和同步扫描电路等 3 部分组成。

其工作原理为：由灯丝加热阴极，阴极发射电子，然后在加速极电场的作用下，经聚焦极聚成很细的电子束，在阳极高压作用下，获得巨大的能量，以极高的速度去轰击荧光粉层。这些电子束轰击的目标就是荧光屏上的三原色。为此，电子枪发射的电子束不是一束，而是三束，它们分别受电脑显卡 R、G、B 三个基色视频信号电压的控制，去轰击各自的荧光粉单元，从而在显示屏上显示出完整的图像。

【例 13.4】简要概述显示器接口卡的种类、性能及其应用特点。

【解答】显示器接口卡也称显示适配器或显卡，各类显卡的种类、性能及应用特点如下：

（1）MDA：单色显示适配器。支持单色字符显示，不支持图形方式，仅在早期的 PC 机中使用。

（2）CGA：彩色图形适配器。比 MDA 增加了彩色显示和图形显示功能，支持字符、图形方式，分辨率不高，颜色种类较少，是最早的显示卡产品。

（3）EGA：增强型彩色图形适配器。字符、图形功能比 CGA 卡有较大提高，显示分辨率也较高，显示方式有 11 种标准模式。

（4）VGA：视频图形阵列适配器。兼容了上述各种显示卡的显示模式，支持更高的分辨率和更多的颜色种类。

（5）TVGA：超级视频图形阵列适配器。兼容 VGA 全部显示标准，并扩展了若干字符显示和图形显示的新标准，具有更高的分辨率和更多的色彩选择。当分辨率为 1024×768 时，可显示高彩色或真彩色。

（6）SVGA：美国视频电子标准协会提出的视频标准，是一种比 VGA 更强的显示标准。SVGA 的标准模式是 800×600，新型显示器分辨率可达 1280×1024、1600×1200 等。

（7）AVGA：加速 VGA，在显示卡中增加硬件以支持 Windows 加速，这是当前大多数 PC 机采用的显示适配器标准。

【例 13.5】简述 LED 显示器的基本结构与工作原理。

【解答】常用的是七段 LED 显示器，由七条发光线组成，按"日"字形排列，每一段都是一个发光二极管，这七段发光管分别称为 a、b、c、d、e、f、g，有的还带有小数点，组合后可显示 0～9 共 10 个数字和 A～F 等 16 个字母。

各个 LED 可按共阴极和共阳极连接，共阴极 LED 的发光二极管阴极共地，当某个二极管的阳极为高电平时，该发光二极管点亮；共阳极 LED 的发光二极管阳极并接。由于共阴极一般比共阳极亮，所以大多数场合使用共阴极方式。

【例 13.6】简述 LED 两种显示方式各自的特点。

【解析】LED 显示器有静态显示和动态显示两种方式。其特点如下：

（1）LED 静态显示方式。LED 共阴极方式下的阴极连在一起接地，用"1"选通被显示的段；共阳极方式下所有阳极连在一起接+5V 电压，用"0"选通显示的数码段。LED 段选线每一位由一个 8 位输出口控制段选码，在同一时间里每一位显示的字符可以各不相同。N 位静态显示器要求有 N×8 根 I/O 口线。

（2）LED 动态显示方式。多位 LED 显示时，为了简化电路、降低成本，将所有位的段选线并联在一起，由一个 8 位 I/O 端口控制，而共阴极或共阳极点分别由相应的 I/O 端口线控制。

【例 13.7】设一台 PC 机的显示器分辨率为 1024×768，可显示 65536 种颜色，问显示卡上的显示存储器的容量是（　　）。

　　A．0.5MB　　　　　B．1MB　　　　　C．1.5MB　　　　　D．2MB

【解析】在显示器中，65536 种颜色对应的颜色寄存器位数是 16 位（2^{16}=65536），因此，显示存储器的容量应为（1024×768×16）/8=1536KB=1.5MB。

所以，本题的正确答案应选择 C。

【例 13.8】一台显示器工作在字符方式，每屏可以显示 80 列×25 行字符。至少需要的显示存储器 VRAM 的容量为（　　）。

　　A．16KB　　　　　B．2KB　　　　　C．4KB　　　　　D．8KB

【解析】当显示器工作在字符方式下，显示缓存的最小容量与每一屏显示的字符数有关。字符方式下每一个显示字符对应的 ASCII 码（1 个字节）存储在 VRAM 中。因此，80 列×25 行字符对应的字节数为 80×25=2000B=2KB。

所以，本题正确答案应选择 B。

【例 13.9】常见打印机接口有哪几种工作方式？说明并行打印机有哪些接口信号，怎样与主机进行连接，信号如何传递？

【解答】计算机主机和打印机之间的数据传输既可用并行方式也可用串行方式。

并行打印机通常采用 Centronics 并行接口标准，该标准定义了 36 脚插座。而 PC/XT 的并行接口通常采用 25 脚的口型插座。

打印机与主机之间通过一根电缆线连接，电缆线的一头插座为 36 芯，与打印机相连，另一头为 25 芯，与主机并行接口相连。36 条信号线按功能可分为：8 条数据线、9 条控制和状态线，15 条地线、1 条+5V 电源线，其余 3 条不用。其中的 8 条数据线 $DATA_0 \sim DATA_7$、打印机接收数据的选通信号 $\overline{STROBE}$、打印机回送给主机的忙信号 BUSY、打印机应答信号 $\overline{ACK}$ 以及地线是打印机和主机通信的基本信号线，它们是必不可少的，其他可视实际情况加以取舍。

【例 13.10】简要论述扫描仪、数码相机、触摸屏的工作原理和应用特点。

【解答】扫描仪、数码相机、触摸屏也是目前常用的输入设备，其工作原理和应用特点简述如下：

（1）扫描仪是计算机输入图片时使用的主要设备，通过传动装置驱动扫描组件，将各类文档、相片、幻灯片、底片等稿件经过一系列的光/电转换，最终形成计算机能识别的数字信号，再由控制扫描仪操作的扫描软件读出这些数据，并重新组成数字化的图像文件，供计算机存储、显示、修改、完善。扫描仪能迅速实现大量的文字录入、计算机辅助设计、文档制作、图文数据库管理，能逼真地录入各种图像，有效地应用于传真、复印、电子邮件等工作。依靠特定软件的支持，扫描仪还可用于制作电子相册、请柬、挂历等许多个性鲜明和充满乐趣的作品。

（2）数码相机不需要胶卷，在拍摄时图像被聚焦到电荷耦合器 CCD 元件上，CCD 将图像转换成许多的像素，以二进制数字方式存储于相机的存储器中。只要将存储器与电脑连接，即可在显示器上显示所拍摄的图像，并进行加工处理或打印机输出。数码相机可将图像数字化，操作简便，能在计算机上实现对图像的平面处理；数据传输速度高，存储容量大，快捷方便。

（3）触摸屏是一种通过触摸屏幕来进行人机交互的定位输入装置。在计算机显示屏幕上安装一层或多层透明感应薄膜，或在屏幕外框四周安装感应元件，再加上接口控制电路（形成定位装置）和软件之后，就可以利用手指或笔等工具将屏幕触摸点的坐标输入给计算机。触摸屏能直接向计算机输入指令或图文消息，使信息的输入变得非常方便；且界面直观，操作简单，伸手即得。

13.3　习题解答

一、填空题

1．非编码键盘一般需要解决的问题有_____、_____、_____、_____4 个。
2．根据结构和鼠标测量位移部件类型的不同，鼠标一般分为_____、_____、_____3 类。
3．常用的键盘按键识别方法有_____和_____。
【答案】
1．①识别按键；②清除抖动；③防止串键；④产生按键编码。
2．①机械式鼠标；②光电式鼠标；③光机式鼠标。
3．①行扫描法；②行反转法。

二、单项选择题

1．PC 机的键盘向主机发送的代码是（　　）。

A．扫描码　　　　　B．ASCII 码　　　C．BCD 码　　　　　D．扩展 BCD 码

2．设一台 PC 机的显示器分辨率为 1024×768，可显示 65536 种颜色，此时显卡上的显示存储器容量是（　　）。

A．0.5MB　　　　　B．1MB　　　　　C．1.5MB　　　　　D．2MB

3．如果一台微机的显示存储器 VRAM 容量为 256KB，它能存放 80 列×25 行字符屏幕数为（　　）。

A．32　　　　　　B．64　　　　　　C．128　　　　　　D．256

【答案】1．A　　2．C　　3．C

三、判断题

1．目前计算机中使用的键盘分为编码键盘和非编码键盘。　　　　　　　　（　　）

2．触摸屏为输出设备。　　　　　　　　　　　　　　　　　　　　　　　（　　）

3．采用 USB 接口连接的打印机比采用并行接口连接的打印机速度更快。　　（　　）

4．LED 显示器的显示方式是静态显示。　　　　　　　　　　　　　　　　（　　）

【答案】1．√　　2．×　　3．×　　4．×

四、分析题

1．一个分辨率为 1024×768 的显示器，每个像素可以有 16 个灰度等级，那么相应的缓存容量应为多少？

【解答】显示器在图形方式下，显示缓存的最少容量与分辨率和颜色有关。若每个像素为 16 个灰度级，则每个像素应由 4 位表示。

所以，显示缓存的容量为 1024×768×4/8=384KB。

2．在字符型显示器上，如果可以显示 40×80 个字符，显示缓存容量至少为多少？

【解答】显示器在字符显示方式下，显示缓存的最少容量与每屏显示的字符数有关。在 40 行×80 列的情况下，显示缓存的最少容量为 40×80=3200B。

3．与 PC 键盘发生关联的是哪两类键盘中断程序？它们各自的特点是什么？

【解答】计算机系统与键盘发生联系是通过硬件中断 09H 或软件中断 16H 实现的。

硬件中断 09H 是由按键动作引发的中断，在此中断中对所有键盘进行了扫描码定义；软件中断 16H 是 BIOS 中断调用中的一个功能。

4．鼠标有哪几种常用接口？如何利用中断调用对鼠标进行初始化编程？

【解答】鼠标接口主要有串行通信口、PS/2 和新型的 USB 鼠标接口 3 种类型。

Microsoft 为鼠标提供了一个软件中断指令 INT 33H，只要加载了支持该标准的鼠标驱动程序，在应用程序中可直接调用鼠标器进行操作。INT 33H 有多种功能，可通过在 AX 中设置功能号来选择。

五、设计题

1．试设计一个键盘中断调用程序，实现从键盘输入 10 个连续字符的功能。

【解答】PC 系列键盘是由单片机扫描程序识别按键的当前位置，然后向键盘接口输出该键的扫描码。按键的识别、键值的确定以及键代码存入缓冲区等工作全部由软件完成。

如果从键盘输入 10 个连续的字符，设输入字符存入 620H 内存单元。

键盘中断调用程序设计如下：

```
        MOV   CX,10              ;设计数器初值
        MOV   SI,620H            ;取内存单元地址
 NEXT:  MOV   AH,0               ;键盘中断调用程序,输入字符
        INT   16H
        MOV   [SI],AL            ;将字符存入内存单元
        INC   SI                 ;地址加1
        LOOP  NEXT               ;循环操作10次
```

2. 设计显示器接口程序，要求显示器工作在彩色图形方式，在屏幕中央显示一个矩形方框，其背景颜色设置为绿色，矩形边框设置为黄色。

【解答】本题的参考程序设计如下：

```
 CODE    SEGMENT
         ASSUME  CS:CODE
 START:  MOV  AH,0
         MOV  AL,0DH             ;设置320×200彩色(16色)图形方式
         INT  10H
         MOV  AH,0BH
         MOV  BH,0               ;设置背景颜色为绿色
         MOV  BL,2
         INT  10H
         MOV  DX,50
         MOV  CX,80              ;行号送DX,列号送CX
         MOV  AL,0EH             ;选择颜色为黄色
         CALL LINE1              ;调LINE1,显示矩形左边框
         MOV  DX,50
         MOV  CX,240             ;修改行号,列号
         MOV  AL,0EH             ;选择颜色为黄色
         CALL LINE1              ;调LINE1,显示矩形右边框
         MOV  DX,50
         MOV  CX,81              ;置行号、列号
         MOV  AL,0EH             ;选择颜色为黄色
         CALL LINE2              ;调LINE2,显示矩形上边框
         MOV  DX,150
         MOV  CX,81
         MOV  AL,0EH             ;选择颜色为黄色
         CALL LINE2              ;调LINE2,显示矩形下边框
         MOV  AH,4CH
         INT  21H                ;否则返回DOS
 LINE1   PROC NEAR               ;画竖线子程序
 LP1:    MOV  AH,0CH             ;写点功能
         INT  10H
         INC  DX                 ;下一点行号增1
         CMP  DX,150
         JBE  LP1                ;若行号小于等于150,则转LP1继续显示
```

```
        RET
LINE1   ENDP
LINE2   PROC NEAR               ;画横线子程序
        MOV AH,0CH
LP2:    INT 10H
        INC CX                  ;下一点列号增1
        CMP CX,240
        JB  LP2                 ;若列号小于等于240,则转LP2继续显示
        RET
LINE2   ENDP
CODE    ENDS
        END START
```

第 14 章　模拟量输入/输出接口技术

- 模拟接口的基本概念
- D/A、A/D 转换器的基本结构及功能
- D/A、A/D 转换器的工作原理及特点
- D/A、A/D 转换器的初始化编程
- 模拟接口技术的应用

14.1　知识要点复习

14.1.1　模拟接口概述

1. 模拟量、数字量及其转换

实际控制系统中采用计算机加工处理的信号可以分为模拟量和数字量两种类型。为了能用计算机对模拟量进行采集、加工和输出，就需要把模拟量转换成便于计算机存储和加工的数字量（称为 A/D 转换），然后送入计算机进行处理；同样，经过计算机处理输出的是数字量，要对外部设备实现控制必须将数字量转换成模拟量（称为 D/A 转换）。

2. 模拟量输入/输出通道

把能实现 A/D 与 D/A 转换的相关器件集中做在一块接口电路板上，称为模拟量输入/输出通道。主要由传感器、A/D 转换器、信号处理部件、多路开关、采样/保持器、D/A 转换器等部件组成。

14.1.2　典型 D/A 转换器芯片

1. D/A 转换的基本概念

能将数字量转换成模拟量的集成电路称为 D/A 转换器，其输出的模拟量与参考量以及二进制数成比例。D/A 转换器就是按照一定的解码方式将数字量转换成模拟量，解码方式主要有二进制加权电阻网络型 D/A 转换器和梯形电阻网络 D/A 转换器。

2. D/A 转换的工作原理

（1）二进制加权电阻网络型 D/A 转换器。由权电阻（产生二进制权电流的电阻网络）、位切换开关（$K_1 \sim K_n$）、反馈电阻和运算放大器等组成。通常适用于 8 位数字的处理，如果二进制位数超过 8 位，会造成加权电阻阻值差别很大。对于位数较多的 D/A 转换，该方法不太适用，可以采用梯形电阻网络。

（2）梯形电阻网络 D/A 转换器。该电阻网络中仅有 R 和 2R 两种电阻，切换开关的工作原理与二进制加权电阻网络型 D/A 转换器工作原理相同。

3．D/A 转换器的主要参数

（1）绝对精度。D/A 转换器的实际输出与理论满刻度输出之间的差异，反映了 D/A 转换的总误差。

（2）相对精度。在量程范围内任意二进制数的模拟量输出与理论值输出的差值。

（3）分辨率。当输入数字量发生单位数码变化时所对应的输出模拟量的变化量。

（4）建立时间。当 D/A 转换器的输入数据发生变化后，输出模拟量达到稳定数值所需要的时间。

（5）温度系数。环境温度的变化会对 D/A 转换精度产生影响，分别用失调温度系数、增益温度系数和微分非线性温度系数来表示。这些系数的含义是当环境温度变化 1℃时该项误差的相对变化率。

（6）非线性误差。也称为线性度，是实际转换特性曲线与理想转换特性曲线之间的最大偏差。

4．DAC0832 及其应用

DAC0832 是 8 位分辨率的 D/A 转换集成芯片，其特点是与微机连接简单、转换控制方便、价格低廉等。

（1）DAC0832 内部结构。由 8 位输入锁存器、8 位 DAC 寄存器、8 位 DAC 转换器及转换控制电路构成，DAC 转换器采用梯型电阻网络。

（2）DAC0832 工作方式。DAC0832 内部有两个寄存器，能实现 3 种工作方式，即直通方式、单缓冲方式和双缓冲方式。

（3）DAC0832 输出。是电流形式输出，需要电压形式输出时必须外接运算放大器。根据输出电压的极性不同，又可分为单极性输出和双极性输出两种方式。

（4）DAC0832 芯片与微机接口电路的设计。首先按系统要求的转换分辨率和工作温度范围以及 DAC 芯片的结构和应用特性合理选择 D/A 转换器，使接口外围电路简单、使用方便；然后设计和连接接口，具有三态输入数据寄存器的 DAC 芯片可直接与 I/O 插槽上的数据总线相接，同时要为 D/A 转换器配置一个端口地址；最后配置参考电源，若 D/A 芯片无参考电源，则需外接，参考电压工作应该稳定、可靠，温度漂移要小。

（5）D/A 转换器的应用。利用 D/A 转换器的基本功能可以输出各种波形，如矩形波、梯形波、三角波和锯齿波。

14.1.3　典型 A/D 转换器芯片

1．A/D 转换器的分类及工作原理

（1）A/D 转换器的分类。按输入模拟量的极性可分为单极性和双极性；按输出数字量可分并行方式、串行方式及串/并行方式；按转换原理可分为积分型、逐次逼近型和并行转换型。

（2）逐次逼近型 A/D 转换器的组成及工作原理。主要有 D/A 转换器、逐次逼近比较寄存器、比较器、置数选择逻辑电路和控制电路等组成模块。

工作时，置数选择逻辑电路给逐次逼近比较寄存器置数，经 D/A 转换器转换成模拟量并和输入的模拟信号比较，当输入模拟电压大于或等于 D/A 转换器的输出电压时，比较器置 1，否则置 0。置数选择逻辑电路根据比较器的结果修正逐次逼近比较寄存器的数值，使所置数据转换后得到的模拟电压逐渐逼近输入电压，经过 N 次修改后，逐次逼近比较寄存器中的数值就是 A/D 转换的最终结果。

（3）逐次逼近型 A/D 转换器的主要特点。转换速度较快，转换时间在 $1\sim100\mu s$ 以内，分辨率可达 18 位，适用于高精度和高频信号的 A/D 转换；转换时间固定，不随输入信号的大小而变化；抗干扰能力不如积分型 A/D 转换器。

2. A/D 转换器的主要性能参数

（1）分辨率。反映 A/D 转换器对输入微小变化的响应能力，以输出的二进制位数或 BCD 码位数来表示。

（2）精度。采用绝对误差和相对误差表示。绝对误差等于实际转换结果与理论转换结果之差；相对误差是指任一数字量所对应的模拟输入量实际值与理论值之差。

（3）转换时间。完成一次 A/D 转换所需要的时间。

（4）温度系数。表示 A/D 转换器受环境温度影响的程度，采用环境温度变化 1℃所产生的相对转换误差表示。

（5）量程。指所能转换的模拟输入电压范围。通常单极性量程为 0～+5V，0～10V，0～20V；双极性量程为-5V～+5V，-10V～+10V。

（6）逻辑电平及方式。多数 A/D 转换器输出的数字信号与 TTL 电平兼容，以并行方式输出。

（7）工作温度范围。一般为 0～70℃，军用品为-55℃～+125℃。

3. ADC0809 转换器及其应用

ADC0809 是 8 位、8 通道逐次逼近型 A/D 转换器，单极性，量程为 0～5V，典型的转换速度为 $100\mu s$。有较高的性能价格比，适用于对精度和采样速度要求不高的场合或一般的工业控制领域。

（1）ADC0809 的结构。ADC0809 内部由 256R 电阻分压器、树状模拟开关、电压比较器、逐次逼近寄存器、逻辑控制和定时电路等组成。

（2）ADC0809 的工作原理。采用对分搜索方法逐次比较，找出最逼近于输入模拟量的数字量。电阻分压器外接正负基准电源 VREF（+）和 VREF（-），CLOCK 端外接时钟信号，A/D 转换器的启动由 START 信号控制，转换结束时控制电路将数字量送入三态输出锁存器锁存，并产生转换结束信号 EOC。三态门输出锁存器用来保存 A/D 转换结果，当输出允许信号 OE 有效时，打开三态门，输出 A/D 转换结果。

（3）ADC0809 与微机连接方式。A/D 转换芯片一般都具有数据输出、启动转换、转换结束、时钟和参考电平等引脚。ADC 芯片与主机的连接就是处理这些引脚的连接问题。

根据 A/D 转换芯片的数字输出端是否带有三态锁存缓冲器，与主机的连接可以分为图 14-1 所示的直接连接方式和图 14-2 所示的通过并行接口芯片 8255A 的连接方式。

ADC0809 与 CPU 的直接连接占用三个 I/O 端口：端口 1 用来向 ADC0809 输出模拟通道号并锁存；端口 2 用于启动转换；端口 3 读取转换后的数据结果。

系统通过并行接口芯片 8255A 连接时，可对 8 路模拟量分时进行数据采集。转换结果采用查询方式传送，除了一个传送转换结果的输入端口外，还需要传送 8 个模拟量的选择信号和 A/D 转换的状态信息。可将 8255A 的 A 口输入方式设定为方式 0，B 口的 $PB_5\sim PB_7$ 输出选择 8 路模拟量的地址选通信号，PC_1 输出 ADC0809 的控制信号，PB_0 作为启动信号。由于 ADC0809 需要脉冲启动，所以通过软件编程让 PB_0 输出一个正脉冲，EOC 信号直接接 PC_1。

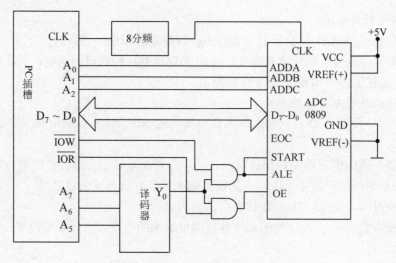

图 14-1 ADC0809 与系统的直接连接

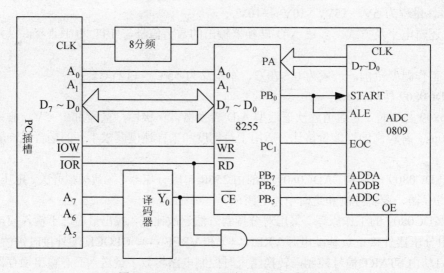

图 14-2 ADC0809 通过 8255A 与系统连接

14.2 典型例题解析

【例 14.1】模拟量输入/输出通道主要由哪些部件组成？各部件主要功能是什么？

【解析】模拟量输入/输出通道主要由传感器、A/D 转换器、信号处理部件、多路开关、采样/保持电路和 D/A 转换器组成。

各部件的主要功能简述如下：

（1）传感器用于把外部的物理量转换成电流或电压信号。

（2）A/D 转换器是输入通道的核心部件，将电压表示的模拟量转换成数字量，并送计算机进行相应的处理。

（3）信号处理部件用来放大传感器输出的信号，并通过滤波电路滤去干扰信号。

（4）多路开关用于监测或控制多个模拟量，轮流接通其中一路，使多个模拟信号共用一个 ADC 进行 A/D 转换。

（5）采样/保持电路负责在转换过程中向 A/D 转换器保持固定的输出。

（6）D/A 转换器完成数字量转换成模拟量的输出。

【例 14.2】A/D 和 D/A 转换在微机应用系统中分别起什么作用？

【解析】计算机系统实现过程控制必须采集现场参数，工业现场的参数大多以模拟数据为主，控制设备要能将采集来的模拟信号转换为数字信号送给计算机；而计算机所发出的控制信号是数字数据，要能与控制设备所需信号相匹配，也必须将数字数据转换为模拟数据。

所以，A/D 转换把从现场采集的模拟量转换成便于计算机存储和加工的数字量；D/A 转换按照一定的解码方式将计算机存储和加工的数字量转换成现场能处理的模拟量。

【例 14.3】D/A 转换基本工作原理是什么？描述 D/A 转换器性能有哪些主要参数？

【解析】D/A 转换器的模拟量输出（电流或电压）与参考量（电流或电压）以及二进制数成比例，模拟量输出和参考量及二进制数的关系可表示为：

$$X = K \times V_{REF} \times B$$

X 为模拟量输出，K 为比例常数，V_{REF} 为参考量（电压或电流），B 为待转换的二进制数，通常 B 的位数为 8 位、12 位等。

描述 D/A 转换器性能的主要参数有：绝对精度、相对精度、分辨率、建立时间、温度系数和非线性误差等。

【例 14.4】DAC0832 转换器主要特点是什么？有哪几种工作方式？每种方式适用于什么场合？

【解析】DAC0832 是 8 位分辨率的 D/A 转换集成芯片，其明显特点是与微机连接简单、转换控制方便、价格低廉等，在微机系统中得到了广泛的应用。

DAC0832 的 3 种工作方式及应用场合分析如下：

（1）双缓冲方式。数据通过两个寄存器锁存后再送入 D/A 转换电路，执行两次写操作才能完成一次 D/A 转换。这种方式适用于要求同时输出多个模拟量的场合。

（2）单缓冲方式。两个寄存器之一处于直通状态，输入数据只经过一级缓冲送入 D/A 转换电路。该方式下只需执行一次写操作，即可完成 D/A 转换，可以提高 DAC 的数据吞吐量。

（3）直通方式。两个寄存器都处于开通状态，即 $\overline{CS}$、ILE、$\overline{WR1}$、$\overline{WR2}$、$\overline{XFER}$ 都满足有效电平状态，数据直接送入 D/A 转换电路进行 D/A 转换。该方式可用于不必采用微机的控制系统中。

【例 14.5】采用直通方式，利用 DAC0832 产生锯齿波，波形范围 0～5V。试画出通过 8255A 实现该功能的电路连接图并对 8255A 初始化编程。

【解析】根据题目要求，由于采用直通方式，CPU 输出的数据可直接送到 DAC0832 的 8 位 D/A 转换器进行转换，即 DAC0832 的 8 位输入寄存器、8 位 DAC 寄存器一直处于开通状态，要求控制端 ILE 接高电平，CS、WR_1、WR_2、XFER 接地。来自 CPU 数据总线的数据必须经锁存后才能传送到 DAC0832 转换器输入端。所以，把 DAC0832 数据输入端连接到 8255A 的 A 口，连接情况如图 14-3 所示。

矩齿波的波形范围 0～5V，单极性输出。可以使矩齿波上升部分采用数据值 0 减 1 的方法，使输出数据由 00H 直接变化到 FFH；在下降时由 FFH 逐次减 1 变化到 00H。

设 8255A 芯片端口地址为 0A40H、04A2H、04A4H、04A6H，8255A 初始化程序段设计如下：

```
        MOV  DX,04A6H        ;8255 控制口地址送 DX
        MOV  AL,80H          ;设 A 口为方式 0,输出
        OUT  DX,AL
        MOV  DX,0A40H        ;8255A 口地址送 DX
        MOV  AL,00H          ;输出数据初始值
AA1:OUT  DX,AL
        DEC  AL
        JMP  AA1
```

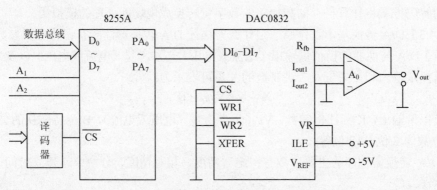

图 14-3　DAC0832 直通方式电路连接图

【例 14.6】用 DAC0832 转换器输出一个阶梯形波,说明其工作原理并设计程序段。

【解析】梯形波产生方法是持续 256 次送 0,然后逐次加 1 直到 255,再持续 256 次,接着将 255 逐次减 1 至 0,如果重复上述步骤,则输出连续的梯形波,否则,输出单一的一个梯形波。

我们假设 DAC0832 与 CPU 直接相连,DAC0832 的端口地址为 360H。

产生梯形波的程序段设计如下:

```
        MOV  DX,360H         ;端口地址为 360H
        MOV  CX,0FFH
        MOV  AL,00
DD1:OUT  DX,AL           ;D/A 送 0
        LOOP DD1             ;循环 256 次形成梯形波的下底
        MOV  CX,0FFH
DD2:INC  AL              ;循环加 1 形成梯形波的上升坡
        OUT  DX,AL           ;送 D/A
        LOOP DD2
        MOV  CX,0FFH
DD3:OUT  DX,AL           ;输出梯形波的上底
        LOOP DD3
        MOV  CX,0FFH
DD4:DEC  AL
        OUT  DX,AL           ;输出梯形波的下降坡
        LOOP DD4
```

【例 14.7】简述 A/D 转换的基本原理和主要性能参数。

【解答】以逐次逼近型 A/D 转换器为例,其基本原理为:置数选择逻辑电路给逐次逼近比较寄存器置数,经 D/A 转换器转换成模拟量并和输入模拟信号比较,当输入模拟电压大于

或等于 D/A 转换器的输出电压时，比较器置 1，否则置 0。置数选择逻辑电路根据比较器的结果修正逐次逼近比较寄存器的数值，使所置数据转换后得到的模拟电压逐渐逼近输入电压，经过 N 次修改后，逐次逼近比较寄存器中的数值就是 A/D 转换的最终结果。

主要性能参数有：

（1）分辨率。表明 ADC 对模拟输入的分辨能力，确定能被 ADC 辨别的最小模拟量变化。用二进制位数表示。

（2）转换时间。ADC 从开始转换到有效数据输出从而完成一次 A/D 转换所需时间。

（3）绝对精度。输出端产生给定的数字代码，实际需要的模拟输入值与理论上要求的模拟输入值之差。

（4）相对精度。在满度值校准之后，任一数字输出所对应的实际模拟输入值与理论值之差。

【例 14.8】ADC0809 转换器有哪些特点？其内部结构由哪几部分组成？

【解答】ADC0809 是逐次逼近型 A/D 转换器，分辨率为 8 位，具有 8 通道，数字量输出是三态的（总线型输出），可以直接与微机总线相连。ADC0809 采用单一的+5V 电源供电，外接工作时钟。时钟为 500kHz 时转换时间约为 128ms，时钟为 640kHz 时转换时间约为 100ms。允许模拟输入为单极性，无需零点和满刻度调节。

ADC0809 内部由 256R 电阻分压器、树状模拟开关（这两部分组成一个 D/A 变换器）、电压比较器、逐次逼近寄存器、逻辑控制和定时电路组成。有 8 个锁存器控制的模拟开关，可编程选择 8 个通道中的一个。ADC0809 没有片选引脚，需要外接逻辑门将 ADC0809 进行读/写的信号与端口地址组合起来实现编址。

【例 14.9】简述 ADC0809 与微机接口连接的主要工作。

【解析】根据 A/D 转换芯片数字输出端是否带有三态锁存缓冲器，与微机的连接可以分为两种方式：一种是直接相连，用于输出带有三态锁存缓冲器的 ADC 芯片；另一种是用三态锁存器或通用并行接口芯片，用于不带三态锁存缓冲器的 ADC 芯片。

ADC0809 与微机接口连接要完成的主要工作有：

（1）数据输出线的连接。ADC 芯片相当于给主机提供数据的输入设备，其数据输出端可与 8 位微处理机数据总线相连，输出端必须通过三态缓冲器连接到数据总线上。由于 A/D 转换的结果会随模拟信号变化而变化，所以，为了能够稳定输出还必须在三态缓冲器之前加上锁存器，以保持数据不变。

（2）A/D 转换的启动信号。ADC0809 芯片采用脉冲信号启动转换，只要在启动引脚加一个脉冲即可。此外，采用软件也可实现编程启动，通常是在要求启动 A/D 转换的时刻，用一个输出指令产生启动信号。还可以利用定时器产生信号，方便地实现定时启动，适合于固定延迟时间的巡回检测等应用场合。

（3）转换结束信号的处理方式。当 A/D 转换结束后，ADC 输出一个转换结束信号，通知主机 A/D 转换已经结束，可以读取结果。主机检查判断 A/D 转换是否结束的方法主要有中断方式、查询方式、延时方式和 DMA 方式。

（4）时钟的提供。时钟是决定 A/D 转换速度的基准。时钟信号可由外部提供，用单独的振荡电路产生，或用主机时钟分频得到；也可由芯片内部提供，一般采用启动信号来启动内部时钟电路。

（5）参考电压的接法。当模拟信号为单极性时，参考电压 V_{REF}（-）接地，V_{REF}（+）接正极电源；当模拟信号为双极性时，V_{REF}（+）和 V_{REF}（-）分别接电源的正、负极性端。当然也可以把双极性信号转换为单极性信号再接入 ADC。

【例 14.10】ADC 中的转换结束信号 EOC 起什么作用？

【解析】A/D 转换结束时，EOC 变为高电平，指示 A/D 转换结束。此时，数据已保存到 8 位锁存器。

EOC 信号可作为中断申请信号，通知 CPU 转换结束可以输入数据。中断服务程序所要做的是使 OE 信号变为高电平，打开三态输出，由 ADC0809 输出的数字量传送到 CPU；也可以采用查询式，CPU 执行输入指令，查询 EOC 端是否变为高电平状态，若为低电平则等待，若为高电平则向 OE 端输出一个高电平信号，打开三态门输入数据。

14.3　习题解答

一、填空题

1. 模拟量输入输出通道中输入通道的核心部件是_____，输出通道的核心部件是_____。

2. DAC0832 的 3 种工作方式包括_____、_____及_____。

3. 在实现 D/A 转换器和微机的接口中，要解决的关键问题是_____。

4. ADC0809 是 8 位、8 通道_____型 A/D 转换器。

【答案】

1. ①A/D 转换器；②D/A 转换器。

2. ①直通方式；②单缓冲方式；③双缓冲方式。

3. D/A 转换器与数据总线的连接。

4. 逐次逼近。

二、单项选择题

1. 下列不属于模拟量输入输出通道组成部件的是（　　　）。

　A. 计算机　　　　　B. 传感器　　　　C. D/A 转换器　　　D. A/D 转换器

2. 一台 PC 机的扩展槽中已插入一块 D/A 转换器模块，其口地址为 280H，执行下面程序段后，D/A 转换器输出的波形是（　　　）。

```
DAOUT:MOV  DX,280H
      MOV  AL,00H
LP:   OUT  DX,AL
      DEC  AL
      JMP  LP
```

　A. 三角波　　　　　B. 锯齿波　　　　C. 方波　　　　　D. 正弦波

【答案】1. A　　2. B

三、判断题

1. 利用 D/A 转换器可输出矩形波、梯形波、三角波和锯齿等波形。　　　　　　（　　　）

2. 从 DAC0832 可以直接得到电压信号。　　　　　　　　　　　　　　　　（　　　）

3. 12 位的 D/A 转换器精度要比 DAC0832 高。　　　　　　　　　　　　　（　　）
4. 从 ADC0809 可以得到 8 路的数字信号。　　　　　　　　　　　　　　（　　）
【答案】1. √　　2. ×　　3. √　　4. √

四、分析题

1. 举例说明高于 8 位的 D/A 转换器如何与微机进行接口连接？

【解答】当 D/A 转换器的数据线超过 8 位时，如果与 8086 的系统总线直接相连，可直接连数据总线；如果通过 8255 与 CPU 相连，可将低 8 位连 A 口，另外 4 位连 C 口或 B 口均可。

2. 怎样用一个 A/D 芯片测量多路信息？

【解答】由于计算机在某一时刻只能接收处理一路模拟量输入，为了从多个模拟量中选取其中一个进行输入，通常采用模拟多路开关实现信号的分时转换。

3. 在实际应用中，怎样合理地选择 A/D 和 D/A 转换器？

【解答】选择 D/A 转换器的方法：首先考虑 D/A 转换器的分辨率和工作温度范围是否满足系统要求，其次根据 D/A 转换芯片的结构和应用特性选择 D/A 转换器，应使接口方便，外围电路简单。

选择 A/D 转换器的方法：根据检测通道的总误差和分辨率要求，选取 A/D 转换精度和分辨率；根据被测对象的变化率及转换精度要求确定 A/D 转换器的转换速率；根据环境条件选择 A/D 芯片的环境参数；根据接口设计是否简便及价格等选取 A/D 芯片。

4. 如果一个 8 位 D/A 转换器的满量程（对应数字量 255）为 10V，分别确定模拟量为 2.0V 和 8.0V 所对应的数字量是多少？

【解答】设模拟量为 2.0V 和 8.0V 所对应的数字量分别是 X 和 Y，则可写出下列方程：

$$10/255 = 2/X = 8/Y$$

解方程得：X = 51，Y = 204。

5. 若 ADC 输入模拟电压信号的最高频率为 100KHz，采样频率的下限是多少？完成一次 A/D 转换时间的上限是多少？

【解答】根据采样定理可知，采样频率要大于等于输入频率的 2 倍，所以采样频率的下限是 2×100=200KHz。

完成一次 A/D 转换时间的上限是 1÷200KHz = 5μs。

五、设计题

1. 试编写一个 8 通道 A/D 转换器的测试程序。

【解答】假设 8 通道 A/D 转换器 ADC0809 与 CPU 扩展槽连接，ADC0809 的初始端口地址为 2F7H。

测试程序设计如下：

```
        MOV  CX,8           ;设置通道检测计数初值
        MOV  DX,2F7H        ;取 ADC0809 初始端口地址
START:OUT  DX,AL           ;启动并选择检测通道
        CALL DEALY          ;调延时子程序,跨过转换时间
        IN   AL,DX          ;读取转换结果
        ⁝                  ;对转换结果进行处理
```

```
      INC  DX                    ;设置下一个通道地址
      LOOP START                 ;循环,检测下一个
```

2．试画出 ADC0809 直接与 CPU 扩展槽的连接图，并编写采样程序。

【解答】ADC0809 的数据输出端为 8 位三态输出，数据线可直接与微机的数据线相接。但因无片选信号线，故需相关逻辑电路与之匹配。

ADC0809 直接与 CPU 扩展槽连接如图 14-4 所示。

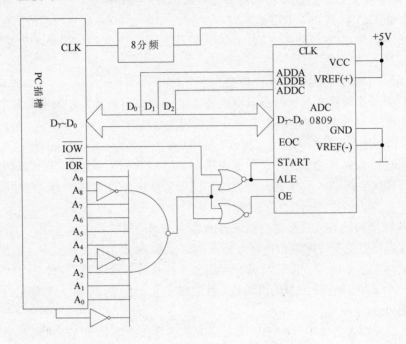

图 14-4　ADC0809 与 CPU 扩展槽连接图

设 ADC0809 的选通地址为 2F7H。

假设转换后的数据存放到 BUF 开始的内存单元中，数据采样的初始化程序如下：

```
      LEA  SI,BUF
      MOV  CX,8
      MOV  AH,00H
      MOV  DX,2F7H
ADO:  MOV  AL,AH
      OUT  DX,AL              ;启动 A/D 转换
      CALL DEALY
      IN   AL,DX
      MOV  [SI],AL
      INC  AH
      INC  SI
      LOOP ADO
      ...
```

中篇　实验指导

本篇导读

　　本篇根据课程实验教学的基本要求，重点讨论汇编语言程序上机的操作环境、程序的设计与调试运行、典型接口芯片及其应用技术实验、相关操作注意事项等知识。给出每个实验的目的、内容、步骤及要求等，供读者强化动手能力的培养和实验技能训练。书中的源程序仅供参考，读者可在理解与应用的基础上举一反三，扩展思路，不断创新。

　　通过本篇的学习，读者应达到以下要求：

- 熟悉汇编语言上机的环境及软件工具的使用。
- 掌握汇编语言源程序的建立、汇编、连接、调试及运行过程。
- 熟悉典型接口芯片的功能和初始化编程以及在实际系统中的应用。
- 培养独立进行实验操作以及分析问题、解决问题的能力。
- 在基本实验要求的基础上，开创性地进行实验设计与研究。

实验 1 汇编语言上机环境及基本操作

1.1 实验目的及要求

（1）熟悉 DOS 常用命令的功能及其应用。

（2）掌握 EDIT、MASM、LINK、DEBUG 等软件工具的特点及其操作功能。

（3）学习及掌握汇编语言源程序的书写格式和要求，明确程序中各段的功能和相互之间的关系。

（4）熟练掌握建立、汇编、连接、调试及运行汇编语言源程序的方法和技巧。

1.2 实验环境及实验步骤

1. 汇编语言程序的上机环境

硬件环境：汇编语言程序的操作对机器硬件环境没有特殊要求，计算机的硬件具备一些基本配置就可以实现。

软件环境：指用于支持汇编语言源程序的建立、调试及运行的相关软件，主要包括以下几个方面：

（1）DOS 操作系统。汇编语言程序的建立和运行要在 DOS 操作系统的支持下实现。目前常用的是 MS-DOS，要先进入 MS-DOS 命令状态，然后再开始汇编语言的上机操作。

（2）编辑程序。用来输入和建立汇编语言源程序的一种通用系统软件，汇编语言源程序的修改也在编辑状态下进行。常见的编辑程序有 EDLIN、EDIT、WORDSTAR、QE、TC 等。通常采用 MD-DOS 自带的 EDIT.COM 全屏幕编辑程序。

（3）汇编程序。有基本汇编 ASM 和宏汇编 MASM 两种，基本汇编不支持宏操作，通常选用宏汇编程序 MASM 5.0 以上版本。

（4）连接程序。汇编语言使用的连接程序是 LINK.EXE。

（5）调试程序。帮助编程者进行程序的调试及运行，通常采用动态调试程序 DEBUG.COM。

2. 进入 DOS 命令状态的方法

从 Windows 进入 DOS 命令状态，可采用以下两种方法：

（1）开始菜单→程序→附件→命令提示符→进入 DOS 命令窗口。

（2）开始菜单→运行→输入命令 cmd →进入 DOS 命令窗口。

3. DOS 常用命令及出错信息

（1）DOS 常用命令。DOS 命令分内部命令和外部命令两类，内部命令随每次启动的 COMMAND.COM 装入并常驻内存，外部命令是单独可执行文件。内部命令在任何时候都可使用，外部命令需保证命令文件在当前目录中，或在 Autoexec.bat 文件已被加载了的路径下。

DOS 常用命令汇总如表 1 所示，使用时每条命令以回车键确认。

表 1　DOS 常用命令

命令名	含义	使用格式及功能	备注
DIR	显示指定目录	DIR [盘符:][路径][文件名] [参数] 参数： /W　宽屏显示，一排显示 5 个文件名 /P　分页显示 /A　显示具有特殊属性的文件 /S　显示当前目录及其子目录下所有的文件	可显示指定路径上所有文件或目录的信息
CD	进入指定目录	CD [路径] CD\　返回到根目录 CD..　返回到上一层目录	只能进入当前盘符中的目录
MD	建立新目录	MD [盘符][路径]	在指定盘下建立新目录
RD	删除目录	RD [盘符][路径]	只能删除空目录
COPY	拷贝文件	COPY [源目录或文件] [目的目录或文件]	可指定路径进行拷贝
DEL	删除文件	DEL [盘符][路径][文件名]	删除指定文件
SYS	传递系统文件	SYS [源盘符][目的盘符]	可传递指定的盘符文件
TYPE	显示文件内容	TYPE　文件名	文件内容显示在屏幕上
REN	改变文件名	REN　文件名 1　文件名 2	文件名 1 换为文件名 2
EDIT	编辑文件	EDIT [文件名] [选项]	打开指定文件进行编辑
CLS	清除屏幕	CLS	光标定位到屏幕左上角
DATE	显示或设置日期	DATE [日期]	无选项时显示日期
TIME	显示或设置时间	TIME [时间]	无选项时显示时间
EXIT	退出 DOS	EXIT	返回 Windows

（2）DOS 命令下常见的出错信息。在 DOS 命令状态下运行时，如果键入的命令格式不符合要求或者内部运行有问题，会在屏幕上给出一个出错信息提示，操作者可根据错误提示进行相应处理。DOS 命令下常见的出错信息如表 2 所示。

表 2　DOS 命令下常见出错信息

错误信息	含义	错误信息	含义
Bad command or file name	错误命令或文件名	Invalid Drive Specification	指定的驱动器非法
Access Denied	拒绝存取	Syntax error	语法错误
Drive not ready	驱动器未准备好	Required parameter missing	缺少必要的参数
Write protect error	写保护错误	Invalid parameter	非法参数
General error	常规错误	Insufficient memory	内存不足
Abort,Retry,Ignore,Fail?	中止，重试，忽略，失败？	Divide overflow	除数为零
File not found	文件未找到	Runtime error xxx	运行时错误 xxx
Incorrect DOS version	错误的 DOS 版本	Error in EXE file	EXE 文件有错误
Invalid directory	非法目录		

4. 运行汇编语言程序的步骤

一般情况下，在计算机上运行汇编语言程序的步骤如下：

（1）用编辑程序（EDIT.COM）建立扩展名为.ASM 的汇编语言源程序文件。

（2）用汇编程序（MASM.EXE）将汇编语言源程序文件汇编成用机器码表示的目标程序文件，其扩展名为.OBJ。

（3）如在汇编过程中出现语法错误，根据错误信息提示（错误位置、错误类型、错误说明等），用编辑软件重新调入源程序进行修改。无错误时采用连接程序（LINK.EXE）把目标文件转化成可执行文件，其扩展名为.EXE。

（4）生成可执行文件后，在 DOS 命令状态下直接键入文件名就可执行该文件。

（5）若程序中没有采用 DOS 或 BIOS 中断调用实现输入输出操作，可进入 DEBUG 调试环境进行程序的检查、修改、跟踪及运行。

1.3　实验内容及应用举例

下面通过一个汇编语言源程序的实际例子，来了解汇编语言源程序的建立、汇编、连接、运行的完整过程。

给出的源程序实现的功能是从键盘输入 10 个字符，然后以与输入相反的顺序将 10 个字符输出到屏幕上。设定该源程序名为 STR.ASM。

源程序设计如下：

```
STACK SEGMENT PARA STACK 'STACK'        ;设置堆栈段
    DW  10  DUP(?)                      ;开辟 10 个字数据存储区域
STACK  ENDS
CODE  SEGMENT
    ASSUME  CS:CODE,SS:STACK
    START:MOV CX,10                     ;计数器赋初值
        MOV SP,20                       ;堆栈指针赋初值
    LP1:MOV AH,01H                      ;键盘送单个字符
        INT 21H
        MOV AH,0                        ;对 AH 寄存器清 0
        PUSH AX                         ;AX 内容压入堆栈
        LOOP LP1                        ;(CX)-1≠0 转 LP1
        MOV CX,10                       ;计数器重赋值
    LP2:POP DX                          ;堆栈内容弹出到 DX 寄存器
        MOV AH,02H                      ;显示器输出单个字符
        INT 21H
        LOOP LP2                        ;(CX)-1≠0 转 LP2
        MOV AH,4CH                      ;返回 DOS
        INT 21H
    CODE ENDS
        END START
```

1. 用 EDIT 建立汇编语言源程序

启动系统后，在 DOS 命令状态下进入 EDIT 屏幕编辑软件。

键入命令：C:\>EDIT。

当不指定具体文件名时进入 EDIT 状态，采用 Alt 键可激活命令选项，此时 EDIT 屏幕编辑软件工作窗口如图 1 所示。

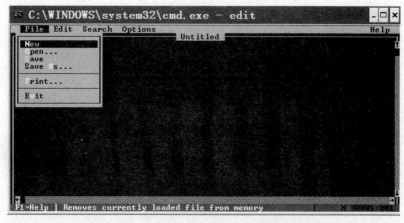
图 1　EDIT 屏幕编辑软件工作窗口

在该命令窗口下，用键盘提供的光标上下、左右移动方向键可选中指定操作命令，按回车键确认。

也可直接输入屏幕中的反白字母，进入相关操作功能。如键入"N"则建立新文件；键入"O"则打开文件；键入"S"则保存文件；键入"A"则将现有程序另存为指定的文件名；键入"X"则退出 EDIT 编辑状态，回到 DOS 命令提示符下。

本例中给出了规定的文件名，故键入命令：C:\>EDIT STR.ASM。

调出 EDIT 程序后，在编辑状态下逐条输入汇编源程序各条语句，其过程如图 2 所示。

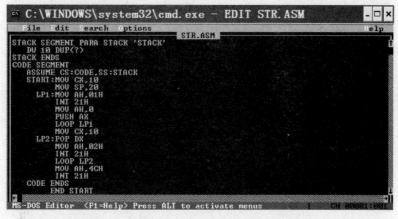
图 2　用 EDIT 建立汇编语言源程序 STR.ASM

需注意：程序输入完毕退出 EDIT 之前一定要将源程序文件存入盘中，以便进行汇编及连接，也可以再次调出源程序进行修改。

2. 用 MASM 汇编生成目标文件

STR.ASM 源程序文件建立完毕后，调用宏汇编程序 MASM 对 STR.ASM 进行汇编，生成目标文件 STR.OBJ，其过程如图 3 所示。

宏汇编程序 MASM 的主要功能有以下三点：

（1）检查源程序中存在的语法错误，并给出错误信息。

（2）源程序经汇编后没有错误，则产生目标程序文件，扩展名为.OBJ。

（3）若程序中使用了宏指令，则汇编程序将展开宏指令。

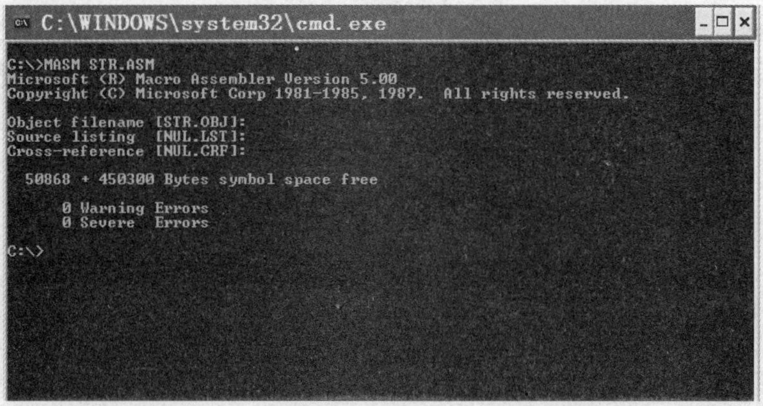

图 3　用 MASM 汇编生成目标文件 STR.OBJ

调入 MASM 进行汇编时，首先显示软件版本号，然后出现三个提示行：

第 1 个提示行询问目标程序文件名，方括号内为默认，可直接按回车，也可输入其他指定文件名。

第 2 个提示行询问是否建立列表文件，若不建立可直接回车；若要建立则输入文件名再回车。列表文件中同时列出源程序和机器语言程序清单，并给出符号表。

第 3 个提示行询问是否要建立交叉索引文件，若不建立可直接回车；若要建立则输入文件名，建立扩展名为.CRF 的文件，此时须调用 CREF.EXE 程序，操作过程如图 4 所示。

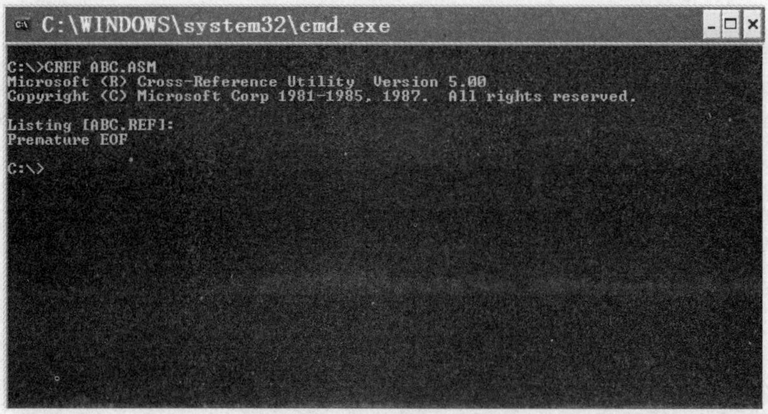

图 4　建立.CRF 交叉索引文件工作窗口

当逐条回答了上述各提示行的询问之后，汇编程序就对源程序进行汇编，汇编过程中发现源程序有语法错误时，就列出有错误的语句和错误代码。

汇编过程的错误分警告错误（Warning Errors）和严重错误（Severe Errors）两种。警告错误是指汇编程序认为的一般性错误；严重错误是指汇编程序认为无法进行正确汇编的错误。MASM 会给出错误的位置、个数、类别、原因等信息，用户可对程序加以修改再重新汇编，一直到汇编无误为止。

3．用 LINK 连接生成可执行文件

汇编完毕，程序正确，则可调用 LINK 进行连接，生成可执行文件 STR.EXE。连接过程如图 5 所示。

调入连接程序后首先显示版本号，然后出现三个提示行。

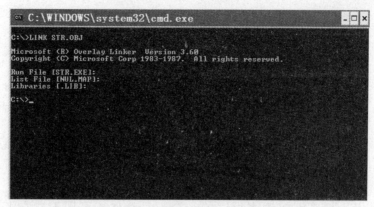

图 5　用 LINK 连接生成可执行文件 STR.EXE

　　第 1 个提示行询问要产生的可执行文件的文件名，直接键入回车，采用方括号内规定的默认文件名即可。

　　第 2 个提示行询问是否要建立连接映像文件（.MAP 文件），若不建立直接回车；若要建立则输入文件名再回车。.MAP 文件可给出每个段在存储器中的分配情况。

　　第 3 个提示行询问是否用到库文件（.LIB 文件），若无特殊需要直接键入回车即可。

　　回答上述提示以后，连接程序开始连接，如连接过程中出现错误则显示错误信息，根据提示的错误原因，要重新调入编辑程序加以修改，再重新汇编，经过连接直到没有错误为止。

　　4. 程序的运行

　　在 DOS 状态下，直接键入可执行的程序文件名 STR，然后从键盘输入 "0123456789" 十个数字，按回车键后，计算机将输入的十个数字倒序排列输出，即 "9876543210"。

　　再次键入可执行程序文件名 STR，从键盘输入 "abcdefghij" 十个小写字母，按回车键后，计算机将十个小写字母倒序排列输出，即 "jihgfedcba"。

　　再次运行 STR 文件，输入 "0123ABCD#%" 十个字符，按回车键后，计算机将输出倒序排列后的十个字符 "%#DCBA3210"。

　　该程序的运行过程及其结果如图 6 所示。由于源程序中没有加入回车换行的功能调用，故输入的十个字符与倒序输出的十个字符均在同一行上。

图 6　程序的运行状态及结果

实验 2　调试程序 DEBUG 的应用

2.1　DEBUG 简介

1．DEBUG 的功能和特点

DEBUG 是用于调试汇编语言程序的一个工具软件。可用于建立汇编语言源程序（*.ASM），并能对源程序进行汇编；还可用于程序的控制执行，跟踪运行程序的踪迹，了解程序中每条指令的执行结果以及每条指令执行完毕后各个寄存器的内容，以便检查和修改可执行程序；也可用于对接口操作和对磁盘进行读写操作等。

该程序以 DOS 外部命令程序的形式提供，文件名为 DEBUG.COM。进入 DEBUG 出现提示符"－"后，用户可通过 DEBUG 命令输入汇编语言程序，并用相应命令将其汇编成机器语言程序，然后调试并运行该程序。

使用 DEBUG 运行汇编语言程序较之使用 MASM 运行汇编语言程序有以下优点：

（1）可在计算机的最底层环境下运行。

（2）免去使用 MASM 还须熟悉文本编辑程序、MASM 程序以及 LINK 程序的麻烦，因而程序调试周期短、见效快。

（3）程序员可在不熟悉 MASM 所涉及的伪指令情况下运行汇编语言程序，为学习程序设计打下坚实的编程基础。

（4）熟悉 DEBUG 命令可为软件开发掌握调试工具。因为 DEBUG 除可运行汇编语言程序外，还可直接用来检查和修改内存单元，装入、存储及启动运行程序，检查及修改寄存器，即 DEBUG 可深入到计算机最底层，使用户更紧密地与计算机内部工作相关联。

当然，在 DEBUG 下运行汇编语言程序也受到一些限制。如 DEBUG 不宜汇编较长的程序，不便于分块程序设计，不便于形成以 DOS 外部命令形式构成的可执行文件（*.EXE 文件），不能使用浮动地址，也不能使用绝大多数 MASM 提供的伪指令等。

2．启动 DEBUG 程序

如果 DEBUG.COM 软件在 C 盘的根目录下，启动的方法是：

```
C:\>DEBUG
    －
```

这时屏幕上会出现提示符"－"，等待键入 DEBUG 命令。

3．启动 DEBUG 程序的同时装入被调试文件

命令格式如下：

```
C:\>DEBUG  [d:][PATH]filename[.EXE]
```

[d:][PATH]是被调试文件所在盘及其路径，filename 是被调试文件的文件名，[.EXE]是被调试文件的扩展名。

例如，若用户文档 SUM.EXE 可执行文件保存在 D 盘，用 DEBUG 对其进行调试的操作命令如下：

```
C:\>DEBUG  D:\SUM.EXE
```

DOS 在调用 DEBUG 程序后，由 DEBUG 把被调试文件装入内存。当被调试文件的扩展名为.COM 时，装入偏移量为 0100H 的位置；当扩展名为.EXE 时，装入偏移量为 0000H 的位置，并建立程序段前缀，为 CPU 寄存器设置初始值。

4. 退出 DEBUG

在 DEBUG 命令提示符"－"下键入"Q"命令，即可结束 DEBUG 的运行，返回 DOS 操作系统。

5. 在 DEBUG 环境下建立和汇编程序

在 DEBUG 环境下用户可直接建立汇编语言源程序，并可进行编辑修改，还可进行汇编。例如，在 DEBUG 下建立如下程序：

```
MOV DL,33H              ;字符 3 的 ASCII 码值 33H 送 DL 寄存器
MOV AH,02H              ;使用 DOS 功能调用的 02H 号功能
INT 21H                 ;进入功能调用,输出字符'3'
INT 20H                 ;调用 BIOS 中断服务,程序正常结束
```

该程序运行结果是在显示器上输出一个字符'3'。如果要输出其他字符，可改变程序中 33H 为相应字符的 ASCII 码。

程序段中涉及 DOS 和 BIOS 功能调用。由于是在 DOS 的支持下运行汇编语言程序，所以一般情况下，不能轻易使用输入/输出指令直接通过端口实现输入/输出，而必须使用 DOS 内部提供的中断服务子程序完成输入/输出操作。

DOS 功能调用要求在进入 INT 21H 调用前，先将功能调用号送 AH 寄存器，并根据功能调用号准备初始数据。INT 20H 是 BIOS 中断服务，这一软中断用来正常结束程序。

运行步骤：

（1）进入 DEBUG

设 C 盘上有 DEBUG.COM 程序，进入 DOS 环境后键入如下命令：

```
C:\>DEBUG
    －
```

在 DEBUG 提示符"－"下可键入任意 DEBUG 命令。

（2）输入程序并汇编

用"A"命令输入程序：

```
－A  0100
0844:0100   MOV DL,33
0844:0102   MOV AH,02
0844:0104   INT 21
0844:0106   INT    20
0844:0108
```

本命令是从指定地址 IP=0100H 开始输入汇编语言语句，程序输入完毕按回车键即可汇编成机器指令。

（3）运行程序

用"G"命令运行程序，可得到程序执行结果：

```
－G
3
Program terminated normally
```

（4）反汇编

如需要分析该程序段的各条指令，可用反汇编命令"U"进行操作，如本例中从 IP=0100H 开始，到 IP=0106H 结束，反汇编结果如下：

```
-U 0100,0106
0844:0100   B233              MOV DL,33
0844:0102   B402              MOV AH,02
0844:0104   CD21              INT 21
0844:0106   CD20              INT 20
```

以上程序段中，纵向有 3 个字段，第一个字段表示指令代码的逻辑地址，即 CS:IP；第二个字段是 CPU 指令的机器目标代码；第三个字段是 CPU 指令。

上述程序的输入和运行情况如图 7 所示。

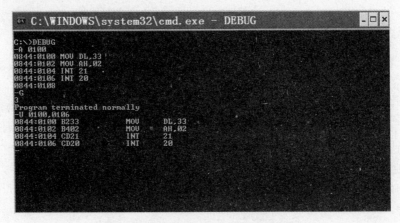

图 7   在 DEBUG 环境下建立和汇编程序

2.2   DEBUG 常用命令

DEBUG 所属命令是在命令提示符"－"下由键盘键入的。每条命令以单个字母的命令符开头，然后是命令的操作参数，操作参数之间用空格或逗号隔开，操作参数与命令符之间用空格隔开，命令的结束符是回车键 Enter。

DEBUG 命令及参数的输入可以是大/小写字母，DEBUG 状态下所用的操作数均为十六进制数，不必写后缀 H。

DEBUG 的主要命令及功能如表 3 所示。

表 3   DEBUG 的主要命令及功能

命令名	含义	使用格式	功能
D	显示存储单元命令	-D[address]	按指定地址范围显示存储单元内容
		-D[range]	按指定首地址显示存储单元内容
E	修改存储单元内容命令	-E address[list]	用指定内容表替代存储单元内容
		-E address	逐个单元修改存储单元内容
F	填写存储单元内容命令	-F range list	将指定内容填写到存储单元

续表

命令名	含义	使用格式	功能
R	检查和修改寄存器内容命令	-R	显示 CPU 内所有寄存器内容
		-R register name	显示和修改某个寄存器内容
		-RF	显示和修改标志位状态
G	运行命令	-G[=address1][address2]	按指定地址运行
T	跟踪命令	-T[=address]	逐条指令跟踪
		-T[=address][value]	多条指令跟踪
A	汇编命令	-A[address]	按指定地址开始汇编
U	反汇编命令	-U[address]	按指定地址开始反汇编
		-U[range]	按指定范围的存储单元开始反汇编
N	命名命令	-N filespecs [filespecs]	将两个文件标识符格式化
L	装入命令	-L address drive sector sector	装入磁盘上指定内容到存储器
		-L[address]	装入指定文件
W	写命令	-W address drive sector sector	把数据写入磁盘指定的扇区
		-W[address]	把数据写入指定的文件
C	比较命令	-C [range] [address]	比较两个存储块的内容
I	输入命令	-I prot address	从指定端口输入一个字节并显示
O	输出命令	-O prot address byte	向指定端口输出一个字节
S	检索命令	-S range list	从指定范围检索出列表的字符
M	传送命令	-M[range] [address]	将内存中指定数据传送到给定地址
Q	退出命令	-Q	退出 DEBUG

下面分析几个常用的 DEBUG 命令格式及功能。

1. 汇编命令 A

格式：（1）A　<段寄存器名>：<偏移地址>　；以指定段寄存器作段地址

　　　（2）A　<段地址>：<偏移地址>

　　　（3）A　<偏移地址>　　　　　　　　；以 CS 作为段地址

　　　（4）A　　　　　　　　　　　　　　；以 CS:0100 作为起始地址

功能：汇编命令"A"是将用户输入的汇编语言指令汇编为可执行的机器指令。键入该命令后显示段地址和偏移地址并等待用户从键盘逐条键入汇编语言指令。每当输入一行语句后按 Enter 键，输入的语句有效。若输入语句中有错，DEBUG 会显示"^ Error"，要求用户重新输入，直到显示下一地址时用户直接按回车键返回到提示符"－"。

2. 显示内存单元命令 D

格式：（1）D　<地址>　　　　　　　　　；以 CS 为段寄存器

　　　（2）D　<地址范围>

　　　（3）D　　　　　　　　　　　　　　；显示 CS:0100 为起始地址的一片内存单元内容

功能：该命令将显示一片内存单元的内容，左边显示行首字节的段地址:偏移地址，中间是以十六进制形式显示的指定范围的内存单元内容，右边是与十六进制数相对应字节的 ASCII

码字符，对不可见字符以' · '代替。

3．修改内存单元命令 E

格式：（1）E　<地址><单元内容>

　　　　（2）E　<地址><单元内容表>

其中<单元内容>是一个十六进制数，或是用引号括起来的字符串；<单元内容表>是以逗号分隔的十六进制数，或是用引号括起来的字符串，也可是二者的组合。

功能：

格式（1）中，将指定内容写入指定单元后显示下一地址，以代替原来的内容。可连续键入修改内容，直至新地址出现后键入回车为止。

格式（2）中，将<单元内容表>逐一写入由<地址>开始的一片单元中，该功能可以将由指定地址开始的连续内存单元中的内容，修改为单元内容表中的内容。

例如：—E　DS:0030 F8,AB,"AB"

该命令执行后，从 DS:0030 到 DS:0033 的连续 4 个存储单元的内容将被修改为 F8H、ABH、41H、42H。

4．填充内存命令 F

格式：F　<范围><单元内容表>

功能：将单元内容表中的值逐个填入指定范围，单元内容表中的内容用完可重复使用。

例如：—F 05BC:0200 L 10　B2,'XYZ',3C

该命令将由地址 05BC:0200 开始的 16 个存储单元顺序填充"B2、58、59、5A、3C、B2、58、59、5A、3C、B2、58、59、5A、3C、B2"。

5．连续执行命令 G

格式：（1）G

　　　　（2）G=<地址>

　　　　（3）G=<地址>，<断点>

其中，格式（2）、（3）中的"="是不可缺省的。

功能：以上 3 个格式中，第一个命令默认程序从 CS:IP 开始执行；第二个命令使程序从当前的指定偏移地址开始执行；第三个命令从指定地址开始执行，到断点自动停止并显示当前所有寄存器、状态标志位的内容和下一条要执行的指令。DEBUG 调试程序最多允许设置 10 个断点。

6．跟踪命令 T

格式：T　[=<地址>][<条数>]

功能：键入"T"命令后直接按 Enter 键，则默认从 CS:IP 开始执行程序，且每执行一条指令后要停下来，显示所有寄存器、状态标志位的内容和下一条要执行的指令。用户也可以指定程序开始执行的起始地址。<条数>的缺省值是一条，也可以由<条数>指定执行若干条命令后停下来。

例如：—T

该命令执行当前指令并显示所有寄存器、状态标志位的内容和下一条要执行的指令。

又如：—T 5

该命令从当前指令开始，执行 5 条指令后停下来，显示所有寄存器、状态标志位的内容和下一条要执行的指令。

7. 反汇编命令 U

格式：（1）U ＜地址＞

（2）U ＜地址范围＞

功能：反汇编命令是将机器指令翻译成符号形式的汇编语言指令。该命令将指定范围内的代码以汇编语句形式显示，同时显示地址及代码。

注意：反汇编时一定要先确认指令的起始地址，否则将得不到正确结果。地址及范围的缺省值是上次"U"命令后下一地址的值。这样可以连续反汇编。

8. 显示命令 R

格式：（1）R

（2）R ＜寄存器名＞

功能：显示当前所有寄存器内容、状态标志及将要执行的下一指令的地址（即 CS:IP）、机器指令代码及汇编语句形式。

键入该命令后将显示指定寄存器名及其内容，"："后可以键入修改内容。键入修改内容后按 Enter 键有效。若不需修改原来的内容，直接按 Enter 键即可。

状态标志寄存器 FLAG 以状态标志位的形式显示如表 4 所示。

表 4 状态标志显示形式

状态标志位	状态	显示形式
溢出标志 OF	有/无	OV/NV
方向标志 DF	减/增	DN/UP
中断标志 IF	开/关	EI/DI
符号标志 SF	负/正	NG/PL
零标志 ZF	零/非零	ZR/NZ
奇偶标志 PF	偶/奇	PE/PO
进位标志 CF	有/无	CY/NC
辅助进位标志 AF	有/无	AC/NA

9. 检索指定内存命令 S

格式：S ＜地址范围＞＜表＞

功能：在指定范围检索表中的内容，找到后显示表中元素所在的地址。

例如：－S 0100 0110 41

屏幕显示：04BA:0104

04BA:010D

表示在 0100H～0110H 之间的存储单元中，0104H 和 010DH 两个单元存放数据 41H。

又如：－S CS:0100 L 10 'AB'

表示在当前代码段位移值 0100H 至 0110H 处检索连续 3 个字节数据，内容为 41H、42H（分别对应 A、B 的 ASCII 码）的单元。

10. 比较命令 C

格式：C ＜源地址范围＞，＜目标地址＞

其中<范围>是由<起始地址>和<终止地址>指出的一片连续单元，或由<起始地址> L <长度>指定。

功能：从<源地址范围>的起始地址单元起逐个与目标起始地址以后的单元顺序比较单元的内容，直至源终止地址为止。遇有不一致时，以<源地址><源内容><目标内容><目标地址>的形式显示失配单元及内容。

11. 退出命令 Q

格式：Q

功能：退出 DEBUG 状态，返回 DOS 命令提示符下。

2.3　DEBUG 的综合应用实验

1. 实验目的

（1）熟悉 DEBUG 常用命令的使用。

（2）掌握 CPU 内部寄存器、运算结果的标志位和内存单元数据保存的状况。

（3）理解程序运行的跟踪调试过程及最终结果的表示。

2. 实验内容及要求

分别用 DEBUG 的各种命令实现对计算机内部 RAM 单元、标志位、CPU 寄存器等内容的跟踪运行，分析每条指令的功能和执行结果。

3. 利用 DEBUG 进行程序调试的过程

程序的调试分为两个阶段：一是语法校正阶段，用户经过编辑、汇编和连接后，检查和修改程序中的语法错误；二是逻辑校正阶段，用 DEBUG 控制程序的运行，检查和修改程序执行过程中的逻辑错误，从而使所设计的程序完成预定的功能。

用 DEBUG 进行程序调试和运行，可参照如下步骤进行：

（1）装入被调试文件。调用 DEBUG 调试程序，装入被调试文件。

（2）查看程序运行前各寄存器的初始值。用 R 命令查看段寄存器的初始值，了解各逻辑段的段地址和标志寄存器中各标志位状态。

（3）查看用户程序的原始数据。用 D 命令查看数据段和附加段中内存单元的原始数据。

（4）查看程序各功能段的执行过程。用断点运行方式逐段执行各程序段，了解程序段的功能、执行后结果存放位置、寄存器和内存单元的内容变化情况等。

（5）查看出错程序段的执行过程。用单步运行方式（T 命令）逐条查看出错程序段每条指令的执行过程，确定出错的位置和原因。

（6）程序调试。测试程序的执行结果，确认用户程序的正确性，防止设计性的错误。可用 E 命令修改程序数据区的数据，用 G 命令运行程序，用 R 命令和 D 命令显示各组数据的运行结果。

（7）修改程序和数据。反复查看程序运行情况，如发现有错，但仅有个别地方需要修改，可在 DEBUG 环境下利用 A 命令进行；若错误较多需要作较大的修改时，应返回编辑程序进行修改，然后再汇编、连接生成可执行文件。

（8）连续运行并保存程序。用连续运行方式查看程序执行结果是否正确，当确认程序正确后，可用 N 命令和 W 命令将正确程序存盘，退出 DEBUG 即完成程序的调试。

4. DEBUG 命令的综合应用

设计一个程序，把两个压缩 BCD 码 0102H、0304H 分别存放在寄存器 AX 和 BX 中，要求将两数进行求和运算，结果存放在内存的 0120H 和 0121H 单元。

具体操作如下：

（1）进入 DEBUG 调试程序运行环境，使用"A"命令将源程序写入内存并汇编，然后使用"G"命令执行程序，接着用"D"命令观察运算结果。

写入和执行程序的过程如图 8 所示。

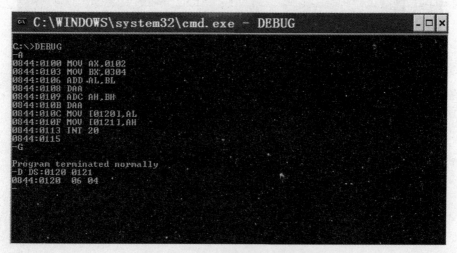

图 8　用"A"命令汇编并执行程序

从图 8 中可知，进入 DEBUG 后，出现提示符"—"，输入"A"命令，系统自动产生当前代码段的逻辑地址，即 CS:IP=0844:0100，逐条输入汇编指令，每次按回车键系统自动增加 IP 值。

全部指令输入完毕后，键入"G"命令可执行该段程序。然后用"D"命令观察程序的执行结果，选择当前的数据段寄存器 DS，结果存储的地址从 0120H 到 0121H 单元。按照低字节在前，高字节在后的顺序保存结果，即[0120H]=06H，[0121H]=04H。

（2）本段程序采用"U"命令进行反汇编，可得到每条汇编指令所对应的目标代码。

如图 9 所示，从中可见，指令的偏移地址 IP 值是按照目标代码字节数来递增的。用"D"命令可显示内存中所保存的代码段指令对应的机器代码内容。

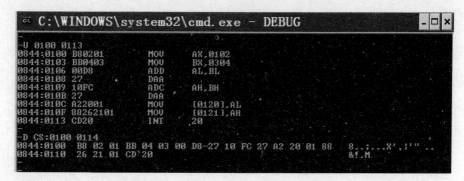

图 9　用"U"命令反汇编并显示内存所保存的指令目标代码

（3）本段程序采用"T"命令进行跟踪运行，可观察到每条指令执行后对寄存器及标志位的影响。运行结果如图 10 所示。

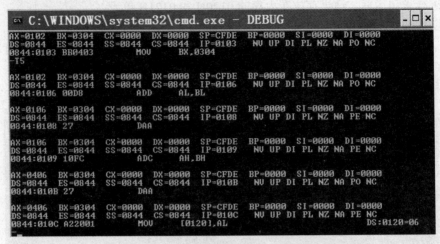

图 10 用"T"命令逐条跟踪指令的运行

实验 3　典型指令及顺序结构程序设计

3.1　实验目的

（1）熟悉 CPU 指令系统的数据传送指令、算术运算指令的功能和应用。
（2）掌握顺序结构程序设计的思路及特点。
（3）熟悉汇编源程序的建立、连接、调试及运行的基本方法。
（4）运用 DEBUG 调试程序对指令进行跟踪运行，观察结果。

3.2　实验内容及要求

（1）要求完成算术表达式 S=(X*Y+Z-10)/X 的计算。
（2）表达式中，设变量 X、Y、Z 均为无符号数。
（3）在内存开辟数据存储区域，并进行初始化。
（4）将表达式运算结果的商和余数存入内存数据区 RESULT 单元指定的区域中。
（5）采用编辑软件建立源程序，修改无误后存盘，通过汇编、连接，将其转化为.EXE 文件并用 DEBUG 程序运行，检查程序的运行结果。

3.3　编程思路

题目要求掌握算术运算类指令中的加减乘除运算原理，为实现题目的指定功能，应按照以下流程进行处理：
（1）开辟适当的内存区域保存给定数据。
（2）取出内存单元数据进行算术运算。
（3）注意乘法和除法运算的指令规定。
（4）将运算结果送内存指定单元。

3.4　实验参考程序及运行结果

根据上述分析，本题的汇编源程序设计如下：

```
DATA    SEGMENT                 ;数据段定义
    X   DB  10                  ;X 定义为字节数据,赋初值 10
    Y   DB  20                  ;Y 定义为字节数据,赋初值 20
    Z   DW  56                  ;Z 定义为字节数据,赋初值 56
    RESULT DB  2 DUP(?)         ;预置结果的保存单元,2 个字节
DATA    ENDS
CODE    SEGMENT                 ;代码段定义
```

```
        ASSUME CS:CODE,DS:DATA
    START: MOV AX,DATA            ;初始化 DS
           MOV  DS,AX
           MOV  AL,X              ;被乘数 X 取到 AL 中
           MUL  Y                 ;计算 X*Y
           MOV  BX,Z              ;取数据 Z 到 BX 中
           ADD  AX,BX             ;计算 X*Y+Z
           SUB  AX,10             ;计算 X*Y+Z-10
           DIV  X                 ;计算(X*Y+Z-10)/X
           MOV  RESULT,AL         ;送结果到内存指定单元
           MOV  RESULT+1,AH
           MOV  AH,4CH            ;返回 DOS
           INT  21H
    CODE ENDS
           END  START            ;汇编结束
```

本程序完成计算：$S=(X*Y+Z-10)/X$

$$=(10*20+56-10)/10$$

$$=246/10$$

$$=24.6$$

该程序在 DEBUG 状态下的运行结果如图 11 所示。内存的前 2 个单元保存字节数据 0AH（十进制数 10）、14H（十进制数 20），中间 2 个单元保存字数据 0038H（十进制数 56），最后 2 个单元保存表达式最终结果，即除法所得的商 18H（十进制数 24），余数 06H（十进制数 6）。

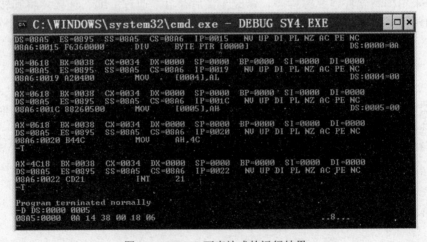

图 11　DEBUG 下表达式的运行结果

实验 4　分支结构程序设计

4.1　实验目的

（1）掌握分支结构程序设计的基本方法。
（2）掌握无符号数与带符号数比较大小时转移指令的用法和区别。
（3）熟悉典型指令的功能及其应用。

4.2　实验内容

（1）在内存数据区中定义 X、Y、Z 三个带符号的字节数据。
（2）采用比较指令和条件转移指令将其中的最大数找出。
（3）合理保存中间结果。
（4）将最终结果送指定的内存 MAX 单元中。

4.3　编程思路

该题目采用分支程序设计方法，为了实现指定功能，应从以下 3 个方面考虑：

（1）初始化数据存储区：在内存设定 3 个字节变量和 1 个 MAX 单元，分别保存 3 个字节数据和最终结果。

（2）3 个数据的比较：先将第 1 个数送到 AL 寄存器，与第 2 个数进行比较，两个数据中的大数送 AL 保存，然后再与第 3 个数进行比较，大数依然保存在 AL 中，这样两两比较后，AL 的内容就是 3 个数中的最大数，将其送到 MAX 单元中即可。

（3）程序中要确定带符号数比较大小转移时应选择哪一组条件转移指令，以满足题目要求。

4.4　实验参考程序

本实验的参考程序设计如下：

```
DATA  SEGMENT                          ;数据段定义
      X       DB   -50                 ;X 定义为字节数据,赋初值-50
      Y       DB   100                 ;Y 定义为字节数据,赋初值 100
      Z       DB   40                  ;Z 定义为字节数据,赋初值 40
      MAX     DB   ?                   ;MAX 定义为字节数据,预留空间
DATA    ENDS
CODE    SEGMENT                        ;代码段定义
    ASSUME  DS:DATA,CS:CODE
```

```
START:  MOV AX,DATA          ;初始化 DS
        MOV DS,AX
        MOV AL,X             ;取 X 到 AL 中
        CMP AL,Y             ;X 和 Y 比较
        JG  NEXT             ;如 X>Y 转 NEXT
        MOV AL,Y             ;否则 Y 取到 AL 中
        CMP AL,Z             ;Y 和 Z 比较
        JG  EXIT             ;如 Y>Z 转 EXIT
        MOV AL,Z             ;否则 Z 取到 AL 中
        JMP EXIT             ;无条件跳转至 EXIT
NEXT:   CMP AL,Z             ;X 和 Z 比较
        JG  EXIT             ;如 X>Z 转 EXIT
        MOV AL,Z             ;否则 Z 取到 AL 中
EXIT:   MOV MAX,AL           ;AL 中内容送 MAX 单元
        MOV AH,4CH           ;返回 DOS
        INT 21H
CODE    ENDS
        END START            ;汇编结束
```

实验 5　单循环结构程序设计

5.1　实验目的

（1）熟悉单循环结构程序设计的方法，注意循环的初始值设定和退出循环的条件。

（2）掌握在无符号字节整数数组中找出最大数及最小数的程序设计方法，注意数组指针的应用。

（3）熟悉典型指令的功能及其应用。

（4）掌握汇编语言中循环程序的编程方法和技巧。

5.2　实验内容

（1）在内存数据段中有一个数据存储区 BUF，该存储区中存有 10 个无符号字节数据。

（2）要求编写程序从这 10 个数据中找出最大数和最小数并送指定内存单元。

（3）注意数组中每个数据地址的变化，合理选用相关指令。

5.3　编程思路

该题目要求掌握单循环程序设计的方法。为了实现数据查找和转存，应从以下几个方面考虑：

（1）选择一种合适的算法从内存中查找数据。

（2）确定数组中数据的起始地址，采用地址指针的变化进行合理的指向。

（3）确定查找特定数据使用的指令。

（4）设定单循环结构中的初始入口、循环体、判断条件等。

（5）由于已知循环次数，可确定使用计数器，选择 LOOP 指令实现规定功能。

5.4　实验参考程序

按照上述分析，本题目的汇编源程序设计如下：

```
DATA SEGMENT
    BUF DB 10,23,2,28,100,10,37,1,45,67  ;设定 10 个原始数据
    MAX DB ?                             ;预留保存最大数单元
    MIN DB ?                             ;预留保存最小数单元
DATA ENDS
CODE SEGMENT
    ASSUME  DS:DATA,CS:CODE
START:  MOV  AX,DATA                     ;初始化 DS
```

```
            MOV   DS,AX
            MOV   SI,0                      ;内存单元地址指针清 0
            MOV   CX,10                     ;设计数器初始值
            MOV   AH,BUF[SI]                ;取第一个数分别保存 AH、AL
            MOV   AL,BUF[SI]
            DEC   CX                        ;计数器减 1
    LP:     INC   SI                        ;地址加 1
            CMP   AH,BUF[SI]                ;两数比较
            JAE   BIG                       ;大于转 BIG
            MOV   AH,BUF[SI]                ;否则,保存较大数至 AH
    BIG:    CMP   AL,BUF[SI]                ;两数比较
            JBE   NEXT                      ;小于转 NEXT
            MOV   AL,BUF[SI]                ;否则,保存较小数至 AL
    NEXT:   LOOP  LP                        ;(CX)-1≠0 转 LP
            MOV   MAX,AH                    ;保存最大数至内存单元 MAX
            MOV   MIN,AL                    ;保存最小数至内存单元 MIN
            MOV   AH,4CH                    ;返回 DOS
            INT   21H
    CODE    ENDS
            END   START                    ;汇编结束
```

实验 6　双重循环结构程序设计

6.1　实验目的

（1）掌握双重循环结构程序设计的编程技巧。

（2）掌握数组排序程序的特点和设计方法。

（3）熟悉典型指令的功能及其应用。

6.2　实验内容

（1）在内存中开辟一个首地址为 BUF 的数据存储区，该存储区中存有若干个无符号字节数据组成的数组。

（2）要求编写程序将数组中的数据按从小到大的顺序排列出来，排序后的结果仍放回原存储位置。

6.3　编程思路

利用双重循环程序设计实现数组中数据的排序，应从以下几个方面考虑：

（1）由于数组排序的方法有直接插入法、冒泡法和选择法等，可按题目要求合理选择一种排序算法。

（2）确定操作过程中使用的数据指针。

（3）确定双重循环程序的结构。

本程序采用冒泡法来设计，基本思路是：

从地址 BUF 开始的内存区中有 N 个元素组成的字节数组，将第一个存储单元中的数据与其后 N-1 个存储单元中的数据逐一进行比较，如果数据的排列次序符合要求（即第 i 个数小于第 i+1 个数）可不做任何操作；否则两数交换位置。这样经过第一轮的 N-1 次比较，N 个数据中的最小数放到了第一个存储单元中；第二轮处理时，将第二个存储单元中的数据与其后的 N-2 个存储单元中的数据逐一比较，每次比较后都把小数放到第二个存储单元中，经过 N-2 次比较后，N 个数据中的第二个小数存入了第二个存储单元；依次类推，做同样的操作，当最后两个存储单元中的数据比较完毕后，就完成了 N 个数据从小到大的排序。

6.4　实验参考程序

本实验的参考程序设计如下：

```
DATA    SEGMENT
    BUF DB 9,-1,45,27,-10,0,7,-5,100,5,10,-3,1,50,-9,3 ;定义数据
```

```
        CN  EQU  $-BUF                        ;设数据计数指针
    DATA  ENDS
    CODE  SEGMENT
        ASSUME  CS:CODE,DS:DATA
    START:  MOV AX,DATA                       ;初始化 DS
            MOV  DS,AX
            MOV  SI,0                         ;寄存器 SI 清 0
            MOV  CX,CN-1                      ;外循环次数送 CX
    LP1:    MOV  DI,SI                        ;地址转换
            INC  DI                           ;地址加 1
            PUSH CX                           ;循环计数值入栈
            MOV  AL,BUF[SI]                   ;从内存单元取数
    LP2:    CMP  AL,BUF[DI]                   ;两数比较
            JLE  NEXT                         ;结果小于转 NEXT
            XCHG AL,BUF[DI]                   ;两数交换位置
            MOV  BUF[SI],AL
    NEXT:   INC  DI                           ;地址加 1
            LOOP LP2                          ;内循环控制
            INC  SI                           ;地址加 1
            POP  CX                           ;计数器恢复原值
            LOOP LP1                          ;外循环控制
            MOV  AH,4CH                       ;返回 DOS
            INT  21H
    CODE  ENDS
            END  START                        ;汇编结束
```

实验 7　子程序设计

7.1　实验目的

（1）掌握子程序设计的基本方法。
（2）通过设计和调试给定程序，进一步掌握汇编语言程序设计的步骤和设计技巧。
（3）熟悉子程序调用指令的功能及应用。

7.2　实验内容及要求

（1）给定两个多精度的十进制数，实现相加功能。
（2）要求被加数和加数均以组合 BCD 码形式各自存放在以 DATA1 和 DATA2 为首的连续 5 个内存单元中，结果送回被加数单元。
（3）分别编制、汇编、连接、运行不同结构与功能的汇编语言源程序，并在机器上进行调试，对程序完成的功能进行分析，观察运行结果。

7.3　编程思路

为了实现题目指定的功能，应从以下 4 个方面考虑：
（1）组织数据时，按照高位数据在高地址，低位数据在低地址的原则进行。
（2）要完成多精度字节数据相加，最低位字节要用 ADD 指令，而其他高位字节则要用 ADC 指令。
（3）因为被加数和加数都以 BCD 码表示，所以在加法指令之后要有调整指令 DAA。
（4）设定两个子程序：DISPL 子程序用于显示连续多个字节的组合 BCD 数，为了显示方便，定义宏指令 CRLF 实现回车换行处理；ADDA 子程序用于多精度组合 BCD 数的加法运算。

7.4　实验参考程序

本实验的参考程序设计如下：
```
CRLF    MACRO                           ;定义宏指令,实现回车换行
        MOV DL,0DH                      ;回车 CR 的 ASCII 码
        MOV AH,02H
        INT 21H
        MOV DL,0AH                      ;换行 LF 的 ASCII 码
        INT 21H
ENDM
```

```
        DATA    SEGMENT
                DATA1 DB  37H,49H,53H,19H,46H    ;定义多字节十进制被加数
                DATA2 DB  90H,87H,49H,31H,25H    ;定义多字节十进制加数
        DATA    ENDS
        CODE    SEGMENT
                ASSUME  CS:CODE,DS:DATA
        START:  MOV AX,DATA                      ;初始化 DS
                MOV DS,AX
                MOV SI,OFFSET DATA1              ;SI 指向被加数首单元
                MOV BX,5                         ;元素个数送 BX
                CALL DISPL                       ;调显示子程序
                CRLF                             ;回车换行
                MOV SI,OFFSET DATA2              ;SI 指向加数首单元
                MOV BX,5                         ;元素个数送 BX
                CALL DISPL                       ;调显示子程序
                CRLF                             ;回车换行
                MOV SI,OFFSET DATA1              ;SI 指向被加数首单元
                MOV DI,OFFSET DATA2              ;DI 指向加数首单元
                MOV CX,5                         ;元素个数送 CX
                CALL ADDA                        ;调加法子程序
                MOV SI,OFFSET DATA1              ;SI 指向结果首单元
                MOV BX,5                         ;元素个数送 BX
                CALL DISPL                       ;调显示子程序
                CRLF                             ;回车换行
                MOV AH,4CH
                INT 21H                          ;程序结束
        ;子程序名:DISPL;显示连续多个字节的组合 BCD 数
        ;入口参数:SI 指向数据串首单元,BX 中存放字节数
        DISPL   PROC NEAR
                ADD SI,BX
                DEC SI                           ;SI 指向组合 BCD 数末单元
        DS1:    MOV DH,[SI]                      ;取一个字节送 DH
                MOV DL,DH                        ;DH 中内容暂存到 DL 中
                MOV CL,4                         ;CL 中送入移位次数
                SHR DL,CL                        ;DL 中内容右移 4 位
                OR  DL,30H                       ;加 30H 转换为 ASCII 码
                MOV AH,02H
                INT 21H                          ;显示该数字
                MOV DL,DH
                AND DL,0FH                       ;保留 BCD 码低 4 位
                OR  DL,30H                       ;加 30H 转换为 ASCII 码
                INT 21H                          ;显示该数字
                DEC SI                           ;调整指针
                DEC BX                           ;循环次数减 1
                JNZ DS1                          ;不为 0 转 DS1
                RET                              ;否则返回
        DISPL   ENDP
        ;子程序名:ADDA;多精度组合 BCD 数加法
```

```
;入口参数:SI 指向被加数首单元,DI 指向加数首单元,CX 送字节数
ADDA      PROC NEAR
          CLC                               ;清 CF
AD1:      MOV AL,[SI]                       ;取被加数
          ADC AL,[DI]                       ;与加数相加
          DAA                               ;组合 BCD 数加法调整
          MOV [SI],AL                       ;结果送被加数位置
          INC SI
          INC DI                            ;指针调整
          LOOP AD1                          ;(CX)-1≠0 转 AD1
          RET                               ;否则返回
ADDA      ENDP
CODE      ENDS
          END START
```

实验 8　键盘中断调用程序设计

8.1　实验目的

（1）掌握 DOS 系统功能调用 INT 21H 中 01H 和 09H 号的功能及应用。

（2）熟悉大小写字母在计算机内的表示方法，注意两者之间的转换。

（3）掌握键盘中断调用程序的编程方法。

8.2　实验内容及要求

（1）程序中可实现从键盘接收输入的小写字母。

（2）将键盘输入的小写字母转换为大写字母，存放到内存输入缓冲区中。

（3）遇到回车符时表示本次输入结束。

（4）用 Ctrl+C 表示程序运行结束。

8.3　编程思路

该题目要求将输入的小写字母转换为大写字母，以回车表示本次输入结束，然后继续下一个字符串的输入，以 Ctrl+C 结束程序的运行。

编程思路为：

（1）通过 DOS 系统功能调用 INT 21H 的 01H 号功能接收的是相应按键的 ASCII 码，首先需判断输入的字符是否为 Ctrl+C，若是则结束程序。

（2）若不是 Ctrl+C，接着判断是否为回车键，若是回车键则转下一个字符串的输入。

（3）若不是回车键，则判断输入的字符是否为小写字母，若是则转换为大写字母，然后把字符存入字符缓冲区，准备接收下一个字符。

（4）程序结束前显示转换后的结果。

8.4　实验参考程序

本实验的参考程序设计如下：

```
CRLF    MACRO                       ;定义实现回车换行的宏指令
        MOV DL,0AH
        MOV AH,02H
        INT 21H
        MOV DL,0DH
        INT 21H
        ENDM
```

```
DATA    SEGMENT
        BUF DB 80 DUP(?)                ;定义输入字符缓冲区
DATA    ENDS
CODE    SEGMENT
        ASSUME  DS:DATA,ES:DATA,CS:CODE
START:  MOV AX,DATA                     ;初始化 DS
        MOV DS,AX
        MOV ES,AX
        MOV BX,OFFSET  BUF              ;BX 指向字符缓冲区首单元
LP:     MOV SI,0                        ;SI 中送偏移量 0
LP1:    MOV AH,01H                      ;接收键盘输入的按键
        INT 21H
        CMP AL,03H
        JZ  EXIT                        ;若是 Ctrl+C,则转程序结束位置
        CMP AL,0DH
        JZ  NEXT1                       ;若是回车键,则转 NEXT1
        CMP AL,61H
        JB  NEXT
        CMP AL,7AH
        JA  NEXT                        ;接收按键不是小写字母转 NEXT
        SUB AL,20H                      ;否则按键 ASCII 码减 20H
NEXT:   MOV [BX+SI],AL                  ;AL 中内容送字符缓冲区
        INC SI                          ;指针调整
        JMP LP1                         ;转 LP1 处接收下一个字符
NEXT1:  MOV [BX+SI],AL
        MOV AL,0AH                      ;字符串结尾送换行符
        MOV [BX+SI+1],AL
        MOV AL,'$'                      ;送字符$
        MOV [BX+SI+2],AL
        CRLF                            ;显示回车换行
        MOV DX,BX
        MOV AH,09H
        INT 21H                         ;显示输入的字符串
        JMP LP                          ;转 LP 处接收下一个字符串
EXIT:   MOV AH,4CH                      ;返回 DOS
        INT 21H
CODE    ENDS
        END START                       ;汇编结束
```

实验 9 存储器扩展实验

9.1 实验目的

（1）采用 2732 EPROM 芯片组成 8K×16 位的 ROM 存储器系统。

（2）说明对存储器容量进行扩充的基本方法。

（3）设计存储器系统连接图，分析地址的分配情况。

9.2 实验内容及要求

（1）给定两片 2732 EPROM 组成 8K 存储器和 8086 系统总线的连接。使用时要注意 2732 EPROM 芯片是以字节宽度输出的，因此要用两片存储芯片组合才能存储 8086 的 16 位指令字。

（2）给定地址译码器、门电路、连接线等，与 2732 芯片构成存储器系统，在实验台上进行系统的连接和调试。

9.3 实验原理

（1）存储器与 8086CPU 的连接

采用两片 2732 EPROM 组成 8KB 存储器和 8086 系统总线的连接示意如图 12 所示。由于 2732 EPROM 芯片是以字节宽度输出的，因此，要用两片存储芯片组合才能存储 8086 的 16 位指令字。

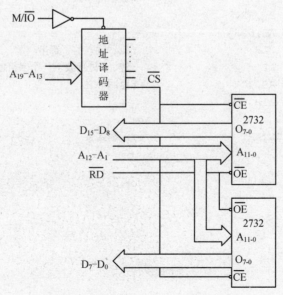

图 12   8KB×16 位的 ROM 存储器系统

（2）工作原理分析

图 12 中上面一片 2732 代表高 8 位存储体，下面一片 2732 代表低 8 位存储体。为了寻址 8KB 的存储单元共需 12 条地址线（$A_{12} \sim A_1$）。两片 2732 EPROM 在总线上是并行寻址的。其余的 8086 高位地址线（$A_{19} \sim A_{13}$）用来译码产生片选信号 $\overline{CS}$。两片 2732 的 $\overline{CE}$ 端连接到同一个片选信号。

地址线 $A_{12} \sim A_1$ 作为 8KB ROM 的片内寻址，其余的 7 根地址线（$A_{19} \sim A_{13}$）经译码器可输出 128 个片选信号线。采用全译码方式时，128 个片选信号线全部用上，可寻址 128×8KB（即 1M 字节）的存储器。

当译码地址未用满时，可留作系统扩展。图中 $M/\overline{IO}$ 信号线的作用是可以确保只有当 CPU 要求与存储器交换数据时才会选中该存储器系统。

实验 10 8259A 中断控制器实验

10.1 实验目的

（1）掌握 8259A 中断控制器的工作原理，熟练运用 8259A 的控制字。
（2）设计系统电路的连接方法，实现主、从两片 8259A 构成的硬件中断管理功能。
（3）掌握 8259A 的初始化编程方法。

10.2 实验内容及要求

（1）硬件中断管理由主、从两片 8259A 构成，主片和从片的中断请求信号均采用边沿触发，一般完全嵌套方式。
（2）设定优先权排列顺序为 IRQ_0、IRQ_1、$IRQ_8 \sim IRQ_{15}$、$IRQ_3 \sim IRQ_7$。
（3）给定主 8259A 的端口地址为 20H 和 21H，从 8259A 的端口地址为 0A0H 和 0A1H。

10.3 实验原理

本题中，硬件中断管理由主、从两片 8259A 构成，共 15 级向量中断。主 8259A 的端口地址为 20H 和 21H，从 8259A 的端口地址为 0A0H 和 0A1H。主片和从片的中断请求信号均采用边沿触发，一般完全嵌套方式，优先权排列顺序为 IRQ_0、IRQ_1、$IRQ_8 \sim IRQ_{15}$、$IRQ_3 \sim IRQ_7$。从片的中断请求 INT 输出与主片的中断请求输入端 IR_2 相连，其中 $IRQ_0 \sim IRQ_7$ 对应的中断类型号为 08H～0FH，$IRQ_8 \sim IRQ_{15}$ 对应的中断类型号为 70H～77H。

系统硬件电路设计如图 13 所示。

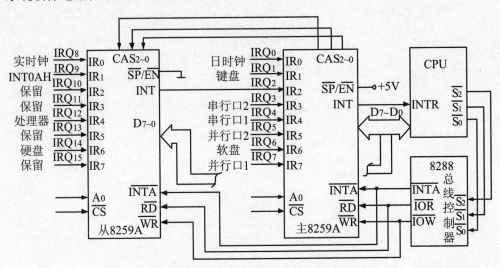

图 13 两片 8259A 硬件连接示意图

10.4　实验参考程序

对主 8259A 和从 8259A 的初始化程序如下：

```
;初始化主 8259A
MOV  AL,11H    ;ICW₁,边沿触发,设置 ICW₄,级联
OUT  20H,AL    ;写入主 8259A 端口地址 20H
MOV  AL,08H    ;ICW₂,设置中断类型号,起始中断号为 08H
OUT  21H,AL    ;写入主 8259A 端口地址 21H
MOV  AL,04H    ;ICW₃,从 8259A 的 INT 端接到主 8259A 的 IR₂
OUT  21H,AL
MOV  AL,01H    ;ICW₄,非缓冲方式,非自动中断结束,一般完全嵌套
OUT  21H,AL
;初始化从 8259A
MOV  AL,11H    ;ICW₁,设置 ICW₄,多片级联,边沿触发
OUT  0A0H,AL   ;写入从 8259A 端口地址 0A0H
MOV  AL,70H    ;ICW₂,设置从 8259A 的中断类型号,起始中断号为 70H
OUT  0A1H,AL   ;写入从 8259A 端口地址 0A1H
MOV  AL,02H    ;ICW₃,设置从 8259A 的地址,接主片的 IR₂
OUT  0A1H,AL
MOV  AL,01H    ;ICW₄,非缓冲方式,非自动中断结束,一般完全嵌套
OUT  0A1H,AL
```

实验 11 DMA 传送控制实验

11.1 实验目的

（1）掌握 DMA 传送方式的工作原理。

（2）熟悉 DMA 控制器 8237A 的编程使用方法。

（2）掌握在 PC 机环境下如何进行 DMA 方式的数据传送。

11.2 实验内容及实验原理

（1）使用 PC 机内的 DMA 控制器 8237A，形成 4 个 DMA 通道，提供数据宽度为 8 位的 DMA 传输。使用固定优先级，通道 0 优先级最高，通道 3 最低。4 个 DMA 通道的功能分配如下：

通道 0：用于动态 RAM 的刷新

通道 1：为用户保留

通道 2：用于软盘 DMA 传送

通道 3：用于硬盘 DMA 传送

（2）系统采用固定优先级，即动态 RAM 刷新的优先权最高。4 个 DMA 请求信号中，只有 $DREQ_0$ 是和系统板相连的，$DREQ_1 \sim DREQ_3$ 请求信号都接到总线扩展槽的引脚上，由对应的软盘接口板和网络接口板提供。同样，DMA 应答信号 $DACK_0$ 送往系统板，而 $DACK_1 \sim DACK_3$ 信号则送往扩展槽。

（3）在 PC 机中进行 DMA 传输时，先要对 8237A 进行编程。该例中的 8237A 对应端口地址为 0000H～000FH，在下面的程序中采用标号 DMA 来代表首地址 0000H。

11.3 实验参考程序

对 8237A 初始化及测试的参考程序段设计如下：

```
        MOV  AL,04              ;设定 4 个 DMA 请求信号
        MOV  DX,DMA+8           ;DMA+8 为控制寄存器的端口号
        OUT  DX,AL             ;输出控制命令,关闭 8237A
        MOV  AL,00
        MOV  DX,DMA+0DH         ;DMA+0DH 为主清除命令端口号
        OUT  DX,AL             ;发送主清除命令
        MOV  DX,DMA            ;DMA 为通道 0 的地址寄存器对应端口号
        MOV  CX,0004           ;设计数初值
WRITE:MOV  AL,0FFH
        OUT  DX,AL             ;写入地址低位
```

```
        OUT   DX,AL                   ;写入地址高位
        INC   DX
        INC   DX                      ;指向下一通道
        LOOP  WRITE                   ;使 4 个通道地址寄存器均为 FFFFH
        MOV   DX,DMA+0BH              ;DMA+0BH 为模式寄存器的端口
        MOV   AL,58H
        OUT   DX,AL                   ;设置通道 0:字节传送,地址加 1,自动预置
        MOV   AL,42H
        OUT   DX,AL                   ;设置通道 2 模式
        MOV   AL,43H
        OUT   DX,AL                   ;设置通道 3 模式
        MOV   DX,DMA+8                ;DMA+8 为控制寄存器的端口号
        MOV   AL,0
        OUT   DX,AL                   ;置控制命令:DACK 低电平有效,
                                      ;DREQ 高电平有效,固定优先级
        MOV   DX,DMA+0AH             ;DMA+0AH 为屏蔽寄存器的端口号
        OUT   DX,AL                   ;通道 0 去除屏蔽
        MOV   AL,01
        OUT   DX,AL                   ;通道 2 去除屏蔽
        MOV   AL,01
        OUT   DX,AL                   ;通道 1 去除屏蔽
        MOV   AL,03
        OUT   DX,AL                   ;通道 3 去除屏蔽
```

对通道 1~3 的地址寄存器的值进行测试:

```
        MOV   DX,DMA+2                ;DMA+2 为通道 1 地址寄存器端口
        MOV   CX,0003
READ:IN  AL,DX                       ;读字节低位
        MOV   AH,AL
        IN    AL,DX                   ;读字节高位
        CMP   AX,0FFFFH              ;比较读取的值和写入的值是否相等
        JNZ   STOP                    ;不等,转 STOP
        INC   DX
        INC   DX                      ;指向下一个通道
        LOOP  READ                    ;测试下一个通道
        ……                           ;后续测试
STOP:HLT                             ;出错则停机等待
```

实验 12   8253 定时器/计数器实验

12.1   实验目的

（1）采用定时器/计数器 8253 来控制一个 LED 发光二极管的点亮和熄灭，点亮 10 秒钟后再熄灭 10 秒钟，并重复上述过程。

（2）考虑系统的线路连接及 8253 的初始化编程。

12.2   实验原理

（1）在 8086 系统中，8253 的各端口地址为 81H、83H、85H 和 87H，提供时钟频率为 2MHz。

（2）当计数频率为 2MHz 时，计数器的最大计数值为 65536，所以最大定时时间为 $0.5\mu s \times 65536 = 32.768ms$，由于题目要求 20 秒的重复操作，因此，可采用两个计数器级联来解决。

（3）将 2MHz 的时钟信号直接加在 8253 的 CLK_0 输入端，并让计数器 0 工作在方式 2，选择计数初始值为 5000，则从 OUT_0 端可得到频率为 2MHz/5000＝400Hz 的脉冲，周期为 0.25ms。再将该信号连到 CLK_1 输入端，并使计数器 1 工作在方式 3 下，为了使 OUT_1 输出周期为 20 秒（频率为 1/20＝0.05Hz）的方波，应取时间常数 N_1＝400Hz/0.05＝8000。

该系统硬件连接示意如图 14 所示。

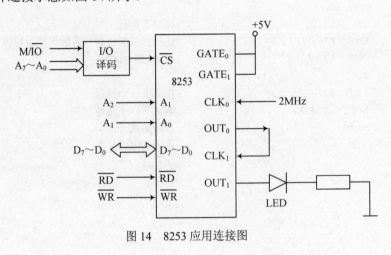

图 14   8253 应用连接图

12.3   实验参考程序

本实验对 8253 的初始化程序段设计如下：

```
MOV  AL,00110101B              ;写 8253 计数器 0 控制字,方式 2,BCD 计数
```

```
OUT   87H,AL              ;通过端口地址 87H 写入
MOV   AL,00H              ;送计数器初始值低 8 位 00H
OUT   81H,AL              ;通过端口地址 81H 写入
MOV   AL,50H              ;送计数器初始值高 8 位 50H
OUT   81H,AL              ;通过端口地址 81H 写入
MOV   AL,01110111B        ;写 8253 计数器 1 控制字,方式 3,BCD 计数
OUT   87H,AL              ;通过端口地址 87H 写入
MOV   AL,00H              ;送计数器初始值低 8 位 00H
OUT   83H,AL              ;通过端口地址 83H 写入
MOV   AL,80H              ;送计数器初始值高 8 位 80H
OUT   83H,AL              ;通过端口地址 83H 写入
```

备注：系统完整的实验程序可根据实际需求进行设计，此处略。

实验 13　利用 8255A 的并行通信实验

13.1　实验目的

（1）掌握 8255A 并行 I/O 接口芯片的编程方法。
（2）掌握通过并行 I/O 端口进行数字量输入/输出的基本方法。

13.2　实验要求

（1）在甲乙两台微机之间并行传送 1K 字节的数据。甲机发送在数据段中从 DAT1 单元开始的 1K 个字节数据，乙机接收后存放在数据段的 DAT2 开始的 1K 个字节单元中。
（2）甲机一侧的 8255A 的 A 端口采用方式 1 工作，乙机一侧的 8255A 的 A 端口采用方式 0 工作。
（3）两台微机的 CPU 与接口之间都采用查询方式交换数据。
（4）两台微机的 8255A 端口的地址都为 300H～303H。

13.3　实验原理

（1）硬件电路的连接

根据题目要求，甲机 8255A 是方式 1 发送，因此 PA 口规定为输出，发送数据，而 PC_7 和 PC_6 引脚分别固定作联络信号线 $\overline{OBF}$ 和 $\overline{ACK}$。乙机 8255A 是方式 0 接收，故把 PA 口定义为输入，接收数据，而选用引脚 PC_4 和 PC_0 作联络信号。

接口电路连接如图 15 所示。

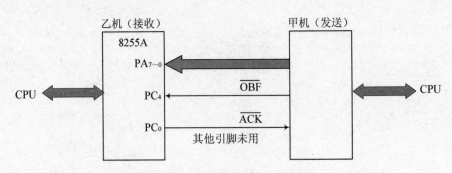

图 15　双机并行传送硬件连接示意图

（2）程序设计思路

甲机发送程序设计：初始化 PA 口为方式 1 输出，做好循环准备工作，即 BX 指向数据区 DAT1 单元，发送字节数送 CX 寄存器；向 A 口发送一个字节，并修改内存地址和计数器的值；

检测 PC_3 是否有效（为高电平 1），否则继续检测；$PC_3=1$ 时向 A 口发送下一个字节；然后修改地址指针和计数器值；当计数器为 0 时退出，否则继续传送。

乙机接收程序设计：初始化 PA 口为方式 0 输入，$\overline{ACK}=1$（$PC_0=1$）；做好循环准备工作，即 BX 指向数据区 DAT2 单元，发送字节数送 CX 寄存器；检测信号 $\overline{OBF}$ 是否有效（即 $PC_4=0$ 否），无效时继续检测；当 $PC_4=0$ 后，从 A 口接收数据送到内存中；然后发出应答信号 $\overline{ACK}$（PC_0 由 0→1），修改地址指针和计数器值；直到计数器为 0 时退出，否则继续传送。

13.4　实验参考程序

本实验中甲机的发送程序设计如下：

```
DATA  SEGMENT
    DAT1  DB  41H,43H,12H,0AH……       ;定义 1K 个字节数据
DATA  ENDS
CODE  SEGMENT
    ASSUME  CS:CODE,DS:DATA
START:  MOV  AX,DATA
        MOV  DS,AX
        MOV  DX,303H                  ;取 8255A 控制寄存器端口地址
        MOV  AL,10100000B             ;控制字内容送 AL
        OUT  DX,AL                    ;写控制字寄存器
        MOV  AL,0DH                   ;PC₆ 置 1
        OUT  DX,AL
        MOV  BX,OFFSET DAT1           ;BX 指向数据首单元
        MOV  CX,1024                  ;传输字节数送 CX
        MOV  DX,300H                  ;向 A 口写第一个数
        OUT  DX,AL
        INC  BX                       ;指针调整
        DEC  CX                       ;计数器减 1
LP:     MOV  DX,302H                  ;C 口地址送 DX
        IN   AL,DX                    ;读 C 口内容
        AND  AL,08H                   ;检测 INTR=1?
        JZ   LP                       ;不为 1,数据未取走,继续等待
        MOV  DX,300H                  ;否则发送下一个数据
        MOV  AL,[BX]
        OUT  DX,AL
        INC  BX                       ;调整地址指针
        DEC  CX                       ;计数器减 1
        JNZ  LP                       ;不为 0 继续发送下一个字节数据
        MOV  AH,4CH
        INT  21H                      ;否则退出程序
CODE  ENDS
      END  START
```

本实验中乙机的接收程序设计如下：

```
DATA  SEGMENT
    DAT2  DB  1024 DUP(?)             ;定义 1K 个字节单元为输入缓冲区
```

```
        DATA  ENDS
        CODE  SEGMENT
              ASSUME  CS:CODE,DS:DATA
START:  MOV  AX,DATA
        MOV  DS,AX                          ;段寄存器初始化
        MOV  DX,303H                        ;取 8255A 控制寄存器端口地址
        MOV  AL,10011000B                   ;控制字内容送 AL
        OUT  DX,AL                          ;写控制字寄存器
        MOV  AL,01H
        OUT  DX,AL
        MOV  BX,OFFSET DAT2                 ;BX 指向数据的首单元
        MOV  CX,1024                        ;传输字节数送 CX
LP:     MOV  DX,302H                        ;C 口地址送 DX
        IN   AL,DX                          ;读 C 口内容
        TEST AL,10H                         ;检测甲机的 PC_4=0?
        JNZ  LP                             ;不为 0,无数据发来,继续等待
        MOV  DX,300H                        ;有数据发来,从 A 口读入数据
        IN   AL,DX
        MOV  DX,303H
        MOV  AL,00H                         ;PC_0 置 0
        OUT  DX,AL
        NOP                                 ;空操作,等待
        NOP
        NOP
        NOP
        MOV  AL,01H                         ;PC_0 置 1
        OUT  DX,AL
        INC  BX                             ;调整地址指针
        DEC  CX                             ;计数器减 1
        JNZ  LP                             ;不为 0 继续接收下一个字节数据
        MOV  AH,4CH
        INT  21H                            ;否则退出程序
        CODE  ENDS
        END  START                          ;汇编结束
```

实验 14　双机串行通信实验

14.1　实验目的

（1）理解串行通信的基本工作原理。
（2）掌握 PC 机采用 BIOS 调用下的双机串行通信程序设计基本思路。
（3）注意串行通信传输参数的设置。

14.2　实验内容

（1）利用串行通信线将两台计算机连接起来。
（2）利用 BIOS 中断调用指令完成双机串行通信。
（3）编写实验程序，完成两台计算机间数据的相互传送。

14.3　编程思路

（1）在串行通信中，通信接口每次由 CPU 得到 8 位数据，然后通过一条线路串行发送数据，每次发送一位。在汇编语言中，PC 机串行通信的编程有 I/O 指令方式、DOS 功能调用方式和 BIOS 功能调用方式，本题中采用 BIOS 中断调用指令来实现双机串行通信。

（2）编程的关键是确定串行通信的基本方式。在实验程序中设置串行通信传输参数为：1200 波特，7 个数据位，1 个奇偶校验位，2 个停止位。

（3）两台计算机可互发数据，即在程序开始时首先检测是否有数据要接收，若没有则检测是否有键按下，若有则开始发送数据，否则重新检测。

14.4　实验参考程序

本实验的参考程序设计如下：

```
        DATA    SEGMENT
        SHOWMESS    DB      '欢迎使用本程序!',0DH,0AH
                    DB      '实现两台电脑之间的串行通信!',0DH,0AH
                    DB      ' 按"ESC" 键可退出本程序',0DH,0AH
                    DB      ' Are You Ready? $'
        DATA    ENDS
        CODE    SEGMENT
                ASSUME  CS:CODE,DS:DATA
        START:  MOV AX,DATA                 ;初始化 DS
                MOV DS,AX
                LEA DX,SHOWMESS             ;字符串有效地址装入 DX
```

```
            MOV  AH,09H                    ;DOS 功能调用,显示字符串
            INT  21H
            MOV  AH,0
            MOV  DX,1
            MOV  AL,8EH
            INT  14H                       ;初始化 COM2 口
    FORE:   MOV  AH,03H
            MOV  DX,1
            INT  14H                       ;读串口 2 的状态字
            TEST AH,01H                    ;判断数据准备好?
            JNZ  RECE                      ;如准备好转接收程序
            TEST AH,20H                    ;测试发送移位寄存器空?
            JZ   FORE                      ;不空转 FORE 继续检测
            MOV  AH,1                      ;否则输入字符
            INT  16H                       ;BIOS 键盘输入
            JZ   FORE                      ;没有按键则继续
            MOV  AH,0
            INT  16H                       ;BIOS 键盘输入
            CMP  AL,1BH                    ;是否 ESC 键
            JZ   QUIT                      ;是则退出
            MOV  AH,1
            MOV  DX,1
            INT  14H                       ;否则发送字符
            CMP  AL,0DH
            JNZ  RECE
            MOV  AH,02H                    ;若发送为回车符,则显示换行
            MOV  DL,0AH
            INT  21H                       ;DOS 中断调用
            MOV  DL,0DH
            INT  21H
    rece:   MOV  AH,3
            MOV  DX,1
            INT  14H                       ;读串口 2 的状态字
            TEST AH,01H                    ;判断数据准备好?
            JZ   FORE                      ;未准备好则转 FORE 继续检测
            MOV  AH,2
            MOV  DX,1
            INT  14H                       ;否则读入字符
            MOV  DL,AL
            AND  DL,7FH                    ;屏蔽校验位
            MOV  AH,02H
            INT  21H                       ;DOS 中断显示字符
            JMP  FORE                      ;接收方发送字符
    QUIT:   MOV  AH,4CH                    ;退出程序,返回 DOS
            INT  21H
    CODE    ENDS
            END  START                     ;汇编结束
```

实验 15　数据采集系统实验

15.1　实验目的

（1）利用 8255A、8253、ADC0809、DAC0832 等实现数据采集功能，掌握相关接口芯片与 PC 机的连接方法。

（2）掌握数据采集程序的设计方法。

（3）采用中断方式来实现数据采集和时间定时。

15.2　实验内容及要求

（1）在 PC 机扩展槽上采用中断方式进行 8 路数据采集和单通道模拟量输出的接口电路系统，每 10ms 采集 A/D 数据一次。

（2）每 100ms 将采集的 10 组数据用排队的方法取中间 5 组数据进行平均，将平均值除以 16 后从 DAC0832 中输出。

（3）画出接口电路图并进行初始化编程。

15.3　实验原理

（1）该系统要求采用 ADC0809 及 DAC0832 构建一个通用的 8 位 A/D 输入、D/A 输出的采集卡，利用 PC 微机系统的 IRQ_2 信号作为 ADC 的外部中断信号，使 ADC 的 8 个通道循环采集，每个通道采样 100 次，采集的数据存放在内存，并在屏幕上显示结果。

（2）设计中断控制位，用于控制 ADC0809 的 EOC 中断申请，CPU 写入中断口 9FH 的数据为 0（用数据总线 D_7 位控制）时，不允许 EOC 申请中断，写数据 80H 时允许 EOC 申请中断。

（3）相关的控制端口地址设计：

- ADC0809 输出允许（读数据）端口地址为 1FH；
- ADC0809 启动转换端口地址为 3FH；
- 通道地址由数据总线的低 3 位 $D_2 \sim D_0$ 编码产生，将通道选择和启动转换结合起来完成，所以口地址也为 3FH；
- DAC0832 使能地址为 5FH；
- 中断申请端口地址为 9FH；
- 地址译码功能由 74LS138 译码器和相关门电路完成。

（4）根据题目要求画出实现该系统功能的电路原理如图 16 所示。其中 DAC0832 为单极性输出，也可根据要求变换为双极性输出。

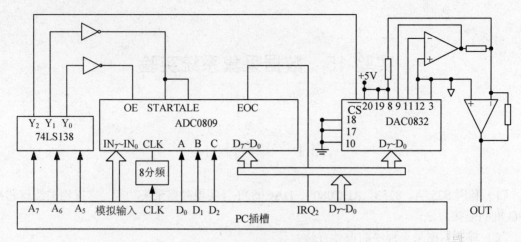

图 16　数据采集系统连接示意

15.4　实验参考程序

由于 D/A 变换程序比较简单，只需向 **5FH** 端口写一个数据就可以了，所以下面程序是为进行 A/D 变换写的数据采集程序。程序中对 8 个通道采集数据，每个通道采集数据 100 个，数据放在 BUFF 开始的存储区。

参考程序设计如下：

```
STACK    SEGMENT STACK    'STACK'          ;堆栈段定义
    DW    200   DUP(?)
STACK    ENDS
DATA     SEGMENT                           ;数据段定义
    INT0A_OFF    DW  ?                     ;保存原中断向量的偏移地址
    INT0A_SEG    DW  ?                     ;保存原中断向量的段地址
    BUFF  DB1024 DUP(0)                    ;数据缓冲区
    N=100                                  ;每个通道采集次数
    ADCS     EQU 3FH                       ;ADC 启动端口地址
    ADCD     EQU 1FH                       ;ADC 数据端口地址
    DAC      EQU 5FH                       ;DAC 启动端口地址
    INTE     EQU 9FH                       ;中断申请端口地址
DATA     ENDS
CODE     SEGMENT                           ;代码段定义
         ASSUME  DS:DATA,CS:CODE,SS:STSCK
         ADC  PROC    FAR
START:   MOV     AX,DS                     ;保护现场
         PUSH    AX
         MOV     AX,0
         PUSH    AX
         MOV     AX,DATA                   ;初始化 DS
         MOV     DS,AX
INT:     MOV     AX,350AH                  ;获取中断号为 0AH 的中断向量
         INT     21H
         MOV     INT0 A_OFF,BX             ;保存返回向量 ES、BX
```

```
            MOV BX,ES
            MOV INT0 A_SEG,BX
            CLI                              ;关中断
            MOV     AX,250AH                 ;修改 0AH 中断向量
            MOV     DX,SEG NEWINT            ;DS、DX 指向新的中断服务程序
            MOV     DS,DX
            LEA     DX,NEWINT
            INT     21H
            IN      AL,21H                   ;打开 8259A 的 IRQ₂
            AND     AL,0FBH
            OUT     21H,AL                   ;写入 OCW₁
            MOV     AL,80H                   ;允许 EOC 申请中断 (D₇=1)
            OUT     INTE,AL
            MOV     DI,OFFSET  BUFF          ;内存首地址
            MOV CL,08                        ;ADC 通道数为 8 个
BEGIN1:     MOV     DH,00                    ;开始选择通道号 0
            MOV CH,N                         ;每个通道采样次数
BEGIN:      MOV AL,DH
            MOV DX,ADCS
            OUT DX,AL                        ;启动 ADC 转换,并选择通道号
            STI                              ;开中断
            HLT                              ;等待中断
            CLI                              ;关中断
            DEC CH                           ;次数减 1
            JNZ BEGIN                        ;未完,继续
            INC DH                           ;通道号加 1
            DEC CL                           ;通道数减 1
            JNZ BEGIN1                       ;不到 8 个通道,返回
            MOV AX,250AH                     ;完成 8 个通道采集
            MOV DX,INT0 A_SEG                ;DS、DX 指向原中断向量
            MOV DS,DX
            MOV DX,INT0A_OFF
            INT 21H
            IN  AL,21H                       ;屏蔽 8259 的 IRQ₂
            OR  AL,04H
            OUT 21H,AL                       ;写入 OCW₁
            MOV AL,00H                       ;禁止 EOC 申请中断
            MOV DX,INTE
            OUT DX,AL
            MOV AH,4CH                       ;返回 DOS
            INT 21H
            RET
            ADC ENDP
            NEWINT PROC FAR                  ;中断服务程序
            MOV AX,DATA
            MOV DS,AX
            CLI                              ;关中断
            MOV DX,ADCD
```

```
            IN   AL,DX                      ;从 ADC0809 数据口读取数据
            NOP
            MOV [DI],AL                      ;保存数据
            AND AL,0F0H                      ;显示高位数据
            SHR AL,04H
            CMP AL,09H
            JA  HEX
            ADD AL,30H
            JMP NEXT
    HEX:    ADD AL,37H
    NEXT:   MOV DL,AL
            MOV AH,02H
            INT 21H
            MOV AL,[DI]
            AND AL,0FH                       ;显示低位数据
            CMP AL,09H
            JA  HEX1
            ADD AL,30H
            JMP NEXT1
    HEX1:   ADD  AL,37H
    NEXT1:  MOV  DL,AL
            MOV AH,02H                       ;DOS 显示调用
            INT 21H
            MOV DL,20H                       ;显示空格
            INT 21H
            MOV DL,20H
            MOV AH,02H
            INT 21H
            INC DI                           ;内存地址加 1
            MOV AL,62H                       ;中断结束
            OUT 20H,AL                       ;写入 OCW₂
            STI
            IRET                             ;中断返回
            NEWINT ENDP
    CODE    ENDS
            END START                        ;汇编结束
```

该程序执行完毕后所采集的 800 个数据存放在内存 BUFF 开始的数据区，同时在屏幕上显示结果。

下篇　综合实训

本篇导读

　　本篇从实际应用的角度出发，列出与课程教学内容相配套的综合实训项目，给出典型的实训题目、目的和要求，设计原理与思路，参考程序等。为培养学生综合运用所学知识解决工程实际问题的能力、分析问题和解决问题能力，以及实践操作技能奠定基础。书中的题目可以有不同的解决思路和程序结构，给出的源程序仅供大家参考。

　　通过本篇的学习，读者应达到以下要求：

- 理解综合实训题目的要求，掌握解决问题的思路和方法。
- 灵活运用程序设计的基本方法和技巧，注意程序逻辑结构的合理性。
- 培养解决和处理综合性设计类题目的能力和技能。
- 掌握复杂程序的连接、调试及运行，培养分析问题和解决问题的能力。

实训 1 随机数加法运算的程序设计

1.1 实训目的及要求

（1）由计算机随机产生两位十六进制数的加法运算表达式。

（2）用户给出十六进制数加法运算的结果。

（3）计算机自动对输入的结果进行判断，正确时计分（每小题计 10 分）。

（4）通过子程序调用，实现随机数产生并将随机数转换为十六进制表示的 ASCII 码字符。

（5）运行窗口有当前程序执行状态的提示信息。

1.2 实训原理

（1）通过宏调用对 DOS 界面清屏，显示输出主界面菜单。

（2）采用 BIOS 中断调用的 INT 1AH 指令，选择 AH=00H 读时钟计数器子程序，此时 CH:CL=时:分；DH:DL=秒:1/100，利用清除 AX 寄存器高六位再除以十进制数 101 的方法，可产生 0～100 之间的余数用作随机数。

（3）调子程序 MCAT 将随机数转换为十六进制表示的 ASCII 码字符，显示输出一个加法运算式。

（3）用户从键盘输入答案，保存在内存的 BUFF 单元中，等待机器判断。机器将正确结果保存在内存的 CC 单元中，通过比较 CC 和 BUFF 的内容来判断结果正误，并统计成绩。

（4）从键盘输入的答案由数字"0～9"和大写字母"A～F"组成，不符合要求时在屏幕上显示"输入错误，重新输入"的提示信息。

（5）系统询问是否继续答题，输入"Y"继续答题，输入"N"结束答题，统计最终成绩输出，否则显示"输入错误，重新输入"的提示信息。

1.3 典型模块功能分析

本实训程序中共用到 3 个宏调用和 4 个子程序，其功能简述如下。

1．设置 3 个宏指令

（1）INPUT 宏指令。实现从键盘输入数据或将字符显示在屏幕上。

（2）OUTPUT 宏指令。实现单个字符在屏幕上显示输出。

（3）DISPLAY 宏指令。将 TEMP（形参）首地址传递给寄存器 DX，调用 INT 21H 的 AH=09H 功能，实现字符串在屏幕上的显示输出。

2．设置 4 个子程序

（1）RAND 子程序。产生随机数，调用 INT 1AH 中的 AH=00H 功能，读时钟计数器值，产生 0～100 之间的随机数。

（2）MCAT 子程序。将随机数转换为 ASCII 码，存储到内存的 CC 单元，调用 INT 21H 的 AH=09H 功能并在屏幕上输出。

（3）CLEAR 子程序。实现清屏，调用 INT 10H 的 AH=06H 功能（屏幕初始化，CH/CL=左上角行/列号；DH/DL=右上角行/列号），调用 INT 10H 的 AH=02H 功能（设置光标位置，DH/DL=行/列号）实现清屏。

（4）CR 子程序。实现回车换行，将回车 CR 和换行 LF 分别传递给 DL 寄存器，调用 INT 21H 中的 AH=02H 功能输出回车换行。

1.4　系统操作流程

（1）通过宏调用对 DOS 界面清屏，显示输出主界面。

（2）调用子程序 RAND 产生随机数。

（3）调用子程序 MCAT 将随机数转换为十六进制数的 ASCII 码值。

（4）显示输出"+"号。

（5）调用子程序 RAND 和 MCAT，产生另一个加数。

（6）显示输出"="号。

（7）用户输入答案。

（8）将输入值与正确答案作比较，若相等输出"答题正确"，计数器加 10 分。

（9）否则，系统给出正确结果后输出"答题错误"，不加分。

（10）机器提示是否继续答题，输入"Y"继续答题，输入"N"退出。

（11）系统退出后显示本轮运算的总成绩。

1.5　参考程序

本系统的参考程序设计如下：

```
INPUT MACRO                    ;INPUT 宏指令,键盘输入数据并回显
    MOV AH,01H
    INT 21H
ENDM
OUTPUT MACRO                   ;OUTPUT 宏指令,单个字符显示输出
    MOV DL,X
    MOV AH,02H
    INT 21H
ENDM
DISPLAY MACRO TEMP             ;DISPLAY 宏指令,字符串显示输出
    MOV DX,OFFSET TEMP
    MOV AH,09H
    INT 21H
ENDM
DATA SEGMENT                   ;设定内存区域及进行数据初始化
    AA DB '+'
    BB DB '='
    CC DB 5 DUP(?)
```

```
        JJ DB 0AH,0DH,'The right answer is:$'
        GHH DB '0',0DH,0AH,'$'
        BUF DB 'Please input your answer:',0AH,0DH,'$'
        BUFF DB 20 DUP(?)
        TITLE1 DB 0AH,0DH,'Your answer is right.$'
        TITLE2 DB 0AH,0DH,'Your answer is wrong.$'
        TITLE3 DB 0AH,0DH,'Do you want to continue?(Y/N)$'
        TITLE4 DB 0AH,0DH,'Error,please input again.$'
        TITLE5 DB 0AH,0DH,'Your score is:$'
        STR1 DB 0AH,0DH,'**********************************$'
        STR2 DB 0AH,0DH,'**                              **$'
        STR3 DB 0AH,0DH,'** This is a test for the addition **$'
        STR4 DB 0AH,0DH,'**        of two hexnumber       **$'
        STR5 DB 0AH,0DH,'**                              **$'
        STR6 DB 0AH,0DH,'**********************************$'
DATA ENDS
STACK SEGMENT
        DB 200 DUP(?)
STACK ENDS
CODE SEGMENT
        ASSUME CS:CODE,DS:DATA,SS:STACK
START:CALL CLEAR                        ;调用清屏子程序
        MOV AX,DATA
        MOV DS,AX
        DISPLAY   STR1                   ;显示提示窗口信息
        DISPLAY   STR2
        DISPLAY   STR3
        DISPLAY   STR4
        DISPLAY   STR5
        DISPLAY   STR6
        CALL CR                          ;调回车换行子程序
        MOV CX,0
    Q1:PUSH CX
        MOV CX,20
        MOV DX,0
        MOV BX,0
        CALL RAND                        ;调随机数产生子程序
        CALL MCAT                        ;调随机数转换为ASCII码子程序
        MOV AX,BX
        PUSH AX
        OUTPUT AA                        ;输出 "+" 号
    CALL RAND                            ;产生随机数
        ADD BX,0FH
        CALL MCAT                        ;转换为ASCII值
        OUTPUT BB                        ;输出 "=" 号
        CALL CR                          ;输出回车换行
        DISPLAY BUF                      ;输出提示信息
        MOV CX,2
```

```
        LEA DI,BUFF
   LP:INPUT
        CMP AL,30H
        JB B1
        CMP AL,39H
        JA NEXT
   B2:  MOV [DI],AL
        INC DI
        LOOP LP
        MOV CX,20
        POP AX
        ADD AX,BX
        CMP AX,0
        JNE A1
        DISPLAY GHH
        JMP QQQ
  B1: DISPLAY TITLE4
        CALL CR
        JMP LP
NEXT:CMP AL,41H
        JB B1
        CMP AL,46H
        JA B1
        JMP B2
  A1:  MOV BX,AX
        DISPLAY JJ
        CALL MCAT
        LEA DI,BUFF
        LEA SI,CC
        MOV CH,2
  A8:  MOV CL,[DI]
        CMP [SI],CL
        JNZ BBb
        INC DI
        INC SI
        DEC CH
        CMP CH,0
        JNZ A8
        DISPLAY TITLE1
        POP CX
        INC CX
        JMP QQQ
BBb: DISPLAY  TITLE2
        POP CX
QQQ: DISPLAY TITLE3
        INPUT
        CMP AL,'N'
        JE  Q4
```

```
              CMP AL,'Y'
              JNE Q3
              CALL CR
              JMP Q1
        Q3:   DISPLAY TITLE4
              CALL CR
              JMP QQQ
        Q4:   DISPLAY TITLE5
              MOV AL,CL
              CMP AL,0
              JZ  Q5
              MOV CH,10
              MUL CH
              DIV CH
              ADD AL,30H
              ADD AH,30H
              MOV BL,AH
              OUTPUT AL
              OUTPUT BL
              JMP EXIT
        Q5:   ADD AL,30H
              OUTPUT AL
        EXIT:MOV AH,4CH
              INT 21H
        MCAT PROC                          ;将随机数转换为ASCII码的子程序
              PUSH AX
              PUSH BX
              PUSH CX
              PUSH DX
              CMP BX,9
              JA A2
              PUSH AX
              PUSH BX
              PUSH CX
              PUSH DX
              MOV AX,BX
              MOV BL,5
              DIV BL
              CMP AH,3
              JAE A3
        A3:   POP DX
              POP CX
              POP BX
              POP AX
              ADD BL,30H
              MOV CC,BL
              MOV CC+1,'$'
              DISPLAY CC
```

```
        JMP A4
A2:   MOV CL,4
      MOV AL,0
      PUSH BX
      SHL BX,CL
      CMP BH,9
      JBE SS1
      SUB BH,9
      ADD BH,40H
      JMP SS2
SS1: ADD BH,30H
SS2: MOV CC,BH
     POP BX
     AND BL,0FH
     PUSH AX
     PUSH BX
     PUSH CX
     PUSH DX
     MOV AX,BX
     MOV BL,5
     DIV BL
     CMP AH,3
     JAE A5
A5:  POP DX
     POP CX
     POP BX
     POP AX
     CMP BL,9
     JBE SS4
     SUB BL,9
     ADD BL,40H
     JMP SS3
SS4:ADD BL,30H
SS3:MOV CC+1,BL
    MOV CC+2,'$'
    DISPLAY CC
A4:POP DX
   POP CX
   POP BX
   POP AX
   RET
MCAT ENDP
RAND PROC                    ;产生随机数的子程序
   PUSH CX
   PUSH DX
   PUSH AX
   STI
   MOV AH,0
```

```
                INT 1AH
                MOV AX,DX
                AND AH,3
                MOV DL,101
                DIV DL
                MOV BL,AH
                POP AX
                POP DX
                POP CX
                RET
        RAND ENDP
        CLEAR PROC NEAR                    ;实现清屏功能的子程序
                PUSH AX
                PUSH BX
                PUSH CX
                PUSH DX
                MOV AH,06H
                MOV AL,00H
                MOV CX,0
                MOV BH,0FH
                MOV DH,18H
                MOV DL,4FH
                INT 10H
                MOV BH,0
                MOV DX,0
                MOV AH,02H
                INT 10H
                POP DX
                POP CX
                POP BX
                POP AX
                RET
        CLEAR ENDP
        CR  PROC                           ;实现回车换行功能的子程序
                PUSH AX
                PUSH DX
                MOV DL,0DH
                MOV AH,2
                INT 21H
                MOV DL,0AH
                INT 21H
                POP DX
                POP AX
                RET
        CR  ENDP
        CODE ENDS
                END START
```

实训 2　大小写字母及各类数制转换的程序设计

2.1　实训目的及要求

（1）设计一个综合性程序，可以实现字母大小写及数制之间的转换功能。

（2）选择实现大小写字母之间的转换功能。

（3）选择实现二进制数与十进制数及十六进制数之间的转换功能。要求能处理字数据（16位二进制数）的转换和显示。

（4）以菜单形式提示信息，对输入值进行判断，有选择地调用各子程序。

（5）屏幕上显示输出相应的转换结果。

2.2　各功能模块设定及原理分析

本程序采用了主-子程序结构，设定 8 个子程序来实现指定功能。各子程序功能模块的实现原理分析如下：

（1）SMALL_CAPITAL 子程序。

实现将小写字母转换为大写字母的功能。由于大小写字母之间的 ASCII 码值相差 20H，故由小写字母转化为大写字母时将 ASCII 码值减 20H 即可。再用 DOS 的 INT 21H 中的 AH=02H 功能将转换后的字符显示出来。

（2）CAPITAL_SMALL 子程序。

实现将大写字母转换为小写字母的功能。由大写字母转化为小写字母时将其 ASCII 码值加 20H 即可。再用 DOS 的 INT 21H 中的 AH=02H 功能将转换后的字符显示出来。

（3）BINHEX 子程序。

实现将二进制数转换为十六进制数的功能。用循环左移指令 ROL 每次完成 4 位移动，取出最低 4 位，利用十六进制数对应 ASCII 码值比其本身大 30H（0～9 之间）或 37H（A～Z 之间）的关系，将低 4 位转化成对应 ASCII 码，再用 DOS 的 INT 21H 中的 AH=02H 功能将转换后的字符显示出来，循环 4 次即可。

（4）HEXBIN 子程序。

实现将十六进制数转换为二进制数的功能。接收键盘输入的十六进制数，若是 0～9 之间的数值直接屏蔽高 4 位，若是 A～F 之间的数值在屏蔽高 4 位后还要加上 09H。BX 中存放结果，利用算术左移指令每次将 BX 左移 4 位，然后与下一次转换后的数相加，循环 4 次即可得到对应二进制数。用 ROL 和 RCL 指令，从最高位起循环取出每位二进制数，将其转换为对应的 ASCII 码，调用 DOS 的 INT 21H 中的 AH=02H 功能显示转换后的二进制数。

（5）DECBIN 子程序。

实现将十进制数转换为二进制数的功能。用十进制数除以 2，将余数入栈，商继续除 2，所得余数继续入栈，重复此操作直到商为 0 时作一次出栈操作，即可得到十进制数所对应的二进制数。调用 DOS 的 INT 21H 中的 AH=02H 功能显示转换后的二进制数。

（6）BINDEC 子程序。

实现将二进制数转换为十进制数的功能。将二进制数各位乘以相应的权值后累加，即可得到对应的十进制数。调用 DOS 的 INT 21H 中的 AH=02H 功能显示转换后的十进制数。

（7）HEXDEC 子程序。

实现将十六进制数转换为十进制数的功能。将十六进制数预先放到 AX 寄存器，判断 AX 中数的符号，若为负数则将负号送入输出缓冲区，并求 AX 的绝对值；若为正数不做处理，此时 AX 中为无符号数。采用 AX 除以 10 得到第一个商和第一个余数，第一个余数就是所求十进制数的个位；将第一个商除以 10，得到第二个商和第二个余数，第二个余数就是所求十进制数的十位，重复以上过程，直到循环至商为 0 时，得到的余数就是所求十进制数的最高位。再利用 DOS 功能调用输出十进制数。

（8）DECHEX 子程序。

实现将十进制数转换为十六进制数的功能。用十进制数除以 16，所得的余数在 0～9 之间时将其入栈，若为 10～15 时，用 A、B、C、D、E、F 分别代替入栈，商为 0 时出栈，即得相应的十六进制数。再利用 DOS 功能调用输出十六进制数。

2.3 系统功能架构

本系统采用模块化程序设计，将系统功能调用、子程序和宏定义等融为一体，以主-子程序方式构建系统。

程序执行后首先显示输出主界面菜单，对应主菜单中给出的提示信息，用户可进行项目选择。

选择 "1" ——小写字母转换为大写字母
选择 "2" ——大写字母转换为小写字母
选择 "3" ——二进制数转换为十六进制数
选择 "4" ——十六进制数转换为二进制数
选择 "5" ——十进制数转换为二进制数
选择 "6" ——二进制数转换为十进制数
选择 "7" ——十六进制数转换为十进制数
选择 "8" ——十进制数转换为十六进制数

确定各选项后，系统将调用相应的子程序进行处理，执行每个步骤时在屏幕上有对应的信息提示。

2.4 参考程序

根据上述分析，本题的源程序设计如下：

```
DATA  SEGMENT                              ;设置数据段并进行初始化
   MESG1 DB 'Please input a number(1,2,3,4,5,6,7,8) to select style:',0DH,0AH
      DB '1.small letter to capital letter',0DH,0AH
      DB '2.capital letter to small letter',0DH,0AH
      DB '3.bin to hex',0DH,0AH
      DB '4.hex to bin',0DH,0AH
```

```
        DB '5.dec to bin',0DH,0AH
        DB '6.bin to dec',0DH,0AH
        DB '7.hex to dec',0DH,0AH
        DB '8.dec to hex',0DH,0AH
        DB 'The number is:',0DH,0AH,'$'
        MESG2 DB 'You have input a invalid number!Please select again:',0DH,0AH,'$'
        MESG3 DB 'Please input a small letter:',0DH,0AH,'$'
        MESG4 DB 'Its capital letter is',0DH,0AH,'$'
        MESG5 DB 'Please input a capital letter:',0DH,0AH,'$'
        MESG6 DB 'Its small letter is',0DH,0AH,'$'
        MESG7 DB 'Please input a bin number:',0DH,0AH,'$'
        MESG8 DB 'Please input a dec number:',0DH,0AH,'$'
        MESG9 DB 'Please input a hex number:',0DH,0AH,'$'
        MESG10 DB 'Its bin number is',0DH,0AH,'$'
        MESG11 DB 'Its dec number is',0DH,0AH,'$'
        MESG12 DB 'Its hex number is',0DH,0AH,'$'
DATA ENDS
OUTPUT  MACRO M                        ;定义宏指令,实现字符串输出
        LEA DX,M
        MOV AH,09H
        INT 21H
ENDM
CODE SEGMENT
MAIN PROC FAR                          ;定义主程序
        ASSUME CS:CODE,DS:DATA
START:PUSH DS
        XOR AX,AX
        PUSH AX
        MOV AX,DATA
        MOV DS,AX
AGAIN:OUTPUT MESG1                     ;输出菜单窗口
REPEAT:MOV AH,01H                      ;键盘输入菜单选项
        INT 21H
        CMP AL,31H                     ;判断是否为"1"
        JE L1                          ;是则转L1
        CMP AL,32H                     ;判断是否为"2"
        JE L2                          ;是则转L2
        CMP AL,33H                     ;判断是否为"3"
        JE L3                          ;是则转L3
        CMP AL,34H                     ;判断是否为"4"
        JE L4                          ;是则转L4
        CMP AL,35H                     ;判断是否为"5"
        JE L5                          ;是则转L5
        CMP AL,36H                     ;判断是否为"6"
        JE L6                          ;是则转L6
        CMP AL,37H                     ;判断是否为"7"
        JE L7                          ;是则转L7
        CMP AL,38H                     ;判断是否为"8"
```

```
        JE L8                          ;是则转 L8
        OUTPUT MESG2
        JMP REPEAT
L1: CALL CRLF                          ;调回车换行子程序
    CALL SMALL_CAPITAL                 ;调小写字母转大写字母子程序
    CALL CRLF
    JMP AGAIN
L2: CALL CRLF
    CALL CAPITAL_SMALL                 ;调大写字母转小写字母子程序
    CALL CRLF
    JMP AGAIN
L3: CALL CRLF
    CALL BINHEX                        ;调二进制转十六进制子程序
    CALL CRLF
    JMP AGAIN
L4: CALL CRLF
    CALL HEXBIN                        ;调十六进制转二进制子程序
    CALL CRLF
    JMP AGAIN
L5: CALL CRLF
    CALL DECBIN                        ;调十进制转二进制子程序
    CALL CRLF
    JMP AGAIN
L6: CALL CRLF
    CALL BINDEC                        ;调二进制转十进制子程序
    CALL CRLF
    JMP AGAIN
L7: CALL CRLF
    CALL HEXDEC                        ;调十六进制转十进制子程序
    CALL CRLF
    JMP AGAIN
L8: CALL CRLF
    CALL DECHEX                        ;调十进制转十六进制子程序
    CALL CRLF
    JMP AGAIN
    RET
MAIN ENDP
SMALL_CAPITAL PROC NEAR                ;小写字母转大写字母子程序
        XOR AX,AX
        OUTPUT MESG3
        MOV AH,01H
        INT 21H
        MOV BL,AL
        CALL CRLF
        MOV AL,BL
        SUB AL,20H
        PUSH AX
        OUTPUT MESG4
```

```
                POP AX
                MOV DL,AL
                MOV AH,02H
                INT 21H
                RET
SMALL_CAPITAL ENDP
CAPITAL_SMALL  PROC NEAR                    ;大写字母转小写字母子程序
                XOR AX,AX
                OUTPUT MESG5
                MOV AH,01H
                INT 21H
                MOV BL,AL
                CALL CRLF
                MOV AL,BL
                ADD AL,20H
                PUSH AX
                OUTPUT  MESG6
                POP AX
                MOV DL,AL
                MOV AH,02H
                INT 21H
                RET
CAPITAL_SMALL ENDP
BINHEX PROC NEAR                            ;二进制转十六进制子程序
                XOR AX,AX
                MOV BX,AX
                OUTPUT  MESG7
                MOV SI,4
NEWCHAR1:MOV AH,01H
                INT 21H
                SUB AL,30H
                JL ROTATE1
                CMP AL,2
                JL ADD_TO1
                JMP ROTATE1
ADD_TO1:MOV CL,1
                SHL BX,CL
                MOV AH,0
                ADD BX,AX
                JMP NEWCHAR1
ROTATE1:CALL CRLF
                OUTPUT MESG12
                MOV CX,4
ROTATE1_1:PUSH CX
                MOV DL,BH
                MOV CL,4
                SHR DL,CL
                OR DL,30H
```

```
        CMP DL,'9'
        JBE PRINT1
        ADD DL,07H
PRINT1:MOV AH,02H
        INT 21H
        MOV CL,4
        ROL BX,CL
        POP CX
        LOOP ROTATE1_1
        RET
BINHEX ENDP
HEXBIN PROC NEAR                            ;十六进制转二进制子程序
        MOV BX,0
        OUTPUT MESG9
        MOV SI,16
NEWCHAR2:MOV AH,01H
        INT 21H
        SUB AL,30H
        JL ROTATE2
        CMP AL,0AHD
        JL ADD_TO2
        SUB AL,27H
        CMP AL,0AH
        JL PRINT2
        CMP AL,0AHH
        JGE PRINT2
ADD_TO2:MOV CL,4
        SHL BX,CL
        MOV AH,0
        ADD BX,AX
        JMP NEWCHAR2
ROTATE2:CALL CRLF
        OUTPUT MESG0AH
PRINT2:ROL BX,1
        MOV AL,BL
        AND AL,01H
        ADD AL,30H
        MOV DL,AL
        MOV AH,02H
        INT 21H
        DEC SI
        JNZ PRINT2
        RET
HEXBIN ENDP
DECBIN PROC NEAR                            ;十进制转二进制子程序
        OUTPUT MESG8
        MOV SI,16
        MOV BX,0
```

```
NEWCHAR3:MOV AH,01H
        INT 21H
        SUB AL,30H
        JL ROTATE3
        CMP AL,9
        JG PRINT3
        CBW
        XCHG AX,BX
        MOV CX,10
        MUL CX
        XCHG AX,BX
        ADD BX,AX
        JMP NEWCHAR3
ROTATE3:CALL CRLF
        OUTPUT MESG0AH
PRINT3:ROL BX,1
        MOV AL,BL
        AND AL,01H
        ADD AL,30H
        MOV DL,AL
        MOV AH,02H
        INT 21H
        DEC SI
        JNZ PRINT3
        RET
DECBIN ENDP
BINDEC PROC NEAR                        ;二进制转十进制子程序
        XOR AX,AX
        MOV BX,AX
        OUTPUT MESG7
NEWCHAR4:MOV AH,01H
        INT 21H
        SUB AL,30H
        JL PRINT4
        CMP AL,10
        JL ADD_TO4
        JMP PRINT4
ADD_TO4:MOV CL,1
        SHL BX,CL
        MOV AH,0
        ADD BX,AX
        JMP NEWCHAR4
PRINT4:CALL CRLF
        OUTPUT MESG11
        MOV CX,10000
        CALL DDEC
        MOV CX,1000
        CALL DDEC
```

```
            MOV CX,100
            CALL DDEC
            MOV CX,10
            CALL DDEC
            MOV CX,1
            CALL DDEC
            RET
    BINDEC ENDP
    HEXDEC PROC NEAR                           ;十六进制转十进制子程序
            OUTPUT MESG9
            MOV BX,0
NEWCHAR5:MOV AH,01H
            INT 21H
            SUB AL,30H
            JL NEXT5
            CMP AL,10
            JL ADD_TO5
            SUB AL,27H
            CMP AL,10
            JL NEXT5
            CMP AL,10H
            JGE NEXT5
ADD_TO5:MOV CL,4
            SHL BX,CL
            MOV AH,0
            ADD BX,AX
            JMP NEWCHAR5
NEXT5:CALL CRLF
            OUTPUT  MESG11
            MOV CX,10000
            CALL DDEC
            MOV CX,1000
            CALL DDEC
            MOV CX,100
            CALL DDEC
            MOV CX,10
            CALL DDEC
            MOV CX,1
            CALL DDEC
            RET
    HEXDEC ENDP
    DDEC PROC NEAR
            MOV AX,BX
            MOV DX,0
            DIV CX
            MOV BX,DX
            MOV DL,AL
            ADD DL,30H
```

```
            MOV AH,02H
            INT 21H
            RET
    DDEC ENDP
    DECHEX PROC NEAR                              ;十进制转十六进制子程序
            OUTPUT MESG8
            MOV BX,0
    NEWCHAR6:MOV AH,01H
            INT 21H
            SUB AL,30H
            JL NEXT6
            CMP AL,9
            JG NEXT6
            CBW
            XCHG AX,BX
            MOV CX,10
            MUL CX
            XCHG AX,BX
            ADD BX,AX
            JMP NEWCHAR6
    NEXT6:CALL CRLF
            MOV SI,4
            OUTPUT MESG12
    ROTATE6:MOV CL,4
            ROL BX,CL
            MOV AL,BL
            AND AL,0FH
            ADD AL,30H
            CMP AL,3AH
            JL PRINT6
            ADD AL,7H
    PRINT6:MOV DL,AL
            MOV AH,02H
            INT 21H
            DEC SI
            JNZ ROTATE6
            RET
    DECHEX ENDP
    CRLF PROC NEAR                                ;回车换行子程序
            MOV DL,0DH
            MOV AH,02H
            INT 21H
            MOV DL,0AH
            MOV AH,02H
            INT 21H
            RET
    CRLF ENDP
    CODE ENDS
            END START
```

实训 3　显示当前系统日期与时间的程序设计

3.1　实训目的及要求

（1）利用 DOS 系统功能调用，显示系统的当前日期和时间。

（2）按照系统的界面提示信息选择相应功能。

系统提示信息为：

"PLEASE INPUT DATE（D/d）OR TIME（T/t）OR QUIT（Q/q）";

其中：

输入 "D" 或 "d" ——显示系统当前日期。

输入 "T" 或 "t" ——显示系统当前时间。

输入 "Q" 或 "q" ——返回 DOS 操作系统。

3.2　程序设计思路

（1）设计系统为主-子程序结构，通过子程序调用和嵌套完成对时间日期的显示。

（2）设置子程序功能：

DISPLAY：显示日期子程序，将计算机系统当前日期数值转换成 ASCII 码字符。

TIME：显示时间子程序，将计算机系统当前时间数值转换成 ASCII 码字符。

（3）利用 DOS 功能调用 INT 21H 中的 AH=2AH（读取系统日期，CX=年；DH=月；DL=日）和 AH=2CH（读取系统时间，CH:CL=时:分；DH:DL=秒:1/100），将计算机系统当前日期和时间数值转换为相应的 ASCII 码字符，采用图形方式在屏幕上显示输出。

3.3　参考程序

本题的参考程序设计如下：

```
STACK SEGMENT STACK
    DW 200 DUP (?)
STACK ENDS
DATA SEGMEN                                    ;设置数据段,初始化各类数据
  SPACE DB 1000 DUP (' ')
  PATTERN DB 6 DUP ('-'),0C9H,26 DUP (0CDH),0BBH,6 DUP ('-')
          DB 6 DUP (' '),0BAH,26 DUP (20H),0BAH,6 DUP (' ')
          DB 6 DUP ('-'),0C8H,26 DUP (0CDH),0BCH,6 DUP ('-')
  DBUFFER   DB 8 DUP (':'),12 DUP (' ')
  DBUFFER1  DB 20 DUP (' ')
  STR0 DB 0DH,0AH, ' WELCOME YOU TO RUN THIS PROGRAMME$'
```

```
    STR  DB 0DH,0AH, 'PLEASE INPUT DATE(D/d)OR TIME(T/t) OR QUIT(Q/q): $'
    STR1 DB 0DH,0AH, 'SORRY! PLEASE INPUT AGAIN:$'
DATA ENDS
CODE SEGMENT
      ASSUME CS:CODE,DS:DATA,ES:DATA,SS:STACK
START:MOV AX,0001H              ;设置显示方式为 40*25 的彩色文本方式
      INT 10H
      MOV AX,DATA
      MOV DS,AX
      MOV ES,AX
      MOV BP,OFFSET SPACE
      MOV DX,0B00H
      MOV CX,1000
      MOV BX,0030H              ;修改图案背景颜色为蓝色
      MOV AX,1300H
      INT 10H
      LEA DX,STR0
      MOV AH,9
      INT 21H
      MOV BP,OFFSET PATTERN     ;在屏幕窗口显示矩形图案
      MOV DX,0B00H
      MOV CX,120
      MOV BX,004EH
      MOV AX,1301H
      INT 10H
      LEA DX,STR               ;在屏幕上显示系统的提示信息
      MOV AH,09H
      INT 21H
U:    MOV AH,01H                ;从键盘输入单个字符
      INT 21H
      CMP AL,44H               ;判断是否为 AL='D'?
      JNE A
      CALL DATE                ;调显示系统日期子程序
A:    CMP AL,54H               ;判断是否为 AL='T'?
      JNE B
      CALL TIME                ;调显示系统时间子程序
B:    CMP AL,51H               ;判断是否为 AL='Q'?
      JNE C
      MOV AH,4CH               ;返回 DOS 状态
      INT 21H
C:    CMP AL,'d'               ;判断是否为 AL='d'?
      JNE D
      CALL DATE
D:    CMP AL,74H               ;判断是否为 AL='t'?
```

```
        JNE E
        CALL TIME
E:      CMP AL,71H                          ;判断是否为 AL='q'?
        JNE ERROR
        MOV AH,4CH                          ;返回 DOS 状态
        INT 21H
ERROR:  LEA DX,STR1                         ;显示错误提示
        MOV AH,9
        INT 21H
        JMP U
DATE    PROC NEAR                           ;显示系统日期子程序
DISPLAY:MOV AH,2AH                          ;取日期数值
        INT 21H
        MOV SI,0
        MOV AX,CX
        MOV BX,100
        DIV BL
        MOV BL,AH
        CALL BCDASC1                        ;将日期数值转换成相应的 ASCII 码字符
        MOV AL,BL
        CALL BCDASC1
        INC SI
        MOV AL,DH
        CALL BCDASC1
        INC SI
        MOV AL,DL
        CALL BCDASC1
        MOV BP,OFFSET DBUFFER1
        MOV DX,0C0DH
        MOV CX,20
        MOV BX,004FH                        ;修改日期的数值颜色为白色
        MOV AX,1301H
        INT 10H
        MOV AH,02H                          ;设置当前光标位置
        MOV DX,0300H
        MOV BH,0
        INT 10H
        MOV BX,0018H
REPEA:  MOV CX,0FFFFH                       ;系统延时
REPEAT: LOOP REPEAT
        DEC BX
        JNZ REPEA
        MOV AH,01H                          ;读键盘缓冲区字符到 AL 寄存器
        INT 16H
```

```
          JE  DISPLAY
          JMP START
          MOV AX,4C00H
          INT 21H
          RET
    DATE ENDP
    TIME    PROC NEAR                      ;显示当前系统时间子程序
    DISPLAY1:MOV SI,0
          MOV BX,100
          DIV BL
          MOV AH,2CH                       ;取时间数值
          INT 21H
          MOV AL,CH
          CALL BCDASC                      ;将时间数值转换成相应的ASCII码字符
          INC SI
          MOV AL,CL
          CALL BCDASC
          INC SI
          MOV AL,DH
          CALL BCDASC
          MOV BP,OFFSET DBUFFER
          MOV DX,0C0DH
          MOV CX,20
          MOV BX,004FH                      ;修改时间数值颜色为白色
          MOV AX,1301H
          INT 10H
          MOV AH,02H
          MOV DX,0300H
          MOV BH,0
          INT 10H
          MOV BX,0018H
    RE:   MOV CX,0FFFFH
    REA:  LOOP REA
          DEC BX
          JNZ RE
          MOV AH,01H
          INT 16H
          JE  DISPLAY1
          JMP START
          MOV AX,4C00H
          INT 21H
          RET
    TIME  ENDP
    BCDASC PROC NEAR                        ;时间数值转换成ASCII码字符子程序
```

```
        PUSH BX
        CBW
        MOV BL,10
        DIV BL
        ADD AL,'0'
        MOV DBUFFER[SI],AL
        INC SI
        ADD AH,'0'
        MOV DBUFFER[SI],AH
        INC SI
        POP BX
        RET
BCDASC ENDP
BCDASC1 PROC NEAR                    ;日期数值转换成ASCII码字符子程序
        PUSH BX
        CBW
        MOV BL,10
        DIV BL
        ADD AL,'0'
        MOV DBUFFER1[SI],AL
        INC SI
        ADD AH,'0'
        MOV DBUFFER1[SI],AH
        INC SI
        POP BX
        RET
BCDASC1 ENDP
CODE    ENDS
        END START
```

实训 4　简单计算器的程序设计

4.1　实训目的及要求

（1）设计一个简单的计算器程序。

（2）具体要求如下：

在屏幕上显示一个小窗口，将光标定位在窗口内。

在窗口内输入一个运算表达式（分别处理加、减、乘、除单项运算）。

程序根据表达式计算结果，并在表达式后面显示"="及运算结果。

4.2　程序设计思路及原理分析

（1）本题目的设计重点

利用 BIOS 调用中 INT 16H 中的子程序完成清屏、设置显示方式、设置窗口等操作。

利用 DOS 系统功能调用 INT 21H 中的键盘输入接收十进制操作数和运算符，由程序完成将字符转换为二进制数的功能并存储起来。

根据运算符的规定完成表达式的运算，由程序在屏幕上显示运算结果。

（2）将十进制数转换为二进制数

将 BX 寄存器清 0。

从键盘接收一个按键的 ASCII 码送 AL，并判断是否为 0～9 之间的字符，若不是则退出。

若输入为 0～9 之间的字符，则将 AL 中内容减 30H，转换为相应数字，并扩展到 AX 中，然后将 BX 中内容乘以 10 后再加上 AX 中的内容。

重复上述操作，当程序退出后，BX 中的内容即为所输入十进制数。

例：要求从键盘输入十进制数为 53。

先将 BX 清 0 后，从键盘输入字符"5"，则(AL)=35H，属于 0～9 之间的数字，减 30H 后，(AL)=05H，扩展后(AX)=0005H，将 BX 乘以 10 后加上 AX 中的内容，此时(BX)=0005H。然后再从键盘输入字符"3"，则(AL)=33H，属于 0～9 之间的数字，减 30H 后，(AL)=03H，扩展后(AX)=0003H，将(BX)乘以 10 后再加上 AX 中的内容，此时(BX)=0035H，即为十进制数"53"的二进制值。

（3）十进制数的显示过程（要求被显示的数据<9999）

● 将要被显示的数据内容送入 BX 中。

● 将 BX 内容除以 1000，余数送 BX 中，商在 AL 中，范围为 0～9。

● 显示 AL 中的内容。

● 将 BX 内容除以 100，余数送 BX 中，商在 AL 中，范围为 0～9。

● 显示 AL 中的内容。

以此类推，直到分离出个位数字为止。

（4）讨论一个特殊问题——高位"0"的显示

采用以下方法来对显示结果的高位"0"进行处理：

例如：要求显示"53"这个十进制数，其值除以 1000 和除以 100 的商都为"0"，不应显示。为实现高位"0"不显示，可在程序中设置一个标志位 M，初始值设置为 1。若 M=1 且商为"0"，则这个"0"不显示；若 M=1 且商不为"0"，则说明这是第一个非"0"数字，开始显示，并将 M 设置为"0"；若 M=0，则商值都显示。若结果本身就是"0"，则将个位的"0"显示出来。

4.3 参考程序

根据上述分析，本题的源程序设计如下：

```
DATA        SEGMENT
            X DW ?
            Y DW ?
            M DB ?
            MESS DB '<Q=EXIT>',0AH,0DH,'$'
DATA        ENDS
CODE        SEGMENT
            ASSUME CS:CODE,DS:DATA
START:      MOV  AX,DATA
            MOV  DS,AX                      ;程序初始化
            CALL CUR                        ;完成屏幕初始化并显示边框
POS_CURSE:  MOV  AH,02H
            MOV  DH,9
            MOV  DL,44
            MOV  BH,0
            INT  10H                        ;光标定位在 9 行 44 列
            MOV  DX,OFFSET MESS
            MOV  AH,09H
            INT  21H                        ;显示字符串
            MOV  AH,02H
            MOV  DH,8
            MOV  DL,30
            MOV  BH,0
            INT  10H                        ;光标定位在 8 行 30 列
            MOV  AH,06H
            MOV  AL,1
            MOV  CH,5
            MOV  CL,30
            MOV  DH,8
            MOV  DL,50
            MOV  BH,7
            INT  10H                        ;屏幕上卷
            MOV  AL,1
            MOV  M,AL
```

```
                CALL  ADD_TO                    ;调 ADD_TO 子程序,完成表达式输入
                CMP   AL,51H                     ;输入"Q",结束程序
                JZ    EXIT1
                JMP   POS_CURSE
EXIT1:          MOV   AH,4CH
                INT   21H
;子程序名:ADD_TO
;功能:完成键盘输入并转换
;入口参数:无
;出口参数:AL 为输入非数字字符的 ASCII 码
ADD_TO          PROC  NEAR
                CALL  CHAR                       ;调子程序 CHAR,完成第一个运算数转换
                MOV   X,BX                       ;第一个数送 X 单元
                CMP   AL,2DH
                JZ    MINU                       ;运算符为"-",转 MINU,执行减法
                CMP   AL,2AH
                JZ    MUL_                       ;运算符为"*",转 MUL_,执行乘法
                CMP   AL,2FH
                JZ    DIV_                       ;运算符为"/",转 DIV_,执行除法
                CMP   AL,51H
                JZ    EXIT8                      ;(AL) 为"Q",转 EXIT8
                CALL  CHAR                       ;调子程序 CHAR,输入第二个数
                CALL  CR_                        ;调子程序 CR_,显示"="
                MOV   Y,BX
                ADD   BX,X                       ;执行加法运算,结果送 BX 中
                JMP   TO_                        ;转 TO_
MINU:           CALL  CHAR                       ;调子程序 CHAR,输入第二个数
                CALL  CR_                        ;调子程序 CR_,显示"="
                MOV   Y,BX                       ;第二个数送 Y 单元
                MOV   BX,X
                CMP   BX,Y                       ;被减数<减数,转 T_
                JL    T_
                SUB   BX,Y                       ;完成 X 减 Y,结果送 BX 中
                JMP   TO_                        ;转 TO_,显示运算结果
MUL_:           CALL  CHAR                       ;调子程序 CHAR,输入第二个数
                CALL  CR_                        ;调子程序 CR_,显示"="
                MOV   Y,BX                       ;第二个数送 Y 单元
                MOV   AX,X
                MUL   Y                          ;完成 X*Y
                MOV   BX,AX                       ;结果送 BX 中
                JMP   TO_                        ;转 TO_,显示运算结果
DIV_:           CALL  CHAR                       ;调子程序 CHAR,输入第二个数
                CALL  CR_                        ;调子程序 CR_,显示"="
                MOV   Y,BX                       ;第二个数送 Y 单元
                MOV   DX,0
                MOV   AX,X
                DIV   Y                          ;完成 X/Y
                MOV   BX,AX                       ;结果送 BX 中
```

```
                JMP   TO_                    ;转 TO_,显示运算结果
T_:             MOV   DL,2DH
                MOV   AH,02H
                INT   21H                    ;显示"-"
                MOV   BX,Y
                SUB   BX,X                    ;完成 Y-X,结果送 BX 中
TO_:            CALL  BIN                    ;调 BIN,显示运算结果
EXIT8:          RET
;子程序名:CR_
;功能:显示一个"="
;入口参数:AL 中为输入按键的 ASCII
;出口参数:无
CR_  PROC NEAR
                CMP   AL,0DH
                JNZ   ESC_                   ;(AL)≠0DH,转 ESC
                MOV   AH,02H
                MOV   DH,8
                MOV   DL,46
                MOV   BH,0
                INT   10H                    ;光标定位在 8 行 46 列,显示"="
                MOV   DL,3DH
                MOV   AH,02H
                INT   21H
ESC_:           RET
CR_             ENDP
;子程序名:CHAR
;子程序功能:接收键盘输入的十进制数,转换为二进制
;入口参数:无
;出口参数:BX 中存放转换的二进制结果,AL 存放输入非十进制数的 ASCII 码
CHAR PROC NEAR
                MOV   BX,0
NEWCHAR:MOV     AH,01H
                INT   21H                    ;通过键盘,输入一个十进制数
                CMP   AL,30H
                JL    EXIT
                CMP   AL,39H
                JG    EXIT                   ;输入字符不在"0～9"之间,转结束
                SUB   AL,30H                 ;减 30H,将 ASCII 转换为二进制数
                CBW                          ;扩展至 AX 中
                XCHG  AX,BX
                MOV   CX,10D
                MUL   CX
                XCHG  AX,BX
                ADD   BX,AX                   ;完成(BX)×10+AX,结果送 BX
                JMP   NEWCHAR                 ;转 NEWCHAR
EXIT:           RET
CHAR            ENDP
;子程序名:BIN
```

```
;子程序功能:将 BX 中的数据以十进制显示在屏幕上
;入口参数:BX 为被显示数据
;出口参数:无
BIN  PROC NEAR
        MOV  CX,10000
        CALL DEC_DIV
        MOV  CX,1000
        CALL DEC_DIV
        MOV  CX,100
        CALL DEC_DIV
        MOV  CX,10
        CALL DEC_DIV
        MOV  CX,1
        CALL DEC_DIV1
        RET
BIN        ENDP
;子程序名:DEC_DIV
;子程序功能:BX 中内容除以 CX 中内容,显示 AL 中的结果
;入口参数:BX 为被除数,CX 为除数
;出口参数:BX 为余数
DEC_DIV    PROC NEAR
        MOV  AX,BX          ;被除数送 AX 中
        MOV  DX,0           ;扩展至 DX、AX 中
        DIV  CX             ;除以 CX 中的内容
        MOV  BX,DX          ;余数送 BX 中
        CMP  M,0
        JZ   TO1_           ;标志变量 M=0,转 TO1_
        CMP  AL,0           ;否则 AL=0,转 TO2_
        JZ   TO2_
TO1_:   MOV  DL,AL
        ADD  DL,30H
        MOV  AH,02H
        INT  21H            ;显示 AL 中的内容
        MOV  AL,0
        MOV  M,AL           ;标志变量送 0
TO2_:   RET
DEC_DIV ENDP
DEC_DIV1  PROC NEAR
        MOV  AX,BX
        MOV  DX,0
        DIV  CX
        MOV  BX,DX
        MOV  DL,AL
        ADD  DL,30H
        MOV  AH,02H
        INT  21H
        RET
DEC_DIV1 ENDP
```

```
    CUR   PROC NEAR
              MOV  AH,6
              MOV  AL,0
              MOV  CH,0
              MOV  CL,0
              MOV  DH,24
              MOV  DL,79
              MOV  BH,7
              INT  10H                    ;屏幕初始化
              MOV  AH,2
              MOV  BH,0
              MOV  DH,4
              MOV  DL,25
              INT  10H                    ;光标定位在 4 行 25 列
              MOV  AH,9
              MOV  AL,'*'
              MOV  BH,0
              MOV  BL,9
              MOV  CX,30
              INT  10H                    ;显示一行"*"
              MOV  AH,2
              MOV  BH,0
              MOV  DH,10
              MOV  DL,25
              INT  10H                    ;光标定位在 10 行 25 列
              MOV  AH,9
              MOV  AL,'*'
              MOV  BH,0
              MOV  BL,9
              MOV  CX,30
              INT  10H                    ;显示 1 行"*"
              MOV  DH,4
              CALL AA
              CALL AA
              CALL AA
              CALL AA
              CALL AA
              CALL AA                     ;调子程序,显示左边框"*"
              MOV  DH,4
              CALL BB
              CALL BB
              CALL BB
              CALL BB
              CALL BB
              CALL BB                     ;调子程序,显示右边框"*"
              RET
    CUR       ENDP
    AA    PROC NEAR
```

```
             MOV   AH,2
             MOV   BH,0
             INC   DH
             MOV   DL,25
             INT   10H
             MOV   AH,9
             MOV   AL,'*'
             MOV   BH,0
             MOV   BL,9
             MOV   CX,1
             INT   10H
             RET
AA           ENDP
BB    PROC NEAR
             MOV   AH,2
             MOV   BH,0
             INC   DH
             MOV   DL,54
             INT   10H
             MOV   AH,9
             MOV   AL,'*'
             MOV   BH,0
             MOV   BL,9
             MOV   CX,1
             INT   10H
             RET
BB           ENDP
CODE         ENDS
             END   START
```

实训 5　路口交通灯的模拟控制设计

5.1　实训目的及要求

（1）利用 8255A 可编程并行接口和红、绿、黄 LED 发光二极管的配合，实现十字路口交通灯的模拟控制。

（2）用 8255A 的片选信号连接 CS_0，8255A 的 $PB_0 \sim PB_7$ 连接 8 只 LED 发光二极管。

（3）掌握 8255A 芯片的初始化编程方法，设计软件延时程序，要求满足延时 10 秒，黄灯闪烁 5 次的规律。

5.2　系统设计思路

（1）向 8255A 的控制寄存器写入"方式控制字"，预置端口的工作方式。

（2）将 8255A 的 B 口初始化为 4 个路口红灯全亮。

（3）设置东西路口绿灯亮，南北路口红灯亮，并延时 10 秒。

（4）设置东西路口绿灯灭，黄灯闪烁 5 次；南北路口红灯亮。

（5）设置东西路口红灯亮，南北路口绿灯亮，并延时 10 秒。

（6）设置东西路口红灯亮，南北路口绿灯灭，黄灯闪烁 5 次。

（7）转向步骤（3），循环操作，直至控制停止运行。

5.3　参考程序

本题参考程序设计如下：

```
CODE    SEGMENT                        ;定义代码段
        ASSUME CS:CODE
        ORG     100H
START:  MOV     BL,00H
        MOV     DX,04A0H
        MOV     AL,10010010B           ;送 8255A 方式控制字
        OUT     DX,AL
        MOV     DX,04b0H               ;送 B 口的入口地址
        IN      AL,DX
        OUT     DX,AL
        MOV     DX,04b0H
        MOV     AL,BL
        OUT     DX,AL                  ;路口红灯亮
        CALL    DELAY10                ;调用延时
LLL:    MOV     AL,00100001B
```

```
              MOV       DX,04b0H
              OUT       DX,AL            ;东西路口红灯亮,南北路口绿灯亮
              CALL      DELAY10          ;调用延时
              MOV       CX,0005H         ;黄灯闪烁 5 次初始值
    TTT:      MOV       DX,04b0H
              MOV       AL,01H
              OUT       DX,AL            ;东西路口红灯亮,南北路口黄灯亮
              CALL      DELAY1
              OUT       DX,AL            ;东西路口绿灯亮,南北路口红灯亮
              CALL      DELAY1
              LOOP      TTT
              MOV       AL,12H
              OUT       DX,AL
              CALL      DELAY10
              MOV       AL,02H
              OUT       DX,AL            ;东西路口绿灯灭,南北路口红灯亮
              MOV       CX,0008H
    GGG:      MOV       DX,04b0H
              MOV       AL,06H           ;东西路口黄灯亮,南北路口红灯亮
              OUT       DX,AL
              CALL      DELAY1
              LOOP      GGG
              JMP       LLL
    DELAY1 PROC    NEAR                  ;定义延时子程序
              PUSH      CX
              MOV       CX,8000H
    CCC:      LOOP      CCC
              POP       CX
              RET
    DELAY1 ENDP
    DELAY10 PROC    NEAR                 ;定义延时子程序
              PUSH      AX
              PUSH      CX
              MOV       CX,0030
    UUU:      CALL      DELAY1
              LOOP      UUU
              POP       CX
              POP       AX
              RET
              DELAY10 ENDP
    CODE ENDS
              END       START
```

实训 6　用 PC 机扬声器演奏音乐的程序设计

6.1　实训目的

（1）熟悉 PC 机发声系统的功能和应用。
（2）掌握 8255A 并行 I/O 接口芯片的编程方法。
（3）掌握通过程序设计使扬声器按节拍演奏连续音乐的基本原理和方法。

6.2　实训内容及要求

（1）用 PC 机的扬声器演奏音乐，用设定的菜单选择乐曲，使扬声器按节拍演奏连续的音乐。菜单选项有 4 项，可分别按 1、2、3、4 来选择音乐，按 Q 键退出演奏。

（2）程序设计中 PC 机发声系统以 8253 的 2 号计数器为核心，改变 2 号计数器的计数初值可使扬声器发出不同频率的音响。

（3）发声系统受 8255A 芯片的两根输出线 PB_0 和 PB_1 的控制，PB_0 输出高电平使 2 号计数器正常工作，PB_1 输出高电平打开输出控制门。因此，要设计两个子程序来打开和关闭扬声器。

（4）乐曲由若干音符组成，一个音符对应一个频率。将频率对应的计数初值写入计数器，扬声器就会发出相应的音调，计数初值计算公式为：计数初值=1193128/输出频率。

（5）控制音符的演奏时间是设计音乐程序的关键问题，为每个音符规定一个"单位时间"，即单位时间*N=音符的演唱时间。

6.3　系统设计思路

（1）频率表和时间表的设计

在程序数据段设置两张"表"，一张是频率表，保存音符对应的频率值；另一张是时间表，依次存放每个音符的单位时间。频率表和时间表的表项一一对应，不能错位，频率表的最后一项为 0，作为重复演唱或停止的标志。在接通扬声器的情况下，依次取出频率表中的频率值，转换成计数初值写入 2 号计数器，依次取出时间表中的单位时间和调试参数 N 相乘，然后再调用延时子程序即可得到延时时间，即音符的演奏时间。

（2）休止符的处理

歌曲中的休止符应该不发声，理论上可采用关闭扬声器的方法实现，但编程时用这种方法处理太麻烦。对此，可利用人耳的声学特点来实现。人耳可听声音范围是 15Hz～25kHz，低于此范围的是次声波，高于此范围的是超声波，人耳都听不见。由于低频实现起来较困难，所以可让计数器产生一个很高的频率。此外，对于连续演唱的同音符，可适当修改其频率值，以便产生略微的差别，从而具备节拍感，以达到最佳效果。

（3）系统提示音乐选择

本程序先给出音乐的选项，通过选择 1、2、3、4 来确定所要听的音乐，通过 Q 键退出此程序，如果输入错误则重新输入。

6.4 参考程序

本实验的参考程序设计如下：

```
DATA  SEGMENT PARA 'DATA'                          ;设置数据存储区并初始化
    INFO1 DB 0DH,0AH,'WELCOME YOU TO COME HERE!$'
    INFO2 DB 0DH,0AH,'THIS IS A MUSIC PROGRAM!$'
    INFO3 DB 0DH,0AH,'PLEASE SELECT!$'
    INFO4 DB 0DH,0AH,'INPUT ERROR!$'
    INFO5 DB 0DH,0AH,'PLEASE INPUT AGAIN!$'
    MUSLIST DB 0DH,0AH,'===================='
            DB 0DH,0AH,'|    1 MUSIC1       |'
            DB 0DH,0AH,'|    2 MUSIC2       |'
            DB 0DH,0AH,'|    3 MUSIC3       |'
            DB 0DH,0AH,'|    4 MUSIC4       |'
            DB 0DH,0AH,'|    Q EXIT         |'
            DB 0DH,0AH,'===================='
            DB 0DH,0AH,0DH,0AH,'$'
    MUS_FREQ1  DW 3300,2940,2620,2940,30 DUP(3300)   ;对音乐 1 的定义
            DW 30 DUP(2940),3300,3920,3920
            DW 3300,2940,2620,2940,40 DUP(3300)
            DW 2940,2940,3300,2940,2620,-1
    MUS_TIME1  DW 60 DUP(250*8),500*8                ;时间控制
            DW 20 DUP(250*8,250*8,500*8)
            DW 12 DUP(250*8),1000*8
    MUS_FREQ2  DW 3300,3920,3300,2940,3300,3920,3300  ;对音乐 2 的定义
            DW 2940,3300,3300,3920,3300,2940, 2620
            DW 2940,3300,3920,2940, 2620,2620,2200
            DW 1960,1960,2200,2620,2940,3320,2620,-1
    MUS_TIME2  DW 30 DUP(5000),2500,2500,5000,2500,2500,10000
                                                     ;时间控制
            DW 20 DUP(5000,5000,2500,2500),10000
            DW 30 DUP(5000,2500,2500),10000
    MUS_FREQ3  DW 2620,2620,2940,2620,3490           ;对音乐 3 的定义
            DW 3300,2620,2620,2940,2620
            DW 3920,3490,2620,2620,5230
            DW 4400,3490,2620,2620,4660
            DW 4660,4400,2620,3920,3490,-1
    MUS_TIME3  DW 5000,5000,10000,10000,10000        ;时间控制
            DW 10000,10000,5000,5000,10000,10000
            DW 10000,10000,10000,5000,5000,10000
            DW 10000,10000,10000,10000,10000,5000
            DW 5000,10000,10000,10000,10000,10000
```

```
        MUS_FREQ4    DW 1234,2345,3456,4567,5678,6789,7890     ;对音乐4的定义
                     DW 5678,4567,3456,2345,1234,2341,5121
                     DW 7788,6688,3366,6633,9966,5566,3344
                     DW 3456,4567,2345,1234,5678,5680,1100
                     DW 1122,2233,1133,5566,4455,2255,8200
                     DW 2345,8899,6677,5566,3344,6666,3333,-1
        MUS_TIME4    DW 20 DUP(50),10000,10000,10000,5000      ;时间控制
                     DW 30 DUP(50),10000,10000,5000,5000
                     DW 35 DUP(50),10000,10000,5000,5000
                     DW 40 DUP(50),10000,5000,5000,5000
                     DW 50 DUP(50),5000,5000,5000,5000
                     DW 50 DUP(50),10000,10000,10000,10000
    DATA    ENDS
    STACK   SEGMENT PARA STACK 'STACK'
        DB 200 DUP('STACK')
    STACK   ENDS
    CODE    SEGMENT
             ASSUME DS:DATA,SS:STACK,CS:CODE
            MAIN  PROC  FAR                                    ;主程序
            MOV AX,DATA
            MOV DS,AX
            MOV AH,0
            MOV AL,4
            INT 10H
            MOV AH,0BH
            MOV BH,0
             MOV BL,4
            INT 10H
            MOV AH,0BH
            MOV BH,01H
            MOV BL,00
            INT 10H
             MOV AH,9
            INT 21H
      SHOW  MACRO B                                            ;宏定义
            LEA DX,B
      ENDM
      SHOW INFO1
      SHOW INFO2
      SHOW INFO3
      SHOW MUSLIST
INPUT: MOV AH,01H                                              ;输入字符并判定
      INT 21H
      CMP AL,'Q'
      JZ RETU
      CMP AL,'A'
      JNZ B0
      CALL MUSIC1
```

```
          JMP EXIT1
    B0: CMP AL,'B'
          JNZ C0
          CALL MUSIC2
          JMP EXIT1
    C0: CMP AL,'C'
          JNZ D0
          CALL MUSIC3
          JMP EXIT1
    D0: CMP AL,'D'
          JNZ EXIT
          CALL MUSIC4
  EXIT1:SHOW INFO5
          JMP INPUT
  EXIT: CALL CLEAR              ;如输入错误则重新输入
          SHOW INFO4
          SHOW INFO5
          SHOW INFO1
          SHOW INFO2
          SHOW INFO3
          SHOW MUSLIST
          JMP INPUT
  RETU:MOV AH,4CH
          INT 21H
          MAIN ENDP
          MUSIC1                ;实现音乐1的输出
          PROC NEAR
          PUSH DS
          SUB AX,AX
          PUSH AX
          LEA SI,MUS_FREQ1
          LEA BP,DS:MUS_TIME1
  FREQ1:MOV DI,[SI]
          CMP DI,-1
          JE END_MUS1
          MOV DX,DS:[BP]
          MOV BX,1400
          CALL GENSOUND
          ADD SI,2
          ADD BP,2
          JMP FREQ1
  END_MUS1:RET
          MUSIC1 ENDP
          GENSOUND              ;调用扬声器的程序代码
          PROC NEAR
          PUSH AX
          PUSH BX
          PUSH CX
```

```
        PUSH DX
        PUSH DI
        MOV AL,0B6H
        OUT 43H,AL
        MOV DX,12H
        MOV AX,533H*896
        DIV DI
        OUT 42H,AL
        MOV AL,AH
        OUT 42H,AL
        IN AL,61H
        MOV AH,AL
        OR AL,3
        OUT 61H,AL
WAIT1:  MOV CX,8FF0H
DELAY1:LOOP DELAY1
        DEC BX
        JNZ WAIT1
        MOV AL,AH
        OUT 61H,AL
        POP DI
        POP DX
        POP CX
        POP BX
        POP AX
        RET
GENSOUND ENDP
MUSIC2 PROC NEAR                        ;实现音乐 2 的输出
        PUSH DS
        SUB AX,AX
        PUSH AX
        LEA SI,MUS_FREQ2
        LEA BP,DS:MUS_TIME2
FREQ2:  MOV DI,[SI]
        CMP DI,-1
        JE END_MUS2
        MOV DX,DS:[BP]
        MOV BX,1400
        CALL GENSOUND
        ADD SI,2
        ADD BP,2
        JMP FREQ1
        END_MUS2:RET
MUSIC2  ENDP
MUSIC3 PROC  NEAR                       ;实现音乐 3 的输出
        PUSH DS
        SUB AX,AX
        PUSH AX
```

```
        LEA SI,MUS_FREQ3
        LEA BP,DS:MUS_TIME3
FREQ3:  MOV DI,[SI]
        CMP DI,-1
        JE END_MUS3
        MOV DX,DS:[BP]
        MOV BX,1400
        CALL GENSOUND
        ADD SI,2
        ADD BP,2
        JMP FREQ1
END_MUS3:RET
MUSIC3  ENDP
MUSIC4  PROC NEAR                        ;实现音乐 4 的输出
        PUSH DS
        SUB AX,AX
        PUSH AX
        LEA SI,MUS_FREQ4
        LEA BP,DS:MUS_TIME4
FREQ4:  MOV DI,[SI]
        CMP DI,-1
        JE END_MUS4
        MOV DX,DS:[BP]
        MOV BX,1400
        CALL GENSOUND
        ADD SI,2
        ADD BP,2
        JMP FREQ1
END_MUS4:RET
MUSIC4  ENDP
CLEAR   PROC NEAR
        PUSH AX
        PUSH BX
        PUSH CX
        MOV DH,24
        MOV DL,79
        MOV BH,7
        INT 10H
        POP DX
        POP CX
        POP BX
        POP AX
        RET
CLEAR   ENDP
CODE    ENDS
        END  MAIN                        ;程序结束
```

附录A 模拟试题

模拟试题 1

一、填空题（共计 30 分、10 小题，每空 1 分）

1. 10101011B=_____H=_____D；[X]补码=11010101B，其真值 X=_____D。
2. 8086CPU 具有_____数据线和_____地址线；其访存空间为_____。
3. 给定逻辑地址 2000H:0130H，其段地址是_____，偏移量是_____，物理地址是_____。
4. 8086CPU 的指令格式由_____和_____组成；按照语句类型可将指令分为_____、_____和_____三类。
5. 指令 MOV BX,0100H [BP+SI] 中源操作数采用的寻址方式是_____；该指令读取的是_____段的_____内容。
6. 8086CPU 有_____和_____两种外部中断请求线；CPU 最多可处理_____种中断，每个中断都设置一个_____。
7. 按存储器位置，可将存储器分为_____和_____；用 2K×4 的 EPROM 芯片组成一个 16KB 的 ROM，共需要_____块芯片。
8. 虚拟存储器建立在_____的物理结构上；主要作用是解决_____。
9. I/O 接口是微机系统中的一种部件，它被设置在_____与_____之间；通过接口传送的信息有_____。
10. 衡量 D/A 和 A/D 转换器的性能指标主要有_____。

二、单项选择题（共计 20 分、10 小题，每题 2 分）

1. 用来存放当前即将执行指令偏移地址的寄存器是（   ）。
   A. CS   B. SP   C. BP   D. IP
2. DOS 功能调用的子功能号存放在寄存器（   ）中。
   A. AL   B. AH   C. DL   D. DH
3. DOS 系统功能调用中，从键盘读取一个字符并回显的是（   ）。
   A. 01H   B. 02H   C. 09H   D. 0AH
4. 将寄存器 AX 清零并使标志位 CF 清零，下面指令错误的是（   ）。
   A. SUB   AX,AX   B. XOR   AX,AX
   C. MOV   AX,0   D. AND   AX,0000H
5. 能够将带符号数 AX 中的内容除以 2 的正确指令是（   ）。
   A. SHR   AX,1   B. SAR   AX,1   C. ROR   AX,1   D. RCR   AX,1
6. 下面数据传送指令中，正确的是（   ）。
   A. MOV   BUF1,BUF2   B. MOV   CS,AX

    C. MOV　CL,1000　　　　　　　　D. MOV　DX,WORD PTR [BP+DI]

7. 下列存储器中，存取速度最快的是（　　）。

    A. DRAM　　　　　　B. SRAM　　　　　　C. ROM　　　　　　D. EPROM

8. 用于直接存储器存取控制的接口芯片是（　　）。

    A. 8255A　　　　　　B. 8237A　　　　　　C. 8259A　　　　　　D. 8251A

9. 能实现外设和内存间直接进行数据交换的数据传输方式是（　　）。

    A. 查询方式　　　　　　　　　　　　B. 无条件传送方式

    C. 中断方式　　　　　　　　　　　　D. DMA 方式

10. 以下哪一项不属于总线的功能（　　）。

    A. 数据传输　　　　B. 设备管理　　　　C. 系统功能扩展　　　　D. 系统组态

三、判断题，正确打 √，错误打 ×（共计 10 分、10 小题，每题 1 分）

1. ALU 是 CPU 内部 BIU 单元中的一个部件。　　　　　　　　　　　　　　（　　）

2. 伪指令是在汇编中用于管理和控制计算机相关功能的指令。　　　　　　（　　）

3. INTR 是 8086 的内部中断信号。　　　　　　　　　　　　　　　　　　（　　）

4. 为了解决寻址空间容量问题，8086CPU 存储器采用分段结构。　　　　　（　　）

5. RAM 中存储的数据不会因掉电而丢失。　　　　　　　　　　　　　　　（　　）

6. 在接口信号中，状态信号是 CPU 向外设传递的信息。　　　　　　　　　（　　）

7. 8251A 接口芯片适合于长距离的数据传输。　　　　　　　　　　　　　　（　　）

8. 非编码键盘以软件识别为主，简化了系统的硬件电路。　　　　　　　　（　　）

9. 在执行当前指令过程中可以响应系统中断。　　　　　　　　　　　　　（　　）

10. A/D 转换要经过采样、量化和编码处理等过程。　　　　　　　　　　　（　　）

四、简答题（共计 10 分、2 小题，每题 5 分）

1. 简要叙述有效解决存储器系统中容量和速度之间矛盾的方法。

2. 简要说明汇编语言程序的上机操作和调试过程。

五、程序分析题（共计 15 分）

给定程序段如下：

```
        MOV  AX,0      ;
        MOV  BX,2      ;
        MOV  CX,10     ;
   LP:ADD  AX,BX   ;
        ADD  BX,2      ;
        LOOP LP        ;
```

（1）在每条指令的右边写出该指令的操作功能及含义。（6 分）

（2）该程序段完成的处理功能是_____。（5 分）

（3）程序运行后 AX 中保存的最终结果为_____。（4 分）

六、程序设计题（共计 15 分）

已知从内存 BUF 单元起连续存放若干带符号数据，找出其中的正数存入 PLUS 单元，找出其中的负数存入 MINUS 单元，设计该程序，要求程序结构完整。

模拟试题 2

一、填空题（共计 30 分、10 小题，每空 1 分）

1. 十进制数 65 = ＿＿＿＿B = ＿＿＿＿压缩 BCD；字符在计算机内部采用＿＿＿＿表示；若标志位 OF=0 表示＿＿＿＿。

2. 8086CPU 内部结构可分为＿＿＿＿和＿＿＿＿；前者的功能是＿＿＿＿；后者的功能是＿＿＿＿。

3. 寄存器 SP 称为＿＿＿＿，其位置总是指向＿＿＿＿；执行 PUSH 指令时，SP 的变化是＿＿＿＿；执行 POP 指令时，SP 的变化是＿＿＿＿。

4. 8086 的 I/O 指令有＿＿＿＿和＿＿＿＿两种寻址方式；I/O 端口的编址方式有＿＿＿＿和＿＿＿＿两种。

5. Cache-主存结构的主要作用是＿＿＿＿；主-辅存结构的主要作用是＿＿＿＿。

6. 用 2K×4 的 EPROM 存储器芯片组成一个 8KB 的存储器系统，需要采用＿＿＿＿扩展；共需要＿＿＿＿块芯片。

7. I/O 接口设置在＿＿＿＿和＿＿＿＿之间；CPU 向外设发出的是＿＿＿＿信息；外设通过接口传送的是＿＿＿＿信息。

8. 8086CPU 的中断源有＿＿＿＿和＿＿＿＿两类；INTR 称为＿＿＿＿。

9. PC 机键盘属于＿＿＿＿键盘，主要采用＿＿＿＿来控制。

10. 通常 D/A 转换器输出电流，若使其输出电压可通过＿＿＿＿来实现。

二、单项选择题（共计 20 分、10 小题，每题 2 分）

1. 指令 INT 21H 功能调用的类别号存放在寄存器（　　　）中。
   A. AH　　　　　　B. AL　　　　　　C. DL　　　　　　D. DH

2. 下列说法不正确的是（　　　）。
   A. 8086CPU 的字长为 16 位
   B. 系统总线分为数据总线、地址总线、状态总线和控制总线
   C. 完整的计算机系统由硬件系统和软件系统构成
   D. 字节是计算机中通用的基本存储和处理单位

3. 下面将 AX 中的内容乘以 2 的正确指令是（　　　）。
   A. SAR　AX,1　　　B. SHL　AX,1　　　C. ROR　AX,1　　　D. RCR　AX,1

4. 下列存储器中，存取速度最快的是（　　　）。
   A. 主存　　　　　　B. 辅存　　　　　　C. Cache　　　　　　D. CPU 中的寄存器

5. 不属于内部中断的是（　　　）。
   A. 除法出错中断　　B. 数据溢出中断　　C. NMI 中断　　　　D. 指令中断

6. 可用于高速图形处理的总线是（　　　）。
   A. ISA　　　　　　B. USB　　　　　　C. AGP　　　　　　D. PCI

7. 能实现 CPU 与外设并行工作的数据传送方式是（　　　）。
   A. 查询方式　　　　B. 中断控制方式　　C. DMA 方式　　　　D. I/O 处理机方式

8. 8086 中断向量表的作用是（　　）。

    A. 存放中断类型号

    B. 存放中断服务程序入口地址

    C. 作为中断程序入口

    D. 存放中断服务程序返回地址

9. 在 8255A 中用于数据输入/输出功能最强大的端口是（　　）。

    A. A 口　　　　　B. B 口　　　　　C. C 口　　　　　D. 控制端口

10. 通过 ADC0809 可以输出（　　）。

    A. 8 位模拟信号　　B. 16 位模拟信号　　C. 8 位数字信号　　D. 16 位数字信号

三、判断题，正确打 √，错误打 ×（共计 10 分、10 小题，每题 1 分）

1. 当 IF=1 时，CPU 不能响应 INTR 中断。　　　　　　　　　　　　　　（　　）

2. 机器指令可用于在汇编中管理和控制计算机的相关功能。　　　　　　　（　　）

3. 8086 中断系统中优先级最低的中断是单步中断。　　　　　　　　　　（　　）

4. 在接口信号中，状态信号是 CPU 向外设传递的信息。　　　　　　　　（　　）

5. 在 8259A 的引脚中用于接收外设中断请求的是各个 IR 引脚。　　　　　（　　）

6. 8251A 介于串行设备和 CPU 之间，可实现同步和异步信息传送。　　　（　　）

7. 8255A 接口芯片不适合高速的数据传输。　　　　　　　　　　　　　　（　　）

8. 在执行当前指令过程中不可以响应系统中断。　　　　　　　　　　　　（　　）

9. DAC0832 可实现模拟量到数字量的转换。　　　　　　　　　　　　　（　　）

10. 选择 A/D 转换器要满足精度和转换时间等要求。　　　　　　　　　　（　　）

四、简答题（共计 10 分、2 小题，每题 5 分）

1. 汇编语言程序中的变量和标号有哪几种属性，各自含义和应用特点是什么？

2. 请列举输入/输出接口的功能。

五、程序分析题（共计 20 分）

阅读下列程序，回答指定问题。

```
data segment
  X   db  120
  Y   dw  5
  Z   dw  6
  result dw ?,?
data ends
  cose segment
   assume  cs:cose,ds:data
staRT:mov ax,data
      mov  ds,ax
      mov  ax,4
      mul  Y            ;
      mov  cx,ax        ;
      mov  bx,dx        ;
      mov  al,X         ;
      cbw               ;
```

```
        cwd                    ;
        add  ax,cx             ;
        adc  dx,bx             ;
        div  Z                 ;
        mov  result,ax         ;
        mov  result+2,dx       ;
        mov  ah,4ch
        int  21h
    cose ends
        end  staRT
```

（1）在指定指令的";"号后面写出该条指令的含义。（12分）

（2）该程序完成的功能是_____。（3分）

（3）该程序数据段中的数据占用内存为_____字节；X变量偏移地址为_____，Z变量偏移地址为_____。（3分）

（4）若要求在DEBUG下显示本段程序对应内存区域所保存的全部数据，应采用的命令形式为_____。（2分）

六、程序设计题（共计10分）

已知在开辟好的内存BUF区域中存放有10个无符号字节数，从中找出最小数并最终保存在AL寄存器中。只要求编制汇编语言源程序代码段中的CPU指令。

模拟试题3

一、填空题（共计30分、10小题，每空1分）

1. 已知X=-128，其8位补码表示为[X]补码=_____；引入补码的目的是_____。

2. 数据溢出是指_____；判断无符号数溢出的标志位值为_____；判断带符号数溢出的标志位值为_____。

3. 指令 MOV AX,[BX+SI] 中，源操作数采用的寻址方式为_____；该指令读取的数据位于_____；传送的数据类型为_____。

4. 8086的存储器分段操作，因此存储单元的物理地址由_____和_____组成。

5. 8086CPU系统中，用_____条地址线寻址I/O端口，其端口地址范围为_____。

6. 汇编语言程序中使用宏指令要经过_____、_____和_____三个步骤。

7. 某存储器芯片存储容量为32K×8，则访问该芯片需_____条地址线；为保存DRAM中的信息，每隔一定时间须对其进行_____。

8. 在微机系统内，总线按层次结构可分为_____等类别。USB是一种_____总线，其特点是_____。

9. 计算机的I/O接口设置在_____和_____间；通过接口传送的信息有_____，其中可双向传送的信息是_____。

10. 8255A工作于方式1，微处理器可以采用_____和_____的数据传输方式。

11. 非编码键盘主要采用_____识别按键功能，完成的任务是_____。

12. DAC0832 是_____；通常位于微机测控系统的_____位置。

二、单项选择题（共计 20 分、10 小题，每题 2 分）

1. 8086 最小工作方式和最大工作方式的主要差别是（　　）。
   A. 内存容量不同　　　　　　　　　B. I/O 端口数不同
   C. 单处理器和多处理器的不同　　　D. 数据总线位数不同

2. 8086 中除（　　）两种寻址方式外，其他寻址方式的操作数均在存储器中。
   A. 立即寻址和直接寻址　　　　　　B. 寄存器寻址和直接寻址
   C. 立即寻址和寄存器寻址　　　　　D. 立即寻址和间接寻址

3. 调用 INT 21H 指令，在显示器上输出单个字符，要显示的内容保存在（　　）中。
   A. AH　　　　　B. AL　　　　　C. DH　　　　　D. DL

4. 某存储器芯片有地址线 13 根、数据线 8 根，该存储器芯片的存储容量为（　　）。
   A. 8K×8　　　　B. 15K×8　　　　C. 32K×8　　　　D. 32K×256

5. 下面不属于输入/输出接口功能的是（　　）。
   A. 时序控制功能　　B. 寻址功能　　C. 数据转换功能　　D. 中断管理功能

6. 能实现外设和内存间直接进行数据交换的数据传输方式是（　　）。
   A. 查询方式　　　　　　　　　　　B. 无条件传送方式
   C. 中断方式　　　　　　　　　　　D. DMA 方式

7. 采用 DMA 方式的 I/O 系统中，基本思想是在（　　）间建立直接的数据通道。
   A. CPU 与外设　　B. 主存与外设　　C. 外设与外设　　D. CPU 与主存

8. 在下列类型的 8086CPU 中断中，中断优先权最低的是（　　）。
   A. 单步中断　　　B. 可屏蔽中断　　C. 不可屏蔽中断　　D. 除法出错中断

9. 能实现 CPU 与外设并行工作的数据传送方式是（　　）。
   A. 无条件传输方式　B. 查询方式　　C. DMA 方式　　D. 中断控制方式

10. CPU 响应中断请求和响应 DMA 请求的本质区别是（　　）。
    A. 程序控制
    B. 需要 CPU 干预
    C. 速度快
    D. 响应中断时 CPU 仍控制总线，而响应 DMA 时让出总线

三、判断题，正确打 √，错误打 ×（共计 10 分、10 小题，每题 1 分）

1. 8086 系统中，取指令和执行指令不能重叠操作。　　　　　　　　　　（　　）
2. 伪指令用于在汇编过程中管理和控制计算机的相关功能。　　　　　　（　　）
3. 除法出错不是 8086CPU 的内部中断信号。　　　　　　　　　　　　（　　）
4. 总线周期是指 CPU 通过总线访问一次内存或外设的时间。　　　　　（　　）
5. 总线是各模块之间的物理接口。　　　　　　　　　　　　　　　　　（　　）
6. 全译码法是指存储器芯片上的所有地址均参加译码。　　　　　　　　（　　）
7. 在执行当前指令过程中可以响应系统中断。　　　　　　　　　　　　（　　）
8. 8255A 接口芯片不适合高速的数据传输。　　　　　　　　　　　　　（　　）
9. 编码键盘是以硬件识别为主，软件比较简单。　　　　　　　　　　　（　　）

10. DAC0832 输出电压时应该外接运算放大器。　　　　　　　　　　（　　）

四、程序分析题（共计 20 分、2 小题，每题 10 分）

1. 给定下列程序段，回答指定问题。

```
LEA   BX,DAT
MOV   AX,0
MOV   AL,[BX]
MUL   DAT
INC   BX
MOV   [BX],AX
HLT
```

（1）该程序段的功能是什么？

（2）若 DAT 单元的内容为 9，则 DAT+1 单元的内容为多少？

2. 给定下列程序段，分析其执行结果。

在 AL、BL、CL 中存放着 3 个数据，程序段如下：

```
        CMP   AL,BL
        JGE   NEXT
        XCHG  AL,BL
NEXT:   CMP   AL,CL
        JGE   DONE
        XCHG  AL,CL
DONE:   HLT
```

（1）该程序段的功能是什么？

（2）程序执行后，AL 中存放什么内容？

五、程序填充题（共计 10 分，5 个空，每空 2 分）

已知在内存 DAT 开始的存储单元中顺序存放着 20 个从小到大的字节数据，现将这 20 个字节数据的排列顺序颠倒过来，即按从大到小的顺序仍存在该存储区域中，请补齐下面程序段中的空白，填上适当的指令实现以上功能。

```
        MOV   CX,_____
        _____  SI,DAT
        MOV   DI,SI
        _____
DONE:   MOV   AL,[SI]
        XCHG  _____
        MOV   [SI],AL
        DEC   _____
        INC   DI
        LOOP  DONE
        HLT
```

六、程序设计题（共计 10 分）

利用 DOS 系统功能调用从键盘输入一串字符，分别统计其中包括的字母、数字和其他字符的个数，并存入指定的内存单元中。

附录 B　模拟试题参考答案

模拟试题 1 参考答案

一、填空题（共计 30 分、10 小题，每空 1 分）

1. AB；171；-43
2. 16 条；20 条；1MB
3. 2000H；0130H；20130H
4. 操作码；操作数；机器指令；伪指令；宏指令
5. 相对基址变址寻址；堆栈；字数据
6. NMI；INTR；256；中断向量
7. 内存储器（主存）；外存储器（辅存）；16
8. 主-辅存；主存储器容量不足的问题
9. 主机；外部设备；数据信息、控制信息、状态信息
10. 精度、分辨率、转换时间

二、单项选择题（共计 20 分、10 小题，每题 2 分）

1. D	2. B	3. A	4. C	5. B
6. D	7. B	8. B	9. D	10. B

三、判断题，正确打 √，错误打 ×（共计 10 分、10 小题，每题 1 分）

1. ×	2. √	3. ×	4. √	5. ×
6. ×	7. √	8. √	9. ×	10. √

四、简答题（共计 10 分、2 小题，每题 5 分）

1. 简要叙述有效解决存储器系统中容量和速度之间矛盾的方法。（5 分）

解答：要想有效解决存储器系统中容量和速度之间的矛盾，其基本指导思想是在保证存储器具备一定速度的条件下，来加大存储容量。

可采用以下 3 种方法实现：

（1）采用高速缓存 Cache 来解决存储速度不高的问题，位于主-辅存之间。

（2）采用虚拟存储器来解决主存容量不足的问题。

（3）采用多体交叉的存储结构。

2. 简要说明汇编语言程序的上机和调试过程。（5 分）

解答：程序的上机操作和调试过程如下：

（1）用编辑程序（EDIT.COM）建立扩展名为.ASM 的源程序。

（2）用汇编程序（MASM.EXE）将源程序汇编成目标程序.OBJ。

（3）用连接程序（LINK.EXE）把目标文件转化成可执行文件.EXE。

（4）在 DOS 命令状态下直接键入文件名就可执行该文件。

（5）程序出现错误时，可采用 DEBUG 程序来调试，通过设置程序断点和启动地址、单步跟踪、检查及修改内存和寄存器、查看指令运行的中间结果和最终结果，以及识别标志位的变化等来定位出错的性质，查找原因，并进入编辑环境进行修改。

五、程序分析题（共计 15 分）

（1）在每条指令的右边写出该指令的操作功能及含义。（6 分）

```
        MOV  AX,0        ;对 AX 清 0,(AX)=0
        MOV  BX,2        ;将立即数 2 送 BX,(BX)=2
        MOV  CX,10       ;对计数器 CX 赋初始值,(CX)=10
LP:ADD  AX,BX            ;寄存器中内容相加,结果送 AX 保存,(AX)=(AX)+(BX)
        ADD  BX,2        ;对 BX 中的内容加 2,(BX)=(BX)+2
        LOOP LP          ;(CX)-1≠0 转 LP 继续执行
```

（2）该程序段完成的处理功能是：将自然数中 20 以内的偶数进行求和计算。　　　（5 分）

（2）程序运行后 AX 中保存的最终结果为：006EH（或 110D）。　　　（4 分）

六、程序设计题（共计 15 分）

已知从内存 BUF 单元起连续存放若干带符号数据，找出其中的正数存入 PLUS 单元，找出其中的负数存入 MINUS 单元，设计该程序，要求程序结构完整。

源程序设计如下：

```
DATA    SEGMENT
        BUF DB  12,-2,3,4,-80,-1,6,8,-11,-23
        CN  EQU $-BUF
        PLUS   DB CN DUP(?)
        MINUS  DB CN DUP(?)
DATA    ENDS
CODE    SEGMENT
        ASSUME CS:CODE,DS:DATA
START:  MOV AX,DATA
        MOV DS,AX
        MOV SI,OFFSET BUF
        MOV DI,OFFSET PLUS
        MOV BX,OFFSET MINUS
        MOV CX,CN
NEXT:   MOV AL,[SI]
        INC SI
        TEST AL,80H
        JNE PP
        MOV [DI],AL
        INC DI
```

```
            JMP  LP
PP: MOV  [BX],AL
            INC  BX
LP: LOOP NEXT
            MOV  AH,4CH
            INT  21H
    CODE    ENDS
            END  START
```

注：程序设计的考核主要以指令的应用、程序的逻辑结构、各段的书写格式、满足题目的规定要求等方面综合进行。

模拟试题 2 参考答案

一、填空题（共计 30 分、10 小题，每空 1 分）

1．01000001；01100101；ASCII 码；运算结果无溢出

2．执行部件 EU；总线接口部件 BIU；执行指令并生成 16 位偏移地址；将逻辑地址转换为物理地址，进行访问内存和外设的操作

3．堆栈指针；堆栈栈顶单元；SP←SP-2；SP←SP+2

4．直接端口寻址；间接端口寻址；统一编址；独立编址

5．解决主存储器与 CPU 速度不匹配的问题；解决主存储器容量不足的问题

6．字位同时；8

7．总线；外部设备；控制；状态

8．内部中断；外部中断；可屏蔽中断

9．非编码；软件

10．外加运算放大器

二、单项选择题（共计 20 分、10 小题，每题 2 分）

1. A	2. B	3. B	4. D	5. C
6. C	7. B	8. B	9. A	10. C

三、判断题，正确打 √，错误打 ×（共计 10 分、10 小题，每题 1 分）

1. ×	2. ×	3. √	4. ×	5. √
6. √	7. ×	8. √	9. ×	10. √

四、简答题（共计 10 分、2 小题，每题 5 分）

1．汇编语言程序中的变量和标号有哪几种属性，各自含义和应用特点是什么？（5 分）

答：变量和标号各有段、偏移、类型 3 项属性，其含义及特点如下：

（1）段属性：变量和标号所在段的段地址；变量由数据段指示，标号由代码段指示。

（2）偏移属性：变量和标号在段内的偏移地址。

（3）类型属性：变量的数据类型，如字节、字、双字等；标号的调用属性，如 FAR 或 NEAR。

2. 请列举输入/输出接口的功能。（5分）

答：主要有以下的功能：

①信号电平转换；②数据缓冲；③数据格式转换；④设备选择；⑤外设控制与检测；⑥中断及 DMA 处理。

五、程序分析题（共计20分）

（1）在指定指令的";"号后面写出该条指令的含义。（12分）

```
mov  ax,4              ;AX 设置初始值为 4
mul  Y                 ;16 位数乘法,计算 4*Y
mov  cx,ax             ;结果的低 16 位送 CX
mov  bx,dx             ;结果的高 16 位送 BX
mov  al,X              ;AL 取值 X
cbw                    ;将字节扩展为 16 位
cwd                    ;将字扩展为 32 位
add  ax,cx             ;加法,计算 4Y+X 的低 16 位
adc  dx,bx             ;带进位加法,计算 4Y+X 的高 16 位
div  Z                 ;除法,计算(4Y+X)/Z
mov  result,ax         ;存入商至内存单元
mov  result+2,dx       ;存入余数至内存单元
```

（2）该程序完成的功能是：计算表达式(4Y+X)/Z。（3分）

（3）该程序数据段中的数据占用内存为 9 字节；X 变量偏移地址为 0000H ，Z 变量偏移地址为 0003H 。（3分）

（4）若要求在 DEBUG 下显示本段程序对应内存区域所保存的全部数据，应采用的命令形式为 -D DS:0000 0008 。（2分）

六、程序设计题（共计10分）

已知在开辟好的内存 BUF 区域中存放有 10 个无符号字节数，从中找出最小数并最终保存在 AL 寄存器中。只要求编制汇编语言源程序代码段中的 CPU 指令。

代码段中的相关指令如下：

```
        LEA  BX,BUF
        MOV  CX,10
        MOV  AL,[BX]
        DEC  CX
        INC  BX
AA:  CMP  AL,[BX]
        JBE  BB
        MOV  AL,[BX]
BB: INC  BX
        LOOP AA
        HLT
```

模拟试题 3 参考答案

一、填空题（共计 30 分、12 小题，每空 1 分）

1. 10000000；简化机器数的运算
2. 运算结果超出指定数据的最大范围；CF=1；OF=1
3. 相对基址变址寻址；内存数据单元；字数据
4. 段地址；偏移地址
5. 16；0～255
6. 宏定义；宏调用；宏展开
7. 15；动态刷新
8. 芯片总线、系统总线、外部总线；通用串行；连接简单、易操作、支持热插拔、即插即用
9. 总线；外部设备；数据信息、控制信息、状态信息；数据信息
10. 查询方式；中断传送
11. 单片机程序控制；识别按键位置、输出按键扫描码
12. 8 位分辨率的数模转换器；由计算机向外部设备的输出控制通道

二、单项选择题（共计 20 分、10 小题，每题 2 分）

1. C　　　2. C　　　3. D　　　4. C　　　5. A
6. D　　　7. B　　　8. A　　　9. D　　　10. D

三、判断题，正确打 √，错误打 ×（共计 10 分、10 小题，每题 1 分）

1. ×　　　2. √　　　3. ×　　　4. √　　　5. √
6. √　　　7. ×　　　8. ×　　　9. √　　　10. √

四、程序分析题（共计 20 分、2 小题，每题 10 分）

1. 分析如下：
 （1）该程序段的功能是求内存 DAT 单元所保存数的平方值，将运算结果送入到 DAT+1 单元中保存。
 （2）若 DAT 单元的内容为 9，则 DAT+1 单元的内容为 0051H（即十进制数 81）。
2. 分析如下：
 （1）该程序段的功能是将 AL、BL、CL 中的 3 个带符号数进行比较，找出其中最大数。
 （2）程序执行后，AL 寄存器中存放的内容为 3 个数中最大数。

五、程序填充题（共计 10 分、5 个空，每空 2 分）

本程序中需要填充的指令内容如横线上所示：
 （1）MOV　CX, 20
 （2）LEA　SI,DAT
 （3）ADD　SI,19
 （4）XCHG　AL,[DI]

（5）DEC SI

六、程序设计题（共计 10 分）

利用 DOS 系统功能调用从键盘输入一串字符，分别统计其中包括的字母、数字和其他字符的个数，并存入指定的内存单元中。

本题的参考程序设计如下：

```
DATA    SEGMENT
        BUF DB 81
        DB  ?
        DB  81 DUP(?)
        ZM  DB  ?
        SZ  DB  ?
        QT  DB  ?
DATA    ENDS
CODE  SEGMENT
        ASSUME  CS:CODE,DS:DATA
START:  MOV  AX,DATA
        MOV  DS,AX
        MOV  DX,OFFSET  BUF
        MOV  AH,09H
        INT  21H
        MOV  CL,BUF+1
        MOV  CH,0
        MOV  SI,OFFSET BUF+2
        MOV  AH,0
        MOV  BL,0
        MOV  DL,0
LP:     MOV  AL,[SI]
        INC  SI
        CMP  AL,30H
        JGE  BIG
        INC  DL
        JMP  EE
BIG:    CMP  AL,39H
        JA   NEXT
        INC  BL
        JMP  EE
NEXT:   CMP  AL,41H
        JAE  SS
        INC  DL
        JMP  EE
SS:     CMP  AL,5AH
        JA   LL
        INC  AH
        JMP  EE
LL:     CMP  AL,61H
```

```
        JB    LL2
        INC   DL
        JMP   EE
LL2:    CMP   AL,7AH
        JAE   LL3
        INC   AH
        JMP   EE
LL3:    INC   DL
EE:     MOV   ZM,AH
        MOV   SZ,BL
        MOV   QT,DL
        MOV   AH,4CH
        INT   21H
CODE    ENDS
        END   START
```

　　注：本题以指令的应用、程序的逻辑结构、数据段的定义、代码段的书写、满足题目的规定功能等方面综合进行评定。

参考文献

[1] 杨立等. 微型计算机原理与接口技术（第 2 版）. 北京：中国水利水电出版社，2015.

[2] 刘锋，董秀. 微机原理与接口技术. 北京：机械工业出版社，2009.

[3] 史新福等. 微型计算机原理与接口技术. 北京：人民邮电出版社，2009.

[4] 戴梅萼，史嘉权. 微型机原理与技术（第 2 版）. 北京：清华大学出版社，2009.

[5] 王保恒等. 汇编语言程序设计及应用（第 2 版）. 北京：高等教育出版社，2010.

[6] 钱晓捷. 32 位汇编语言程序设计. 北京：机械工业出版社，2011.

[7] 史新福等. 微型计算机原理及应用导教导学导考（第 2 版）. 北京：清华大学出版社，2007.

[8] 朱定华，林卫. 微机原理、汇编与接口技术实验教程（第 2 版）. 北京：清华大学出版社，2010.

[9] 杨立等. 微型计算机原理与接口技术学习与实验指导. 北京：中国水利水电出版社，2008.

[10] 杨立等. 微型计算机原理与汇编语言程序设计（第 2 版）习题解答、实验指导和实训. 北京：中国水利水电出版社，2014.